机器学习
微积分一本通
（Python版）

洪锦魁◎著

清華大學出版社
北京

内 容 简 介

这是一本具有高中数学知识就能读懂的机器学习图书，书中通过大量程序实例，将复杂的公式重新拆解，详细、清晰地解读了机器学习中常用的微积分知识，一步步带领读者进入机器学习的领域。

本书语言简明，案例丰富，实用性强，适合有志于机器学习领域的研究者和爱好者、海量数据挖掘与分析人员、金融智能化从业人员阅读，也适合作为高等院校机器学习相关专业的教材。

图书在版编目（CIP）数据

机器学习微积分一本通：Python 版 / 洪锦魁著 . —北京：清华大学出版社，2022.4
ISBN 978-7-302-58561-9

Ⅰ . ①机…　Ⅱ . ①洪…　Ⅲ . ①机器学习－高等学校－教材②软件工具－程序设计－高等学校－教材　Ⅳ . ① TP311.561 ② TP181

中国版本图书馆 CIP 数据核字（2021）第 132323 号

责任编辑： 杜　杨
封面设计： 杨玉兰
责任校对： 李建庄
责任印制： 朱雨萌

出版发行： 清华大学出版社
　网　　址： http://www.tup.com.cn，http://www.wqbook.com
　地　　址： 北京清华大学学研大厦 A 座　　**邮　　编：** 100084
　社 总 机： 010-83470000　　**邮　　购：** 010-83470235
　投稿与读者服务： 010-62776969，c-service@tup.tsinghua.edu.cn
　质 量 反 馈： 010-62772015，zhiliang@tup.tsinghua.edu.cn
印 装 者： 小森印刷霸州有限公司
经　　销： 全国新华书店
开　　本： 170mm×240mm　　**印　　张：** 16.75　　**字　　数：** 436 千字
版　　次： 2022 年 4 月第 1 版　　**印　　次：** 2022 年 4 月第 1 次印刷
定　　价： 99.00 元

产品编号：093145-01

前　言

近几年每当无法入眠时，只要拿起人工智能、机器学习或深度学习的书籍，看到复杂的数学公式，我就可以立即进入梦乡，这些书籍成了我的“安眠药”。

所以，一直以来我总想写一本具有高中数学知识就能读懂的人工智能、机器学习或深度学习的书籍（看了不想睡觉也行），这个理念成为我撰写本书的重要动力。

在彻底研究机器学习后，我体会到许多微积分知识本身不难，只是大家对它们生疏了。如果在书中将复杂公式从基础开始一步一步推导，再配以 Python 程序实例解说，其实可以很容易带领读者进入这个领域，让读者感受到微积分不再艰涩。这也是我撰写本书时不断提醒自己要留意的事项。

研究机器学习时，虽然有很多模块可以使用，但是一个人如果不懂相关的数学原理，坦白说我不相信未来他能在这个领域有所成就。本书从微积分起源开始，依次讲解了下列与机器学习相关的微积分与高等数学的基本知识，并搭配有 90 多个程序实例：

- 极限
- 斜率
- 用微分找出极值
- 用积分求面积与体积
- 合成函数的微分与积分
- 指数的微分与积分
- 对数的微分与积分
- 简单的微分方程
- 概率密度函数
- 似然函数与最大似然估计
- 多重积分
- 将偏微分应用于向量方程的求解
- 将偏微分应用于矩阵运算
- 多元回归与似然估计
- 梯度下降法
- 深度学习的层次基础知识
- 激活函数与梯度下降法
- 非线性函数与神经网络
- 人工神经网络的数学
- 反向传播法

本书沿袭了我之前所著图书的特色，程序实例丰富。相信读者遵循书中内容进行学习之后，可以较快掌握机器学习微积分的相关知识。书中案例的代码文件请扫描封底二维码进行下载。

本书虽力求完美，但不足与疏漏在所难免，尚祈读者不吝指正。

洪锦魁

目　录

第 1 章

微积分的简史

1-1　前言

1-2　微积分简要说明

1-3　微积分的教学顺序

1-4　积分的历史

1-5　微积分的历史

1-6　微积分发明人的世纪之争

1-1 前言

在同系列图书《机器学习数学基础一本通（Python 版）》中，笔者介绍了函数、向量、矩阵、指数、对数、线性回归、逻辑函数、概率等数学概念。在本书中，笔者将介绍与机器学习有关的微积分与进阶数学。有了这两本书的数学基础知识，相信对于建立机器学习的数学理论可以更加完备，未来再使用 Python 语言搭配机器学习的模块，例如 TensorFlow、Keras 或 scikit-learn，读者除了会使用相关函数，还因为已经了解数学理论而可以更深入地理解函数的精神与内涵，为未来设计机器学习相关应用奠定良好的基础。

1-2 微积分简要说明

微积分是理工与经济类学科一年级的基础课程，在许多理学院、工学院或商学院的研究生入学考试中，微积分是必考科目。

在学期间的考试或研究生入学的考试，目的是要测出同学们对知识掌握的差异程度，所以部分考题有一点难度，使许多学生一开始就觉得微积分是一门很难的学科。书籍的目的是为读者解惑，本书笔者将以图解与程序实例详细解说，期待读者可以用最轻松的方式学会与机器学习有关的微积分知识。

简单地说，微积分最基本的概念如下。

微分：计算瞬间的变化量。

积分：计算总和。

类似乘法与除法，微分和积分彼此是互为逆运算的关系，一般均用合并方式研究与解说，所以称为微积分。

1-3 微积分的教学顺序

一般微积分教科书的学习顺序是从微分开始，而微分又是从极限开始，这是因为微分的计算从极限的观念而来，所以从极限开始，可以提高教学效率。

1-4 积分的历史

学术发展的起源是因为在不同阶段有不同需要，事实上在微积分的历史中，是先有积分，后有微分。

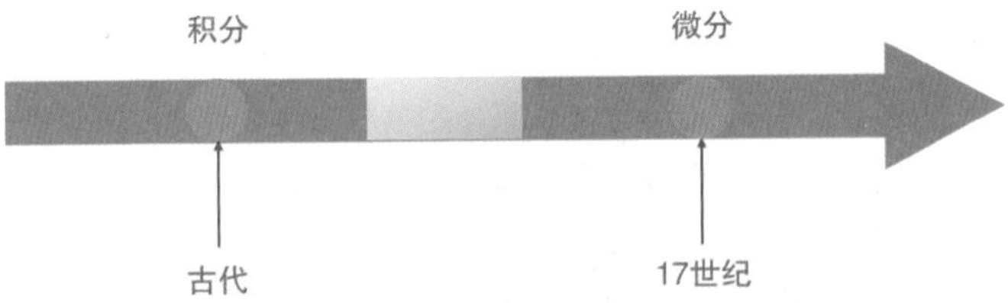

在古代数学的发展中，从工作需求出发，逐步推导，最后有了积分学。

1-4-1　古埃及

3000 多年前的古埃及，雨水虽然孕育了沙漠的绿洲，但雨下得太大也会让尼罗河泛滥成灾，往往造成土地样貌的改变，此时需要对土地重新测量与规划，为了测量尼罗河河道改变产生的弯弯曲曲的土地，人们发明了类似积分的概念。

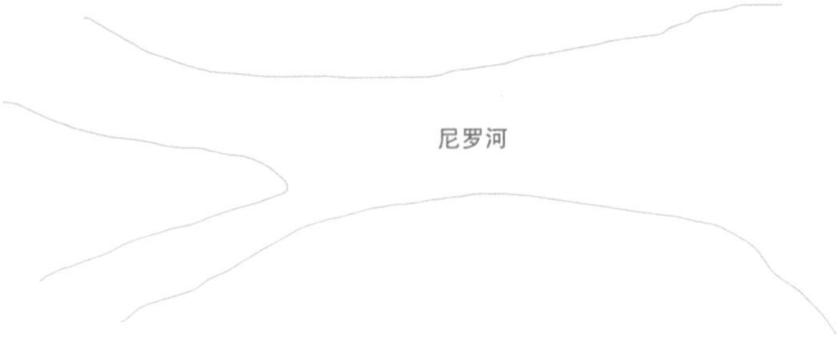

为了测量河道边土地的面积，人们使用绳子测量长度，先测量刚好大小的长方形，再测量较小的区块，整个概念如下图所示。

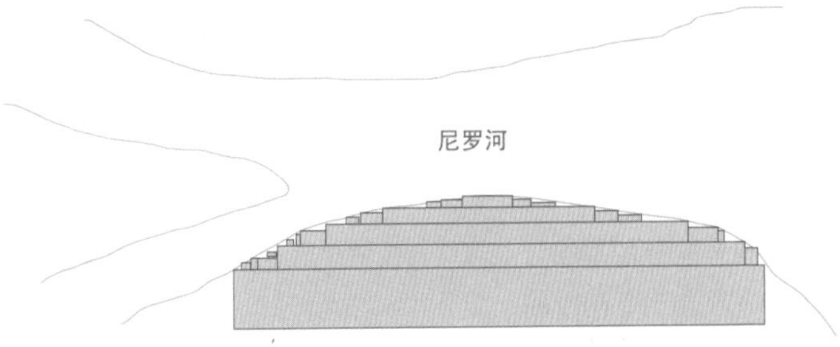

上述方法在数学上称为穷尽法（Method of Exhaustion），其实这个方法就是用无穷无尽的逼近去计算结果，如果经过数学推导，这个方法就会和积分产生关联。

1-4-2　古希腊

1. 欧多克索斯

古希腊的数学家、医学家、天文学家欧多克索斯（公元前 408—前 355 年）曾使用穷尽法来计算面积与体积。

2. 阿基米德

古希腊的数学家、物理学家、天文学家阿基米德（公元前 287—前 212 年）利用穷尽法计算球的表面积、球的体积和椭圆面积，后代数学家依据他的概念发展成近代的微积分。

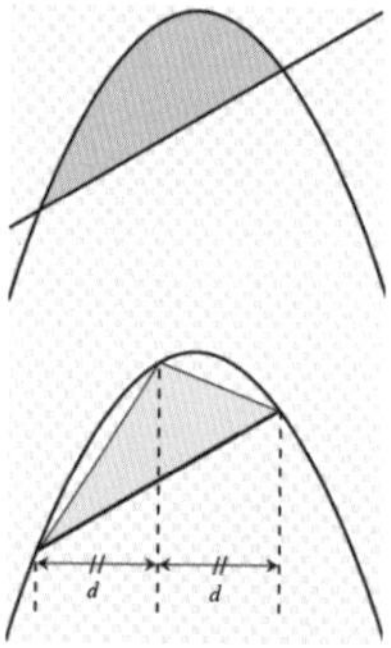

此外，他还证明了下述公式：

圆面积 = 圆周率 × 半径的平方

美国数学史学家 E. T. 贝尔在其所著的 *Men of Mathematics* 一书中，将阿基米德、牛顿和高斯并列为有史以来最伟大的三位数学家。

1-4-3 中国

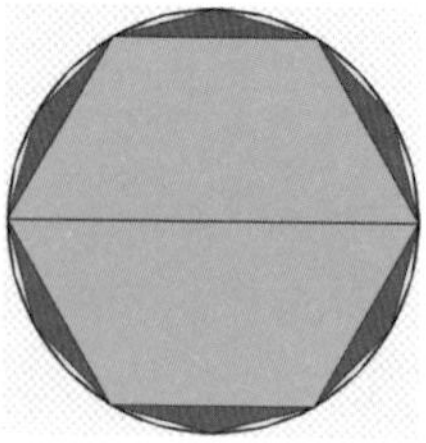

三国时代魏国数学家刘徽也使用穷尽法计算圆面积，其概念是用切割圆的方法计算圆周率，可以参考右图。

从圆的内部正六边形开始，然后逐步加倍，最后计算到正 192 边形，得到圆周率的近似值：

$$\pi = \frac{157}{50} = 3.14$$

1-5 微积分的历史

古代埃及人建立了积分萌芽的基础后，两位古希腊的数学家欧多克索斯和阿基米德接棒将相关知识继续发展，不过有一段相当长的时间，微分与积分是分开应用的，彼此关联的概念并没有被发现，所以一直没有被一起讨论，直到 17 世纪两位欧洲的天才数学家牛顿和莱布尼茨将微分与积分概念澄清与整合，使其大量应用于几何学、物理与科学的研究中。

如今人工智能的发展，细分为机器学习与深度学习，大量使用微积分概念，因此微积分已成为当今计算机领域的重要基础知识。

1-5-1 牛顿

艾萨克 • 牛顿（Isaac Newton，1643—1727）是英国的物理学家、数学家、天文学家，毕业于剑桥大学。他发现了万有引力（Law of Universal Gravitation）、运动定律（Law of Motion），这是现代工

程学的基础，同时也奠定了物理学、天文学的基础。牛顿躺在苹果树下，因为苹果掉落而发现万有引力，据说是虚构的。

牛顿的母亲曾经想让牛顿当农夫，所幸当时国王中学的校长亨利斯·托克斯发现了牛顿的潜力，说服了牛顿的母亲，牛顿得以回到学校继续完成他的学业，同时完成了一篇优秀的毕业报告，最后申请到了剑桥大学，开始迈向科学巨人之路。

在求学期间，牛顿对于笛卡儿的几何学著作进行了非常认真的研究，特别对于曲线的切线求法十分感兴趣，同时思索是否有更好的解决方法，牛顿在 25 岁左右开始有了微积分的框架。1665 年，他发明了广义二项式定理，同时发展了新的数学理论，这就是我们现在所探讨的微积分。在 1666 年他有了数学史上第一个有关微积分的论文流数简论，这是物理学运动定理中有关微分、积分的概念，因为可以描述物体在抛物线下的运动过程，因此开始受到了关注，只是牛顿没有正式发表，只在朋友间流传。牛顿的第一本正式著作是于 1669 年发表的 *De analysi*，一般称这是第一本微积分著作，同样只在朋友间流传。这本著作直到 1711 年才出版。

注：正流数术就是指微分，反流数术是指积分。

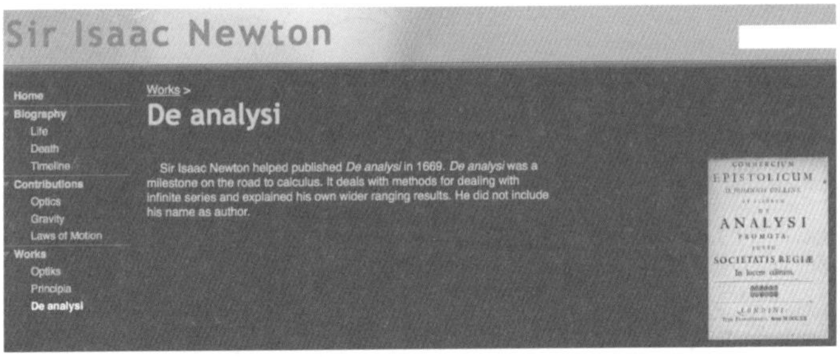

牛顿在 1671 年完成了第 2 本著作《流数法与无穷级数》（*Method of Fluxions and Infinite Series*），这本书直到 1736 年才出版。

牛顿在 1676 年发表了《曲线求积法》（*Tractatus de Quadratura Curvarum*），这本著作直到 1704 年才出版。

牛顿在 1687 年正式出版了 *Principia*，这本书的算法就是所谓的微积分，不过所使用的符号却采用了古典几何学的方法，使用上不太方便，同时使人难以理解。

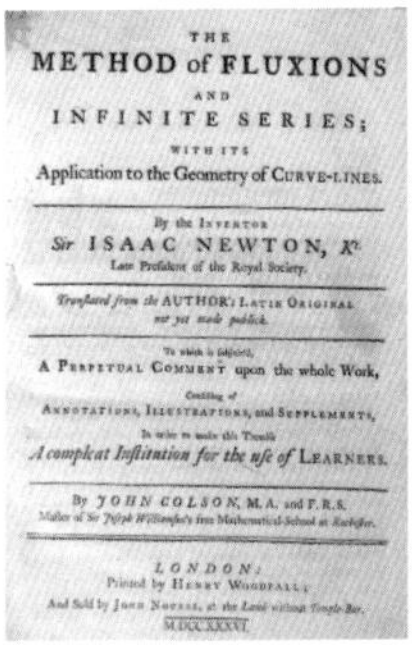

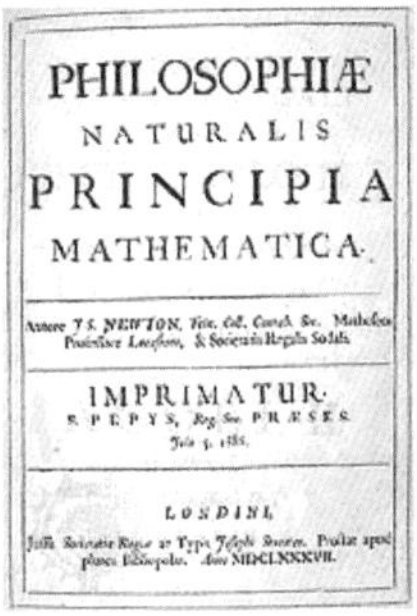

下面是牛顿所使用的微分与积分符号。

$\dot{x}$ 微分 $\ddot{x}$ 积分

由于此著作出版时间是 1687 年，相较于欧洲科学家莱布尼茨晚了 3 年，这也使究竟谁是发明微积分的人成为数学界最大的争议。

其实牛顿在光学与力学领域皆很有成就，但这些不属于本书叙述范围。

1-5-2 莱布尼茨

莱布尼茨（Leibniz，1646—1716）是德国的数学家、哲学家，也是一位律师，是历史上少见的全才，他的许多数学公式皆是往返各大城市间在颠簸的马车上完成的。

莱布尼茨与牛顿几乎是同一时期的代表性人物，莱布尼茨于 1684 年在 *Acta Eruditorum* 杂志发表了有关微分的论文《极大与极小值的新方法》（*Nova Methodus pro Maximis et Minimis*）。在这篇论文中，莱布尼茨使用了 dx 和 dy 的微分符号。

1686 年，莱布尼茨在 *Acta Eruditorum* 杂志上发表了有关积分的论文《深度隐藏的几何学和无限小与无限大的分析》（*De geometria recondite et analysi indivisibilium atque infinitorum*），在这篇文章中他使用了积分符号 $\int$，这个积分符号类似 Sum（总和）的首字母 S，然后将它拉长，称为 Integer，具有总和或加总的意义。

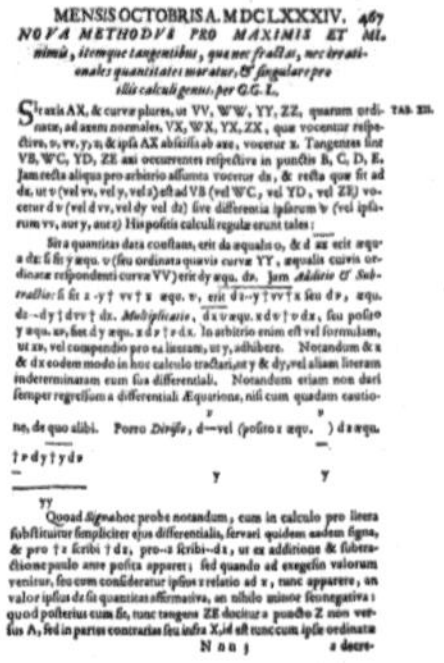

MENSIS OCTOBRIS A. MDCLXXXIV. 467

NOVA METHODUS PRO MAXIMIS ET MINIMIS, itemque tangentibus, quae nec fractas, nec irrationales quantitates moratur, & singulare pro illis calculi genus, per G.G.L.

N. VI. 269

ACTA ERUDITORUM publicata Lipsiae Calendis Junii A. M DC LXXXVI.

JOHANNIS LIGHTFOOTI S.S. THEOL. P. Opera omnia, duobus voluminibus comprehensa.

Roterodami, typis Regn. Leers, 1686, in fol.

莱布尼茨在发明微积分时意识到好的数学符号可以利于思考，增加学习效果，所以他创设的微积分符号远优于牛顿所创的符号，我们现在所用的微积分符号就是当时莱布尼茨所创。

1714—1716 年，莱布尼茨在过世前完成了《微积分的历史和起源》，这篇文章直到 1846 年才发表，在这篇文章中，莱布尼茨叙述了他独立完成微积分的起源与思维。

1-6 微积分发明人的世纪之争

现在数学家一般认为牛顿与莱布尼茨分别独立发明了微积分，不过莱布尼茨的数学符号在使用上较为方便，因此成为我们学习微积分的主流。

第 2 章

极　　限

2-1 从金门高粱酒说起

2-1-1 稀释金门高粱酒的酒精浓度

金门高粱酒的酒精浓度是 58%，如果倒掉半瓶然后加入等量的水，这时金门高粱酒的酒精浓度变成 29%，如果一直重复此步骤，高粱酒的酒精浓度会持续降低，如下所示：

$$58\%、29\%、14.5\%、\cdots$$

假设金门高粱酒酒精浓度的变量是 y（单位：%），则最开始 $y = 58$，假设稀释酒精次数是 x，则可以使用下列函数代表此高粱酒的酒精稀释的过程与结果：

$$y = 58 \times \left(\frac{1}{2}\right)^x$$

程序实例 ch2_1.py：在上述高粱酒的酒精稀释的过程中，计算当酒精稀释次数 x 从 0 至 10 的酒精浓度的变化过程。

```
1  # ch2_1.py
2  import matplotlib.pyplot as plt
3  alchol = 58
4  for x in range(0, 11):
5      if x > 0:
6          alchol *= 0.5
7      print(f"当 x = {x:2d}, 酒精浓度 = {alchol}")
```

执行结果

```
=========== RESTART: D:\Python Machine Learning Calculus\ch2\ch2_1.py ===========
当 x =  0, 酒精浓度 = 58
当 x =  1, 酒精浓度 = 29.0
当 x =  2, 酒精浓度 = 14.5
当 x =  3, 酒精浓度 = 7.25
当 x =  4, 酒精浓度 = 3.625
当 x =  5, 酒精浓度 = 1.8125
当 x =  6, 酒精浓度 = 0.90625
当 x =  7, 酒精浓度 = 0.453125
当 x =  8, 酒精浓度 = 0.2265625
当 x =  9, 酒精浓度 = 0.11328125
当 x = 10, 酒精浓度 = 0.056640625
```

程序实例 ch2_2.py：重新设计 ch2_1.py，使用图表方式表达。

```
1  # ch2_2.py
2  import matplotlib.pyplot as plt
3  alchol = 58
4  x = [x for x in range(0, 11)]                # 稀释酒精的次数
5  y = [alchol * (1/2) ** y for y in x]         # 酒精深度
6  plt.axis([0, 12, 0, 60])
7  plt.plot(x, y)
8  plt.xlabel("Times")
9  plt.ylabel("Alcohol concentration")
10 plt.grid()
11 plt.show()
```

执行结果

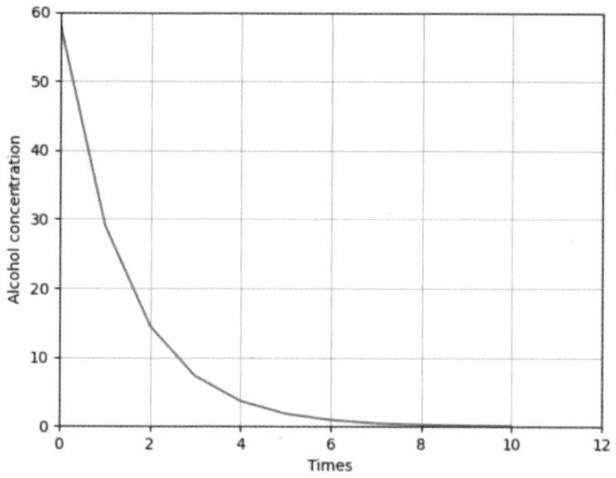

从前面 2 个程序实例可以看到，当x值（稀释金门高粱酒的酒精浓度的次数）越来越大时，甚至趋近于无限大时，y值（酒精的浓度）将越来越小，$y = 0.00 \cdots 001$，最后趋近于 0。

2-1-2　极限值的数学表示方式

在数学表达式中，无穷大表示方式如下：

$$\infty$$

如果还要细分，可以称上式是正无穷大，负无穷大的表示方式如下：

$$-\infty$$

不过，通常无穷大若不特别指明，就是指正无穷大∞。

2-1-3　变量趋近极限值

极限的符号是 lim ，如果要表达变量x趋近于无穷大∞时，可以使用下列公式表达：

$$\lim_{x \to \infty}$$

2-1-4　调整金门高粱酒酒精浓度的表达方式

依据上述小节的概念，可以使用下列方式表达金门高粱酒的稀释公式：

$$\lim_{x \to \infty} 58 \times \left(\frac{1}{2}\right)^x$$

2-1-5　完整表达公式

从前面程序实例可以看到，当x值（稀释金门高粱酒的酒精浓度的次数）越来越大时，y值（酒精的浓度）将越来越小，$y = 0.00 \cdots 001$。如果我们想要表达当x趋近于无穷大∞时，酒精浓度将趋近于 0，可以使用下列方式表达：

$$\lim_{x \to \infty} 58 \times \left(\frac{1}{2}\right)^x = 0$$

2-1-6 概念总结

理论上，不论如何稀释酒精浓度，酒精含量一定存在。如果连续不中断地稀释此金门高粱酒，我们可以将酒精浓度视为 0。我们可以使用下图更完整地表达此概念。

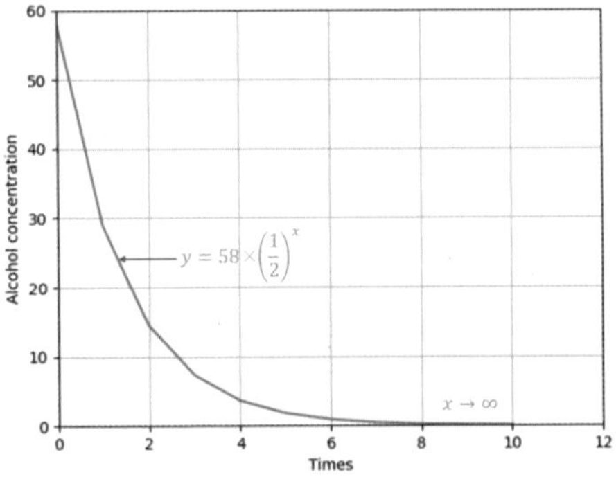

2-2 极限

极限是数学基本概念中很重要的一个概念，也是微积分的基本概念，主要是描述当一个序列的指标越来越大时，数列中元素的性质变化趋势。或是描述当一个函数的自变量越来越接近某一个数值时，此函数的变化趋势。

2-2-1 数列实例

有一个数列如下：

$$y_n = \frac{1}{n}$$

当 n 趋近于无穷大 ∞ 时，上述结果如下：

$$y_n = \frac{1}{n} = 0$$

完整的公式表达如下：

$$\lim_{n \to \infty} \frac{1}{n} = 0$$

程序实例 ch2_3.py：绘图表现此数列 n 从 1 至 100 的结果。

```python
1  # ch2_3.py
2  import matplotlib.pyplot as plt
3  x = [x for x in range(1, 101)]    # 相当于数列 n
4  y = [1 / y for y in x]
5  plt.axis([0, 100, 0, 2])
6  plt.plot(x, y)
7  plt.xlabel("n")
8  plt.ylabel("y")
9  plt.grid()
10 plt.show()
```

执行结果

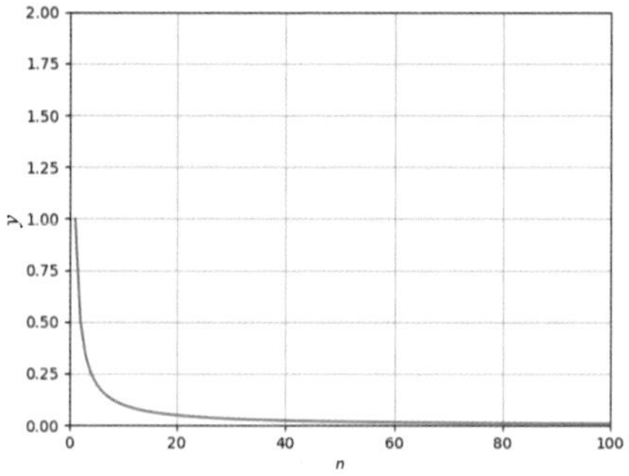

2-2-2　函数实例

2-1 节介绍了金门高粱酒的稀释过程，其实本节最后推导出的函数就是函数的极限实例，如下所示：

$$\lim_{x \to \infty} 58 \times \left(\frac{1}{2}\right)^x = 0$$

2-3　收敛与发散

当函数的自变量取极限趋近某一个数值后的结果是什么？这就是本节要讲述的收敛（Convergence）与发散（Divergence）。

注：极限趋近某一个数值，此数值不一定是无穷大，可以是 0、1 或其他值。

2-3-1　收敛

当函数的自变量取极限趋近于一个值，若函数最后所得到的结果趋近于一个值，我们称此为收敛（Convergence）。请参考 2-1 节的金门高粱酒的稀释实例，当稀释次数趋近无穷大 ∞ 时，可以得到此函数的结果是趋近于 0，这时我们称此函数结果是收敛。

$$\lim_{x \to \infty} 58 \times \left(\frac{1}{2}\right)^x = 0 \text{ 收敛}$$

下图说明，当酒精稀释次数趋近于无穷大 ∞ 时，结果趋近于 0。

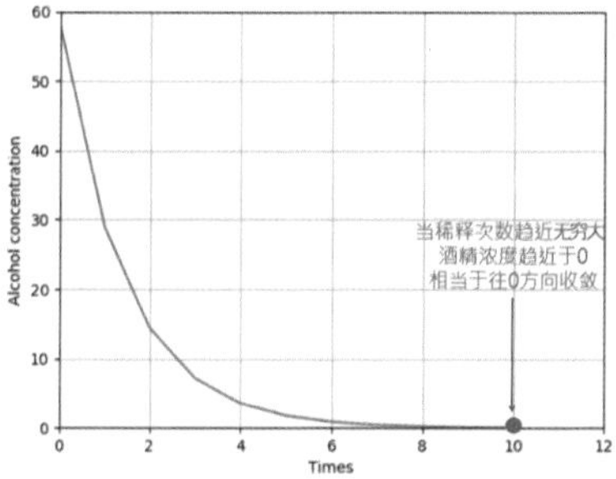

2-3-2 发散

当函数的自变量取极限趋近于一个值，若函数最后所得到的结果无法趋近于一个值，而是函数的结果变得更大或更小，我们称此为发散（Divergence）。例如：

$$y = \frac{1}{x}$$

上述公式如果x值从正值右边趋近于 0 时，y值将持续变大，最后y值将趋向极限值∞，这种结果我们称为发散。可以使用下列公式表达：

$$\lim_{x \to +0} \frac{1}{x} = \infty$$

上述 $x \to +0$ 表示是从右边趋近于 0，最后发散至∞。

程序实例 ch2_4.py：用此节实例设计x值从 1.0 至 0.01 的结果。

```
# ch2_4.py
import matplotlib.pyplot as plt
import numpy as np

x = np.linspace(1, 0.01, 101)
y = [1 / y for y in x]
plt.axis([0, 1, 0, 101])
plt.plot(x, y)
plt.plot(x[100], y[100], '-o')
plt.xlabel("x")
plt.ylabel("y")
plt.grid()
plt.show()
```

执行结果

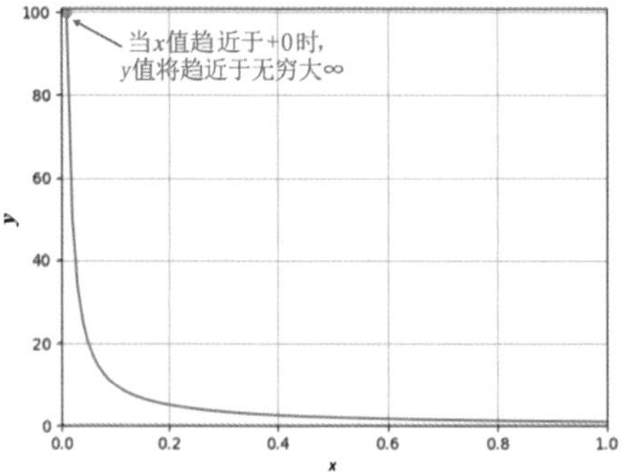

上述相同公式，但是让x值从负值向 −0 趋近，则整个公式表达如下：

$$\lim_{x \to -0} \frac{1}{x} = -\infty$$

上述 $x \to -0$ 表示是从左边趋近于 0，最后发散至$-\infty$。

程序实例 ch2_5.py：使用相同程序，但是让x值从 −1 向 −0.01 趋近，使用图表解释，同时列出结果。为了与前一个程序有区别，笔者特别绘制坐标轴的x轴是从 -1 到 1，y轴是从 -101 到 101。

```
# ch2_5.py
import matplotlib.pyplot as plt
import numpy as np

x = np.linspace(-1, -0.01, 101)
y = [1 / y for y in x]
plt.axis([-1, 1, -101, 101])
plt.plot(x, y)
plt.plot(x[100], y[100], '-o')
plt.xlabel("x")
plt.ylabel("y")
plt.grid()
plt.show()
```

执行结果

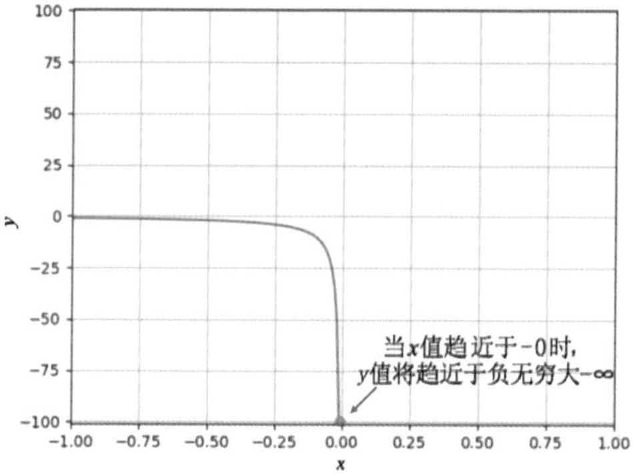

当x值趋近于-0时，
y值将趋近于负无穷大-∞
x
y

2-4 极限计算与 Sympy 模块

在笔者著作《机器学习数学基础一本通（Python 版）》中，2-5 节说明了 Sympy 模块，这个模块可以计算极限，相关概念如下：

limit (函数 , variable, point)

此外，我们需了解极限计算中无限大表达方式，可以使用下列 2 种：

float ('int')

或

oo　　　　　　　　　　　　# 2 个小写 o，这是 Sympy 模块的无限大值

程序实例 ch2_6.py：验证下列高粱酒的稀释公式：

$$\lim_{x\to\infty} 58\times\left(\frac{1}{2}\right)^x = 0$$

```
# ch2_6.py
from sympy import *

x = Symbol('x')
f = 58 * (1 / 2)**x
print("result = ", limit(f, x, float('inf')))
print("result = ", limit(f, x, oo))
```

执行结果

```
========= RESTART: D:/Python Machine Learning Calculus/ch2/ch2_6.py =========
result =  0
result =  0
```

程序实例 ch2_7.py：验证下列公式，其重点是从左边趋近于 0，我们可以在 limit ()函数内增加 dir = '-' 参数。

$$\lim_{x \to +0} \frac{1}{x} = \infty$$

$$\lim_{x \to -0} \frac{1}{x} = -\infty$$

```
# ch2_7.py
from sympy import *

x = Symbol('x')
f = 1 / x
print("右边趋近 0 = ", limit(f, x, 0))
print("左边趋近 0 = ", limit(f, x, 0, dir='-'))
```

执行结果

```
========= RESTART: D:\Python Machine Learning Calculus\ch2\ch2_7.py =========
右边趋近 0 =  oo
左边趋近 0 =  -oo
```

第 3 章

斜　　率

斜率对于微分或机器学习很重要，因为使用微分计算函数的瞬间变化列，其实就是斜率。

3-1 直线的斜率

3-1-1 基本概念

对于直线而言，斜率是一条线的倾斜程度。

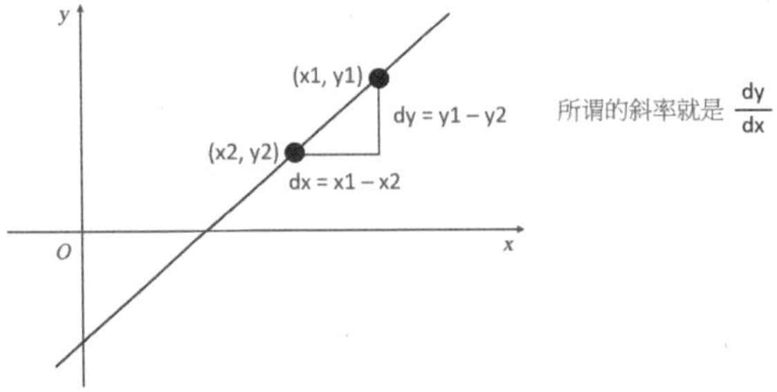

斜率的特点是不论从直线哪 2 个点算出来的斜率都是相同的。

3-1-2 平行于 x 轴常数函数的斜率

假设有一个函数如下：

$$y = 1$$

我们知道这是平行于x轴的函数，可以使用下列图形表示：

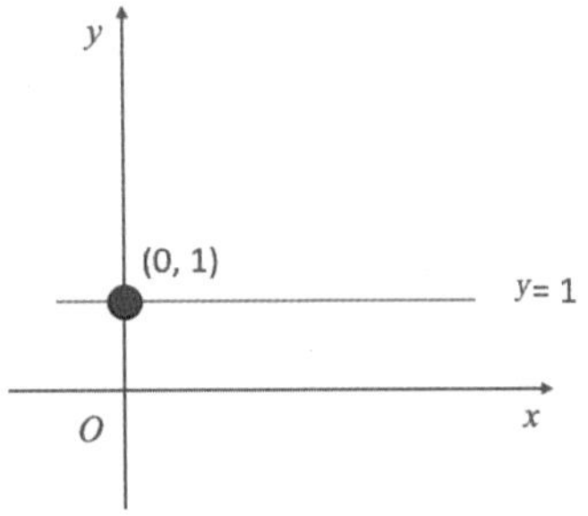

对于上述平行于x轴的直线函数而言，不论取哪 2 个点，当计算斜率时，dy的值一定是 0，所以此函数的斜率一定是 0。

3-1-3 平行于 y 轴常数函数的斜率

假设有一个函数如下：

$$x = 1$$

我们知道这是平行于y轴的函数，可以使用下列图形表示：

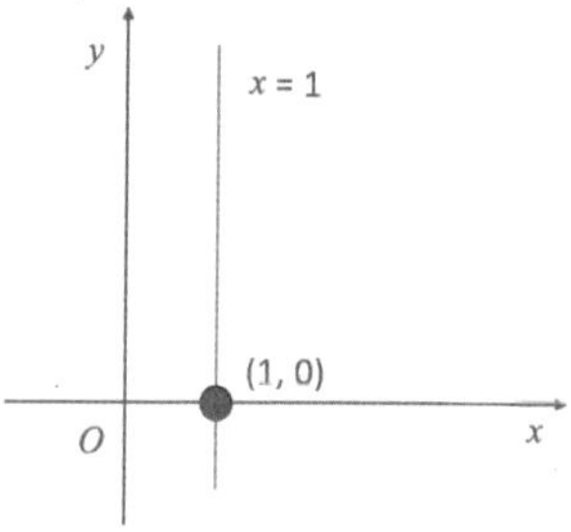

对于上述平行于y轴的直线函数而言，不论取哪 2 个点，当计算斜率时，dx的值一定是 0，由于除法运算分母不可以为 0，但是如果一条直线的倾斜程度极限趋近于垂直线，斜率将趋近于∞。

3-2 斜率的意义

数学的斜率可以应用在许多地方，不同的数据定义会有不同的解释。

1. 平均时速

假设一辆车子移动了x小时，可以移动y千米，则我们可以称此斜率为此车子的平均时速。

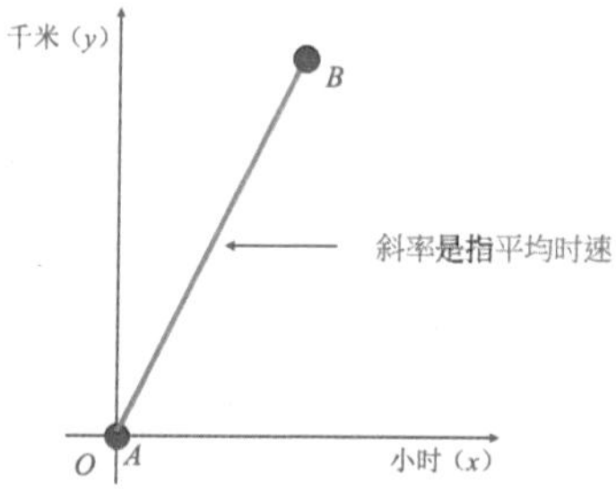

假设斜率是a，则整个车子的移动距离可以使用下列公式表达：

$$y = ax$$

2. 日平均销售金额

一月份有 31 天，用变量x表示，假设一家公司的一月份营业额总计是 310 万元，用变量y表示，则我们可以称此斜率为这家公司的日平均销售金额。

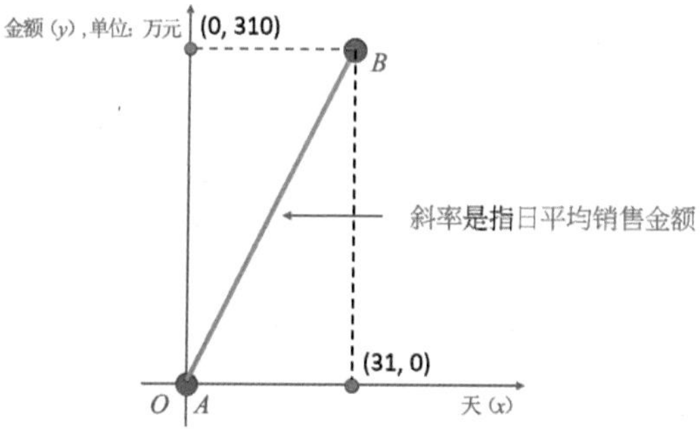

3-3 曲线上某点处切线的斜率

3-3-1 基本概念

直线的斜率是固定的，但是曲线上某点处切线的斜率会因所在位置不同而不同。

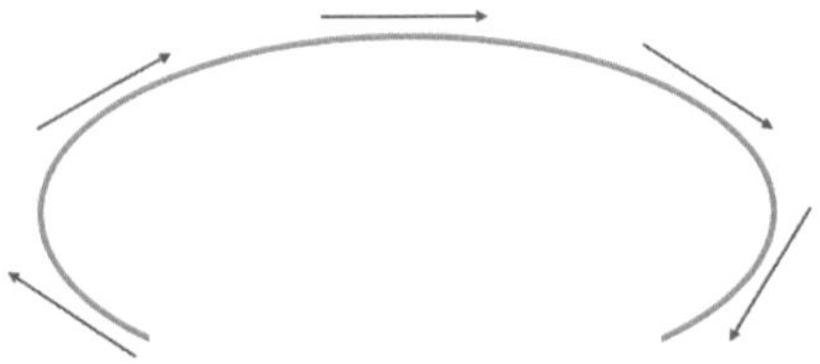

3-3-2 从曲线上 2 点连线的斜率说起

我们可以使用二次函数代表曲线。

程序实例 ch3_1.py：绘制一条 x 从 −5 至 5 区间的下列二次函数：

$$y = x^2$$

```
# ch3_1.py
import matplotlib.pyplot as plt
import numpy as np

x = np.linspace(-5, 5, 101)
y = [y * y for y in x]
plt.axis([-5, 5, 0, 30])
plt.plot(x, y)
plt.xticks(range(-5, 6, 1))
plt.xlabel("x")
plt.ylabel("y")
plt.grid()
plt.show()
```

执行结果

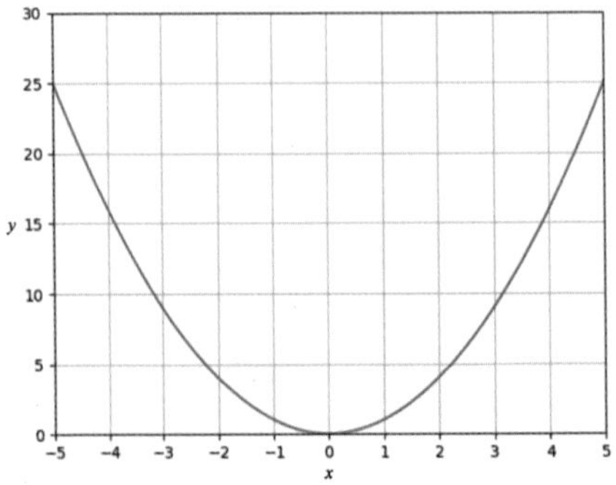

假设现在想计算曲线$y = x^2$上的 A 点和 B 点形成的直线 AB 的斜率，使用我们已经知道的概念，可以使用下图表达。

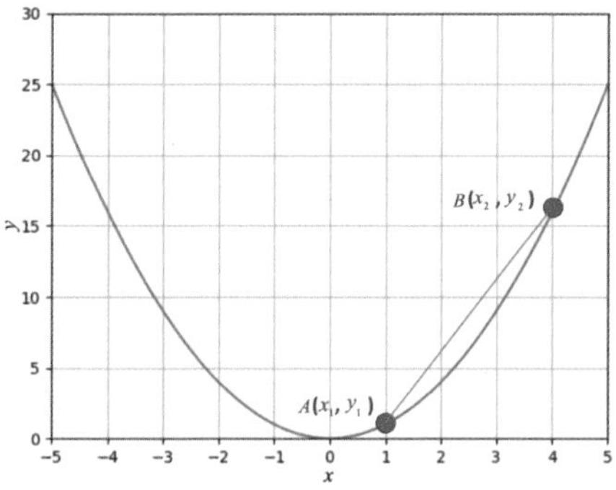

此时 A 点坐标虽然是（1, 1），但是我们先用(x_1, y_1)表达。B 点坐标虽然是（4, 16），但是我们先用(x_2, y_2)表达，此时的直线 AB 的斜率公式如下：

$$\frac{y_2 - y_1}{x_2 - x_1}$$

因为该曲线公式是$y = x^2$，所以 $y_1 = x_1^2$ ， $y_2 = x_2^2$ ，我们可以将上述公式改写如下：

$$\frac{x_2^2 - x_1^2}{x_2 - x_1}$$

上述公式的计算结果如下：

$$直线AB的斜率 = \frac{x_2^2 - x_1^2}{x_2 - x_1} = x_1 + x_2$$

读者可能奇怪上述公式如何计算，我们可以使用下列方式验算：

$$(x_2 - x_1)(x_1 + x_2) = x_1x_2 + x_2^2 - x_1^2 - x_1x_2 = x_2^2 - x_1^2$$

由上述公式验算，我们可以得到当曲线是$y = x^2$时，直线 AB 的斜率相当于是$(x_1 + x_2)$。

由上图知，A 点坐标(x_1, y_1)其实是 (1, 1)，B 点坐标(x_2, y_2)其实是 (4, 16)，由上述公式我们可以得到直线 AB 的斜率是：

$$x_1 + x_2 = 1 + 4 = 5$$

3-3-3　曲线上某点处切线的斜率

现在将 B 点移近 A 点，移至 (2, 4) 的位置。

程序实例 ch3_2.py：重新设计 ch3_1.py，但是更改 B 点的位置为 (2, 4)，同时连接 A 点和 B 点。

```
# ch3_2.py
import matplotlib.pyplot as plt
import numpy as np

x = np.linspace(-2, 2, 101)
y = [y * y for y in x]
plt.axis([-2, 2, 0, 4])
plt.plot(x, y)
plt.plot([1,2], [1, 4], '-o')       # 绘制直线AB
plt.xticks(range(-2, 3, 1))
```

```
plt.text(1-0.15, 1+0.1, 'A')
plt.text(2-0.15, 4-0.15, 'B')
plt.xlabel("x")
plt.ylabel("y")
plt.grid()
plt.show()
```

执行结果　这是笔者手动调整 x 轴和 y 轴相同单位长度的结果。

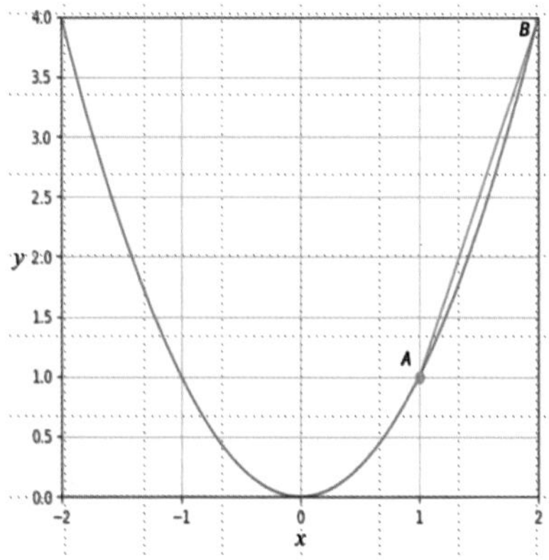

这时直线 AB 的斜率变成 $x_1 + x_2 = 1 + 2 = 3$。从上述直线 AB 看，虽然此直线非常接近曲线 $y = x^2$，但是上述计算方式不能称作曲线上 A 点处切线的斜率，使用相同方法看弯曲程度较大的曲线：

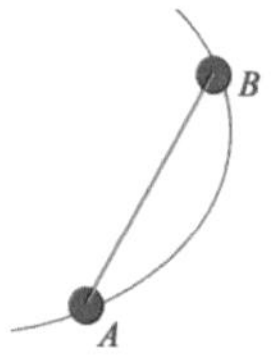

很明显，上述曲线上的任意 2 点形成的直线的斜率均无法当作此曲线上 A 点处切线的斜率，如果要计算曲线上 A 点处切线的斜率，必须将 B 点移向 A 点，如下所示：

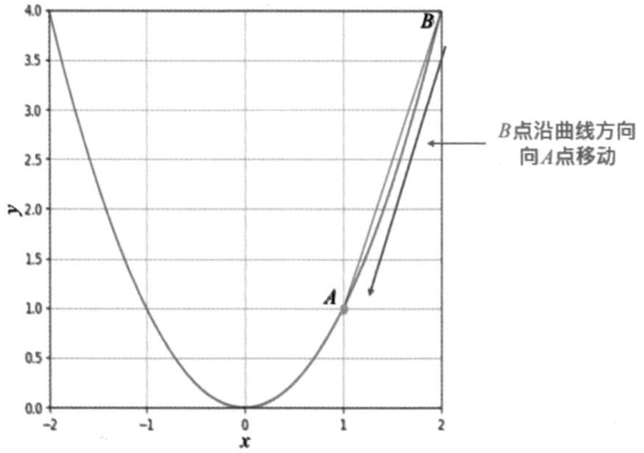

当曲线上的 B 点趋近 A 点时，B 点坐标就非常靠近（1,1），则由 A 点和 B 点形成的直线 AB 的斜率就接近 $x_1 + x_2 = 1 + 1 = 2$，当 B 点无限接近 A 点时，由 A 点和 B 点形成的直线的斜率才是曲线上 A 点处切线的斜率，我们也可以将直线 AB 称为曲线在 A 点的切线。

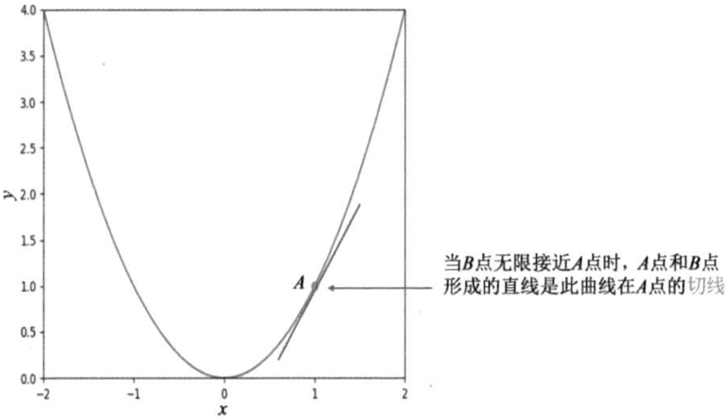
当B点无限接近A点时，A点和B点
形成的直线是此曲线在A点的切线
A
x
y

3-4 切线

3-4-1 基本概念

切线的英文是 tangent line，tangent 在拉丁文中意义是 to touch。在几何学中，所谓的切线是指一条刚好碰触或称切过曲线上一点的线，也就是切线与曲线只有一个交点。

不是切线
是切线
不是切线

对于弧形运动的物体，是依照弧形某点的切线移动，例如：我们常看到西班牙斗牛，斗牛士想用绳索做的线圈套住牛，当线圈在上方盘旋时，在放手瞬间必须控制线圈切线往牛的方向前进，这样才可以套住牛。

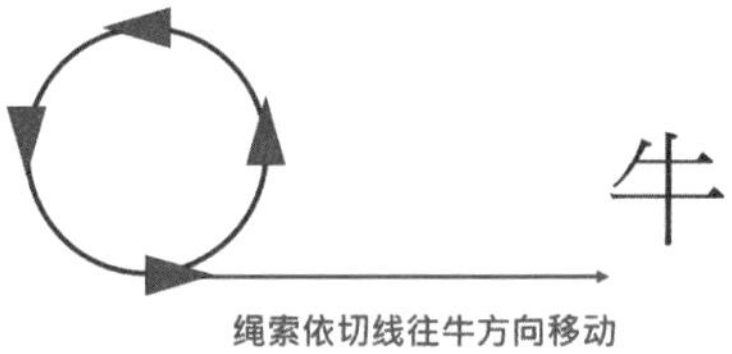
牛
绳索依切线往牛方向移动

对于赛车而言，如果车辆在弯道失去控制，也会在瞬间往弯道该点的切线方向冲出轨道。

3-4-2 曲线上的所有切线

曲线上所有的点皆有不同的斜率，也可称每一个点都有一条切线。

3-4-3 三次函数

对于一个三次函数而言，如果曲线在某一点弯曲，就会使切线与曲线在其他位置相交。

3-5 将极限概念应用于斜率

3-5-1 认识极小变量符号

在微积分中我们常使用Δ符号，这个符号念 delta，符号Δx代表x轴的极小变量。

3-5-2 用极小变量代表斜率

假设曲线函数如下：

$$y = f(x)$$

曲线上有一个 A 点，此点坐标是$\left(x, f(x)\right)$。将 A 点微幅移动Δx可以得到 B 点，这时可以得到 B 点坐标是$\left(x+\Delta x, f(x+\Delta x)\right)$。那么我们可以得到直线 AB 的斜率公式如下：

$$AB\text{的斜率} = \frac{f(x+\Delta x)-f(x)}{x+\Delta x-x} = \frac{f(x+\Delta x)-f(x)}{\Delta x}$$

上述公式中，如果Δx越趋近于 0，代表 B 点越趋近于 A 点，上述公式就越趋近于曲线在 A 点的斜率。

3-5-3 应用极限概念在斜率上

在 3-5-2 节 AB 的斜率公式中，不能直接设定$\Delta x = 0$，因为这会使分母为 0，同时这也不是切线的概念。

这时就可以应用极限的概念了，也就是Δx趋近于 0，这时可以推导得到下列 A 点的斜率。

$$A\text{ 点斜率} = \lim_{\Delta x \to 0} \frac{f(x+\Delta x)-f(x)}{\Delta x}$$

下面是图形概念表达。

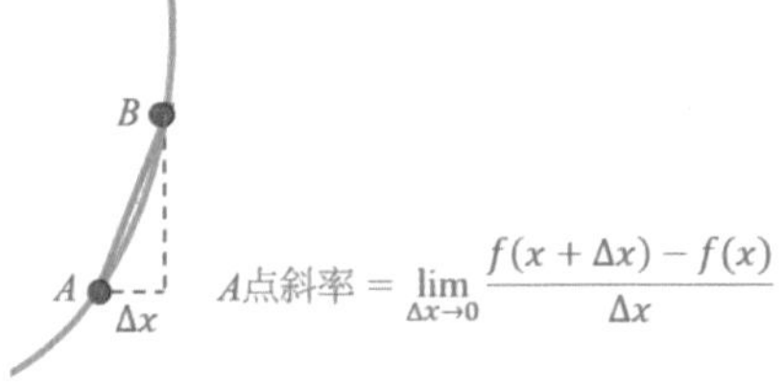

第 4 章

微分的基本概念

4-1 微分的数学概念

4-1-1 基本概念

在数学概念中，所谓的微分是线性描述函数的局部变化，在局部变化足够小时，可以了解函数的值是如何改变的，更直接地说，微分就是计算函数所代表曲线上的某一点的斜率。

4-1-2 微分的数学公式

从 4-1-1 节可以看到，原来所谓的微分就是求函数所代表曲线在某一点的斜率，所以可以使用下列公式代表微分：

$$\lim_{\Delta x \to 0} \frac{f(x+\Delta x)-f(x)}{\Delta x}$$

完整地说，上述公式是 $y=f(x)$ 函数在 x 点的微分。也可以称 y 函数对 x 做微分，或是简称 y 对 x 做微分。

4-1-3 微积分教科书常见的微分表达方式

在微积分的书籍中，常看到下列有关微分的表达方式：

$$f'(x) = \lim_{\Delta x \to 0} \frac{f(x+\Delta x)-f(x)}{\Delta x}$$

也就是 f 右边增加 ' 符号，整体写成 $f'(x)$，代表 $y=f(x)$ 函数在 x 点的微分。如果在 f 右边有 2 个 '，例如：$f''(x)$，表示微分 2 次。下列也是常见的微分表达方式：

$$y' = f'(x) = f' = \frac{\mathrm{d}y}{\mathrm{d}x}$$

假设一个公式的右括号外有 '，也代表微分，如下所示：

$$(5x)'$$

4-1-4 导函数

导函数的英文是 derivative，代表 $f(x)$ 在某点的微分，例如：点为 a，则称为函数 $f(x)$ 在 $x=a$ 时的导数，或函数 $f(x)$ 在 $x=a$ 点切线的斜率。

导函数主要是说明一个函数 $y=f(x)$ 在 x 点微分后的结果，所以我们也可以称 4-1-3 节的 $f'(x)$ 是导函数。

4-1-5 机器学习常用的微分符号

微积分是由许多人发明的，所以有多种微分符号，在机器学习或工程应用的书籍中则常用下列表示微分符号：

$$\frac{\mathrm{d}y}{\mathrm{d}x} = \frac{\mathrm{d}f}{\mathrm{d}x} = \frac{\mathrm{d}}{\mathrm{d}x}f(x) = \lim_{\Delta x \to 0} \frac{\Delta y}{\Delta x} = \lim_{\Delta x \to 0} \frac{f(x+\Delta x)-f(x)}{\Delta x}$$

上述微分表示法是莱布尼茨表示法。

4-2 微分的计算

微分的计算非常简单，微分计算的基本公式如下：

$$\frac{\mathrm{d}}{\mathrm{d}x}x^n = nx^{n-1}$$

下列是一系列运算过程：

$$(x^5)' = 5 * x^{5-1} = 5x^4$$

$$(x^4)' = 4 * x^{4-1} = 4x^3$$

$$(x^3)' = 3 * x^{3-1} = 3x^2$$

$$(x^2)' = 2 * x^{2-1} = 2x$$

$$(x)' = 1 * x^{1-1} = 1$$

如果$y = f(x)$是常数，则微分结果是 0。

有了以上概念，如果对下列函数微分：

$$y = f(x) = 2x^5 + 4x^4 + 6x^3 + 8x^2 + 10x + 12$$

可以得到下列结果：

$$\frac{\mathrm{d}}{\mathrm{d}x}f(x) = 10x^4 + 16x^3 + 18x^2 + 16x + 10$$

4-3 微分公式的推导

这一节将从$y = f(x)$，$f(x)$是常数开始推导，最后扩展至n次函数。

4-3-1 常数的微分

假设$y = f(x)$，其中$f(x)$是一个常数a，可以用下列图形表示此函数：

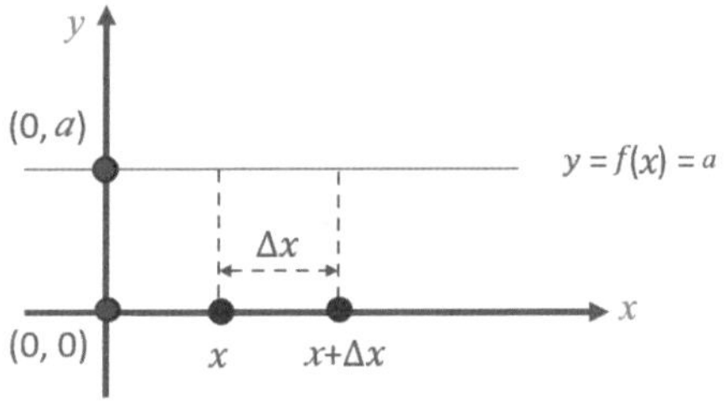

参考 4-2 节可以得到微分结果是 0，下列式子是函数是常数时微分的计算过程，这个过程也可以证明 4-2 节有关$f(x)$是一个常数a时，$f'(x) = 0$的公式是正确的。

$$\frac{\mathrm{d}}{\mathrm{d}x}f(x) = \lim_{\Delta x \to 0}\frac{f(x+\Delta x) - f(x)}{\Delta x}$$

因为$f(x) = a$，a是常数所以$f(x+\Delta x)$也等于a，即$f(x+\Delta x) = a$，所以可以得到下列推导过程：

$$\frac{\mathrm{d}}{\mathrm{d}x}f(x) = \lim_{\Delta x \to 0}\frac{a - a}{\Delta x}$$

$$= \lim_{\Delta x \to 0} \frac{0}{\Delta x}$$

$$= 0$$

4-3-2　一次函数的微分

假设 $y = f(x)$，其中 $f(x)$ 假设是 ax，可以用下式表示：

$$y = f(x) = ax$$

参考 4-2 节可以得到微分结果是 a，下列式子是函数是一次函数时微分的过程，这个过程也可以证明 4-2 节有关 $f(x)$ 是一个一次函数 ax 时，$f'(x) = 0$ 的公式是正确的。

$$\frac{\mathrm{d}}{\mathrm{d}x} f(x) = \lim_{\Delta x \to 0} \frac{a(x + \Delta x) - ax}{\Delta x}$$

$$= \lim_{\Delta x \to 0} \frac{a\Delta x}{\Delta x}$$

$$= a$$

4-3-3　二次函数的微分

假设 $y = f(x)$，其中 $f(x)$ 假设是 ax^2，可以用下式表示：

$$y = f(x) = ax^2$$

参考 4-2 节可以得到微分结果是 $2ax$，下列式子是函数是二次函数时微分的过程，这个过程也可以证明 4-2 节有关 $f(x)$ 是一个二次函数 ax^2 时，$f'(x) = 0$ 的公式是正确的。

$$\frac{\mathrm{d}}{\mathrm{d}x} f(x) = \lim_{\Delta x \to 0} \frac{a(x + \Delta x)^2 - ax^2}{\Delta x}$$

$$= \lim_{\Delta x \to 0} \frac{a(x^2 + 2x\Delta x + \Delta x^2) - ax^2}{\Delta x}$$

$$= \lim_{\Delta x \to 0} \frac{ax^2 + 2ax\Delta x + a\Delta x^2 - ax^2}{\Delta x}$$

$$= \lim_{\Delta x \to 0} \frac{2ax\Delta x + a\Delta x^2}{\Delta x}$$

$$= \lim_{\Delta x \to 0} (2ax + a\Delta x)$$

因为 $\Delta x \to 0$，所以可以将 $a\Delta x$ 视为 0，从而得到下列结果：

$$\frac{\mathrm{d}}{\mathrm{d}x} f(x) = 2ax$$

4-3-4　三次函数的微分

假设 $y = f(x)$，其中 $f(x)$ 假设是 ax^3，可以用下式表示：

$$y = f(x) = ax^3$$

参考 4-2 节可以得到微分结果是 $3ax^2$，下列式子是函数是三次函数时微分的过程，这个过程也可以证明 4-2 节有关 $f(x)$ 是一个三次函数 ax^3 时，$f'(x) = 0$ 的公式是正确的。

$$\frac{\mathrm{d}}{\mathrm{d}x} f(x) = \lim_{\Delta x \to 0} \frac{a(x + \Delta x)^3 - ax^3}{\Delta x}$$

$$= \lim_{\Delta x \to 0} \frac{a(x^3 + 3x^2\Delta x + 3x\Delta x^2 + \Delta x^3) - ax^3}{\Delta x}$$

$$= \lim_{\Delta x \to 0} \frac{ax^3 + 3ax^2\Delta x + 3ax\Delta x^2 + a\Delta x^3 - ax^3}{\Delta x}$$

$$= \lim_{\Delta x \to 0} \frac{3ax^2\Delta x + 3ax\Delta x^2 + a\Delta x^3}{\Delta x}$$

$$= \lim_{\Delta x \to 0} (3ax^2 + 3a\Delta x + a\Delta x^2)$$

因为$\Delta x \to 0$，所以可以将$3a\Delta x$和$a\Delta x^2$视为 0，从而得到下列结果：

$$\frac{\mathrm{d}}{\mathrm{d}x} f(x) = 3ax^2$$

其实即使是三次或更高次函数，微分也一样是该函数在x点切线的斜率。

4-3-5 n 次函数的微分

其实我们可以将上几个小节概念扩充至 n 次函数的微分，假设 $y = f(x)$，其中 $f(x)$ 假设是 x^n，可以用下式表示：

$$y = f(x) = x^n$$

参考 4-2 节可以得到微分结果是 nx^{n-1}，下列式子是函数是n次函数时微分的过程，这个过程也可以证明 4-2 节公式是正确的：

$$\frac{\mathrm{d}}{\mathrm{d}x} x^n = nx^{n-1}$$

以下是上述公式的推导过程：

$$\frac{\mathrm{d}}{\mathrm{d}x} f(x) = \lim_{\Delta x \to 0} \frac{(x + \Delta x)^n - x^n}{\Delta x}$$

参考本系列书《机器学习数学基础一本通（Python 版）》第 14 章二项式定理，可以得到下列推导结果：

$$\frac{\mathrm{d}}{\mathrm{d}x} f(x) = \lim_{\Delta x \to 0} \frac{\left(x^n + nx^{n-1}\Delta x + \frac{n!}{(n-2)!\,2!} x^{n-2}\Delta x^2 + \cdots\right) - x^n}{\Delta x}$$

$$= \lim_{\Delta x \to 0} \frac{\left(nx^{n-1}\Delta x + \frac{n!}{(n-2)!\,2!} x^{n-2}\Delta x^2 + \cdots\right)}{\Delta x}$$

$$= \lim_{\Delta x \to 0} \left(nx^{n-1} + \boxed{\frac{n!}{(n-2)!\,2!} x^{n-2}\Delta x + \cdots}\right)$$

因为Δx极限趋近于0，所以含有Δx的项均可以视为0，所以上式只剩第一项

下式是最终结果：

$$\frac{\mathrm{d}}{\mathrm{d}x} f(x) = nx^{n-1}$$

4-3-6 指数是负整数

前几节所推导的微分公式：

$$\frac{\mathrm{d}}{\mathrm{d}x} x^n = nx^{n-1}$$

对于 x 不等于 0，即$x \neq 0$，指数是负整数依旧成立，可以参考下列实例。

程序实例 ch4_1.py：绘制下列函数图形。

$$y = f(x) = x^{-1}$$

因为$x \neq 0$，所以在绘制时分 -0.01~-5（5~7 行）和 0.01~5（9~11 行）两段设定数组。

```
1  # ch4_1.py
2  import matplotlib.pyplot as plt
3  import numpy as np
4  
5  x = np.linspace(-0.01, -5, 100)          # 左下角图
6  y = [1 / y for y in x]
7  plt.plot(x, y)
8  
9  x = np.linspace(0.01, 5, 100)            # 右上角图
10 y = [1 / y for y in x]
11 plt.plot(x, y)
12 
13 plt.axis([-5, 5, -5, 5])
14 plt.xticks(range(-5, 6, 1))
15 plt.yticks(range(-5, 6, 1))
16 plt.xlabel("x")
17 plt.ylabel("y")
18 plt.grid()
19 plt.show()
```

执行结果

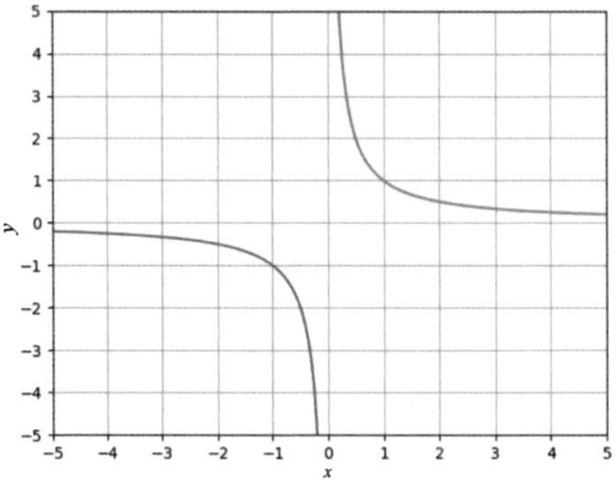

上述函数当$x = 0$时，会无法微分，也就是无法计算该点的斜率，至于其他点则依旧可以进行微分。至于更多相关无法微分的问题，则不在本书讨论范围，读者可以参考相关微积分书籍。

4-4 微分的基本性质

这一节要讨论的是微分的基本性质。

1. 函数乘以倍数后的微分

这个概念等于先微分再乘以倍数，下式是假设倍数是a的结果。

$$\frac{\mathrm{d}}{\mathrm{d}x}(a * f(x)) = a * \frac{\mathrm{d}}{\mathrm{d}x} f(x)$$

2. 多项式相加（或相减）的微分

两个函数相加（或相减）再微分，等于这两个函数分别微分后再相加（或相减）。

$$\frac{\mathrm{d}}{\mathrm{d}x}(f(x) \pm g(x)) = \frac{\mathrm{d}}{\mathrm{d}x} f(x) \pm \frac{\mathrm{d}}{\mathrm{d}x} g(x)$$

3. 多项式相乘的微分

两个函数相乘再微分，等于第 1 个函数的微分乘以第 2 个函数，再加上第 2 个函数的微分乘以第 1 个函数。

$$\frac{\mathrm{d}}{\mathrm{d}x}(f(x) * g(x)) = \frac{\mathrm{d}}{\mathrm{d}x} f(x) * g(x) + \frac{\mathrm{d}}{\mathrm{d}x} g(x) * f(x)$$

下列是上述公式的推导证明：

$$\begin{aligned}
\frac{\mathrm{d}}{\mathrm{d}x}(f(x) * g(x)) &= \lim_{\Delta x \to 0} \frac{f(x+\Delta x)g(x+\Delta x) - f(x)g(x)}{\Delta x} \\
&= \lim_{\Delta x \to 0} \frac{f(x+\Delta x)g(x+\Delta x) - f(x)g(x+\Delta x) + f(x)g(x+\Delta x) - f(x)g(x)}{\Delta x} \\
&= \lim_{\Delta x \to 0} \frac{\{f(x+\Delta x) - f(x)\}g(x+\Delta x) + \{g(x+\Delta x) - g(x)\} * f(x)}{\Delta x} \\
&= \left\{\lim_{\Delta x \to 0} \frac{f(x+\Delta x) - f(x)}{\Delta x}\right\} * \lim_{\Delta \to 0} g(x+\Delta x) + \lim_{\Delta x \to 0} \left\{\frac{g(x+\Delta x) - g(x)}{\Delta x}\right\} * \lim_{\Delta x \to 0} f(x)
\end{aligned}$$

因为$\Delta x \to 0$，所以可以将$g(x+\Delta x)$视为$g(x)$，所以可以得到下列推导结果：

$$= \frac{\mathrm{d}}{\mathrm{d}x} f(x) * g(x) + \frac{\mathrm{d}}{\mathrm{d}x} g(x) * f(x)$$

实例 1：对下列函数做微分。

$$y = (2x^2 + 3x)(x+1)$$

下列是计算过程：

$$\begin{aligned}
y' &= (4x+3)(x+1) + (2x^2+3x) \\
&= 4x^2 + 7x + 3 + 2x^2 + 3x \\
&= 6x^2 + 10x + 3
\end{aligned}$$

4. 多项式相除的微分

两个函数相除再微分，等于分母函数的平方分之分母函数乘以分子函数的微分减去分子函数乘以分母函数的微分。

$$\frac{\mathrm{d}}{\mathrm{d}x}\left(\frac{g(x)}{f(x)}\right) = \frac{f(x) * \frac{\mathrm{d}}{\mathrm{d}x} g(x) - g(x) * \frac{\mathrm{d}}{\mathrm{d}x} f(x)}{(f(x))^2}$$

下列是上述公式的推导证明：

$$\begin{aligned}
\frac{\mathrm{d}}{\mathrm{d}x}\left(\frac{g(x)}{f(x)}\right) &= \lim_{\Delta x \to 0} \frac{\frac{g(x+\Delta x)}{f(x+\Delta x)} - \frac{g(x)}{f(x)}}{\Delta x} \\
&= \lim_{\Delta x \to 0} \left\{\frac{1}{f(x+\Delta x)f(x)} * \frac{g(x+\Delta x)f(x) - g(x)f(x+\Delta x)}{\Delta x}\right\} \\
&= \lim_{\Delta x \to 0} \frac{1}{f(x+\Delta x) * f(x)} * \lim_{\Delta x \to 0} \frac{g(x+\Delta x)f(x) - g(x)f(x) + g(x)f(x) - g(x)f(x+\Delta x)}{\Delta x}
\end{aligned}$$

$$= \frac{1}{(f(x))^2} * \lim_{\Delta x \to 0} \frac{\{g(x+\Delta x) - g(x)\}f(x) + g(x)\{f(x) - f(x+\Delta x)\}}{\Delta x}$$

$$= \frac{1}{(f(x))^2} * \left\{f(x) * \lim_{\Delta x \to 0} \frac{g(x+\Delta x) - g(x)}{\Delta x} - g(x) * \lim_{\Delta x \to 0} \frac{f(x+\Delta x) - f(x)}{\Delta x}\right\}$$

$$= \frac{f(x) * \frac{\mathrm{d}}{\mathrm{d}x} g(x) - g(x) * \frac{\mathrm{d}}{\mathrm{d}x} f(x)}{(f(x))^2}$$

实例 2：对下列多项式除法做微分。

$$y = \frac{x^2 + 2x + 1}{x^2}$$

下列是计算过程：

$$y' = \frac{x^2(2x+2) - (x^2 + 2x + 1)(2x)}{x^4}$$

$$= \frac{2x^3 + 2x^2 - 2x^3 - 4x^2 - 2x}{x^4}$$

$$= \frac{-2x^2 - 2x}{x^4}$$

第 5 章

用微分找出极大值与极小值

5-1 用微分求二次函数的极值点

在笔者所著《机器学习数学基础一本通（Python 版）》第 9 章，说明了二次函数的概念，也介绍了配方法，使用配方法可以求得二次函数的极值点。在这一节中，笔者将讲解使用微分法计算极值点，这是一个更加简便的方法。

$$y = f(x) = ax^2 + bx + c \quad \text{\# 二次函数}$$

上述二次函数的微分结果如下：

$$\frac{\mathrm{d}}{\mathrm{d}x}f(x) = 2ax + b$$

对于上述二次函数而言，如果 $a > 0$ 会产生开口向上的曲线，这时会有极小值。

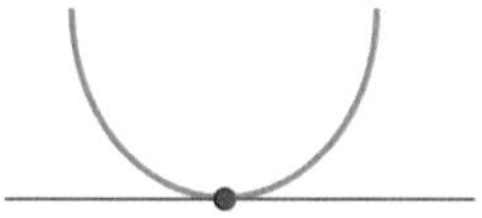

开口向上有极小值

如果 $a < 0$ 会产生开口向下的曲线，这时会有极大值。

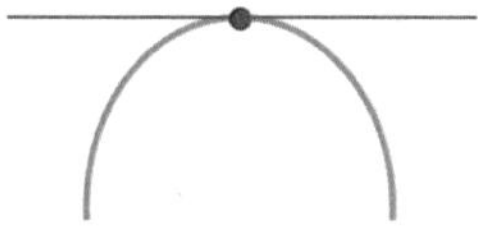

开口向下有极大值

对于上述有极大值或极小值点的切线而言，其实都是和x轴平行的线，所以它们的斜率皆为 0。

5-1-1 计算与绘制二次函数的极小值

实例 1：手动计算下列二次函数的极小值。

$$y = f(x) = 3x^2 - 12x + 10$$

上述二次函数的微分结果如下：

$$\frac{\mathrm{d}}{\mathrm{d}x}f(x) = 6x - 12$$

由于斜率是 0 的点可以产生极小值，所以可以得到下列结果：

$$6x - 12 = 0$$

$$6x = 12$$

$$x = 2$$

将上述$x = 2$代入原始二次函数可以得到下列结果：

$$y = f(2) = 3 * 2^2 - 12 * 2 + 10$$

$$y = f(2) = -2$$

所以极小值点的坐标是（2, -2），即$f(x)$的极小值是 -2，发生在点 $x = 2$ 上。

程序实例 ch5_1.py：绘制上述实例的二次函数，同时标出此二次函数的极小值点和此点的坐标。

```python
# ch5_1.py
import matplotlib.pyplot as plt
import numpy as np

a = 3
b = -12
c = 10

# 计算微分
x_min = 12 / 6

# 将x_min代入二次函数
y_min = a*x_min**2 + b*x_min + c

plt.text(x_min-0.25, y_min+0.5, '('+str((x_min))+','+str(y_min)+')')
plt.plot(x_min, y_min, '-o', color='r')
print(f'极小值点的x 坐标 = {x_min}')
print(f'极小值点的y 坐标 = {y_min}')

# 绘制此函数图形
x = np.linspace(0, 4, 50)
y = a*x**2 + b*x + c
plt.plot(x, y, color='b')

# 绘制过极小值点的切线
x_tangent = np.linspace(0, 4, 50)
y_tangent = [y_min for element in x_tangent]
plt.plot(x_tangent, y_tangent, color='g')
plt.show()
```

执行结果

```
========= RESTART: D:\Python Machine Learning Calculus\ch5\ch5_1.py =========
极小值点的x 坐标 = 2.0
极小值点的y 坐标 = -2.0
```

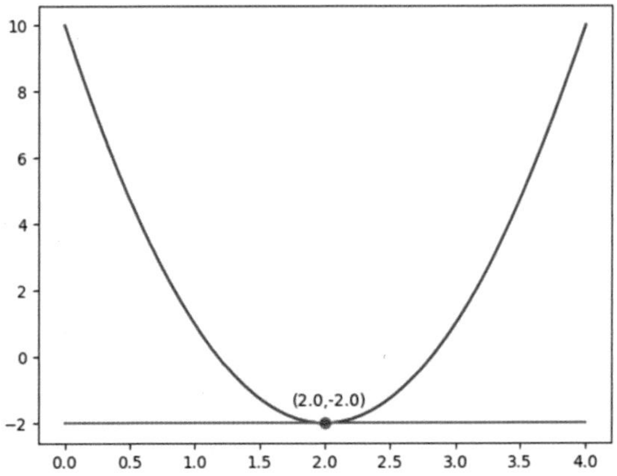

5-1-2 计算与绘制二次函数的极大值

实例 1：手动计算下列二次函数的极大值。

$$y = f(x) = -3x^2 + 12x - 9$$

上述二次函数的微分结果如下：

$$\frac{\mathrm{d}}{\mathrm{d}x} f(x) = -6x + 12$$

由于斜率是 0 的点可以产生极大值，所以可以得到下列结果：

$$-6x + 12 = 0$$

$$6x = 12$$

$$x = 2$$

将上述$x = 2$代入原始二次函数可以得到下列结果：

$$y = f(2) = -3 * (2^2) + 12 * (2) - 9$$

$$y = f(2) = 3$$

所以极大值点的坐标是（2, 3），即$f(x)$的极大值是 3，发生在点 $x = 2$ 上。

程序实例 ch5_2.py：绘制上述实例的二次函数，同时标出此二次函数的极大值和此值的坐标。

```
# ch5_2.py
import matplotlib.pyplot as plt
import numpy as np

a = -3
b = 12
c = -9

# 计算微分
x_max = 12 / 6

# 将x_max代入二次函数
y_max = a*x_max**2 + b*x_max + c

plt.text(x_max-0.25, y_max-0.7, '('+str((x_max))+','+str(y_max)+')')
plt.plot(x_max, y_max, '-o', color='r')
print(f'极大值点的x 坐标 = {x_max}')
print(f'极大值点的y 坐标 = {y_max}')

# 绘制此函数图形
x = np.linspace(0, 4, 50)
y = a*x**2 + b*x + c
plt.plot(x, y, color='b')

# 绘制过极大值点的切线
x_tangent = np.linspace(0, 4, 50)
y_tangent = [y_max for element in x_tangent]
plt.plot(x_tangent, y_tangent, color='g')
plt.show()
```

执行结果

```
========= RESTART: D:\Python Machine Learning Calculus\ch5\ch5_2.py =========
极大值点的x 坐标 = 2.0
极大值点的y 坐标 = 3.0
```

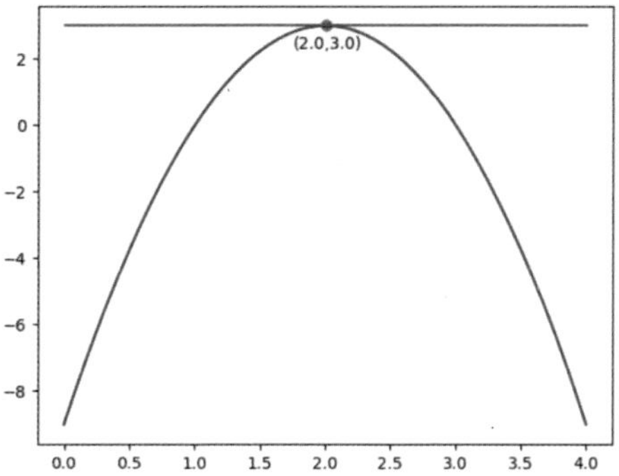

5-2 体会二次函数与斜率的关系

5-1-1 节介绍了下列函数，本书求该函数的极小值。

$$y = f(x) = 3x^2 - 12x + 10$$

上述二次函数的微分结果如下，下列导函数（derivative）也是上述函数的斜率函数。

$$\frac{\mathrm{d}}{\mathrm{d}x} f(x) = 6x - 12$$

现在将绘制上述二次函数与斜率函数，然后讲解函数与斜率函数的意义。

程序实例 ch5_3.py：绘制上述二次函数与斜率函数。

```
# ch5_3.py
import matplotlib.pyplot as plt
import numpy as np

a = 3
b = -12
c = 10

# 计算微分
x_min = 12 / 6

# 将x_min代入二次函数
y_min = a*x_min**2 + b*x_min + c

plt.text(x_min-0.25, y_min-1.2, '('+str((x_min))+','+str(y_min)+')')
plt.plot(x_min, y_min, '-o', color='r')

# 绘制此函数图形
x = np.linspace(0, 4, 50)
y = a*x**2 + b*x + c
plt.plot(x, y, color='b')

# 导数
a_de = 6
b_de = -12
x_de = np.linspace(0, 4, 50)
y_de = a_de*x + b_de
plt.plot(x_de, y_de, color='g')            # 绘制导函数图形
```

```
# 导数为0的(x, y)坐标
x_zero = 12 / 6
y_zero = 0.0
plt.text(x_zero-0.25, y_zero+1.2, '('+str((x_zero))+','+str(y_zero)+')')
plt.plot(x_zero, y_zero, '-o', color='r')

plt.grid()
plt.show()
```

执行结果

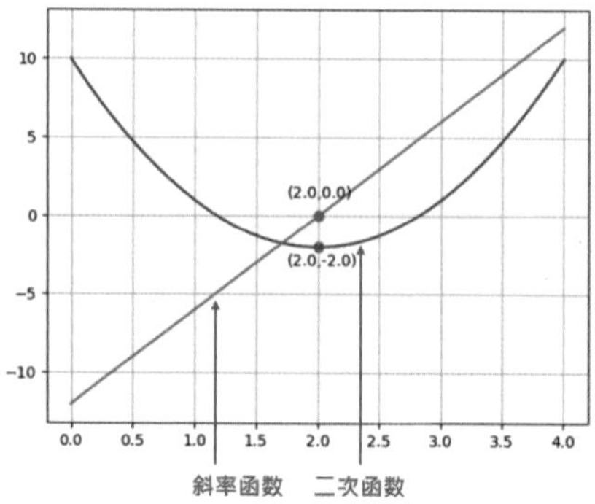

上述绿色的直线是斜率函数，斜率为 0 时坐标是（2.0, 0.0），将此时的x值（2.0）代入二次函数就可以求得二次函数的极小值，当然从上述斜率函数也可以看到二次函数的斜率变化过程。

5-3 用切线绘制二次函数

阅读至今，读者应该了解斜率、切线、二次函数、微分等概念的意义，其实如果绘制通过二次函数曲线所有点的切线，就可以建构该二次函数的一条曲线。

5-3-1 推导经过曲线上某点的切线方程式

可以使用下列函数代表一次函数：

$$y = ax + b$$

对上述公式而言，a是斜率，b是截距，斜率概念如下：

$$a = \frac{\mathrm{d}y}{\mathrm{d}x}$$

如果上述公式经过点(x_0, y_0)，可以得到下列一次函数公式：

$$a = \frac{(y - y_0)}{(x - x_0)}$$

上式可以推导如下：

$$(y - y_0) = a(x - x_0)$$

推导后可以得到下列结果：

$$y = a(x - x_0) + y_0$$

上述推导结果的数学意义是，当获得一个曲线上某点的坐标(x_0, y_0)与斜率a时，上述公式就是经过此曲线上的点(x_0, y_0)的切线函数。

5-3-2　计算通过二次函数曲线的切线

笔者使用 5-1-1 节的下列二次函数做说明：

$$y = f(x) = 3x^2 - 12x + 10$$

此函数的微分如下：

$$\frac{\mathrm{d}}{\mathrm{d}x} f(x) = 6x - 12$$

对于上述二次函数而言，如果$x = 1$，可以得到下列结果：

$$y = f(1) = 3 * (1^2) - 12 * (1) + 10$$

$$f(1) = 1$$

所以该二次函数经过（1, 1）这个点，参考微分结果的斜率公式可以得到经过点（1, 1）的斜率a如下：

$$a = 6 * 1 - 12 = -6$$

5-3-3　绘制二次函数与切线

程序实例 ch5_4.py：绘制下列曲线函数经过$x = 0, 1, 2, 3, 4$等各点的切线。

$$y = f(x) = 3x^2 - 12x + 10$$

切线设计方式是当选了曲线上的一点时，该点是切线的终点，再使用x轴右边加 1、左边减 1 的方式连接切线。

```
# ch5_4.py
import matplotlib.pyplot as plt
import numpy as np

a = 3
b = -12
c = 10

# 绘制此函数图形
x = np.linspace(0, 4, 50)
y = a*x**2 + b*x + c
plt.plot(x, y, color='b')

# 绘制经过 x = 0, 1, 2, 3, 4 的切线
for x_loc in range(0, 5):
    y_loc = a*x_loc**2 + b*x_loc + c          # y坐标
    slope = 6 * x_loc - 12                    # 每一点的斜率
# x_new和y_new是经过切线的坐标，只取3点
    x_new = [x_loc-1, x_loc, x_loc+1]
    y_new = [slope * (x - x_loc) + y_loc for x in x_new]
    plt.plot(x_new, y_new, color='g')
plt.grid()
#plt.axis('equal')                            # ch5_4_1.py此#符号取消
plt.show()
```

执行结果

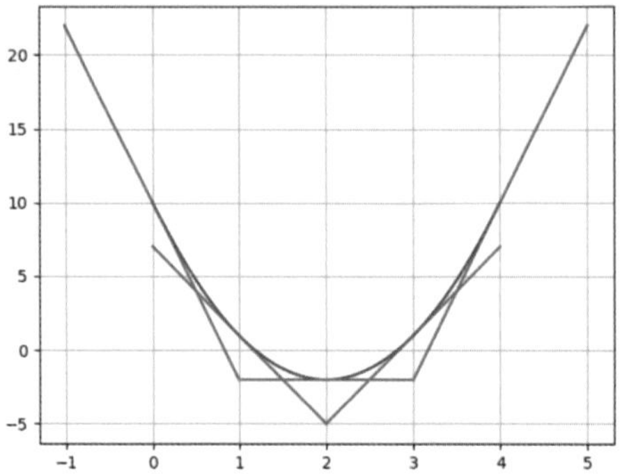

使用 matplotlib 模块绘图时，模块会自动调整 x 轴和 y 轴的单位大小，如果取消上述 ch5_4.py 代码的第 23 行内行首的符号 #，可以得到下列更真实的曲线和切线图，这个程序可以参考本书所附的 ch5_4_1.py。

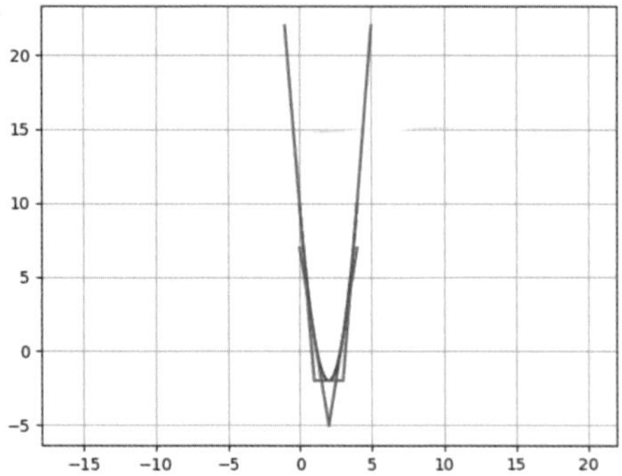

程序实例 ch5_5.py：修订 ch5_4.py，取消绘制该函数的曲线（第 9~12 行），改为在该函数上绘制 41 条切线，观察由此切线产生的曲线。

```
1   # ch5_5.py
2   import matplotlib.pyplot as plt
3
4   a = 3
5   b = -12
6   c = 10
7
8   # 绘制经过 x = 0~4 的41条切线
9   for counter in range(0, 41):
10      x_loc = counter / 10
11      y_loc = a*x_loc**2 + b*x_loc + c          # y坐标
12      slope = 6 * x_loc - 12                     # 每一点的斜率
13  # x_new和y_new是经过切线的坐标，只取3点
14      x_new = [x_loc-1, x_loc, x_loc+1]
15      y_new = [slope * (x - x_loc) + y_loc for x in x_new]
16      plt.plot(x_new, y_new, color='g')
17  plt.grid()
18  #plt.axis('equal')                             # ch5_5_1.py此#符号取消
19  plt.show()
```

执行结果

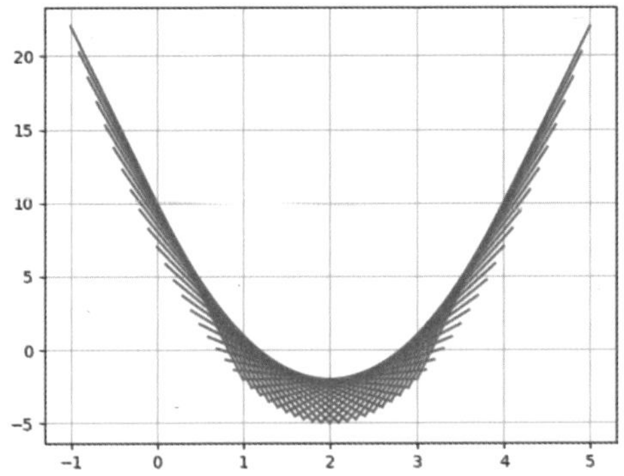

如果取消上述 ch5_5.py 代码的第 18 行内行首的符号 #，可以得到下列更真实的曲线和切线图，这个程序可以参考本书所附的 ch5_5_1.py。

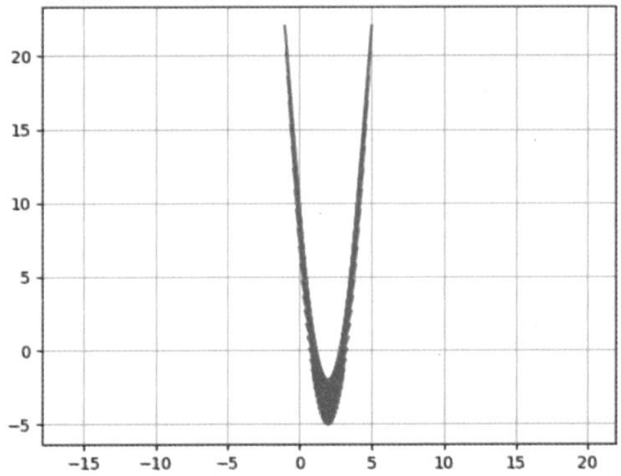

5-4 绳索围起最大的矩形面积

有一条 100 米的绳索，假设要围起一个矩形面积，可以有下列多种设计方式：

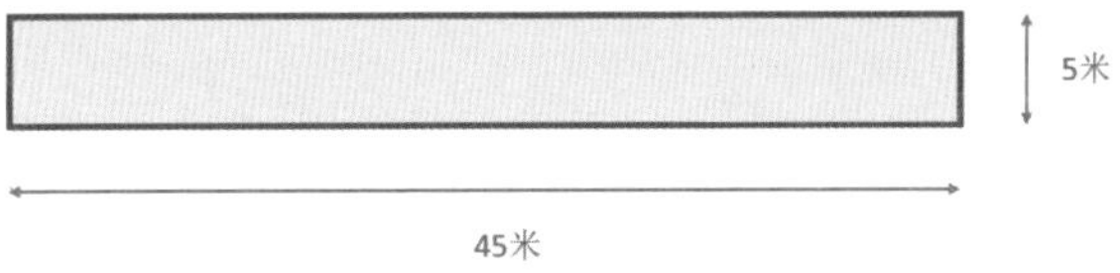

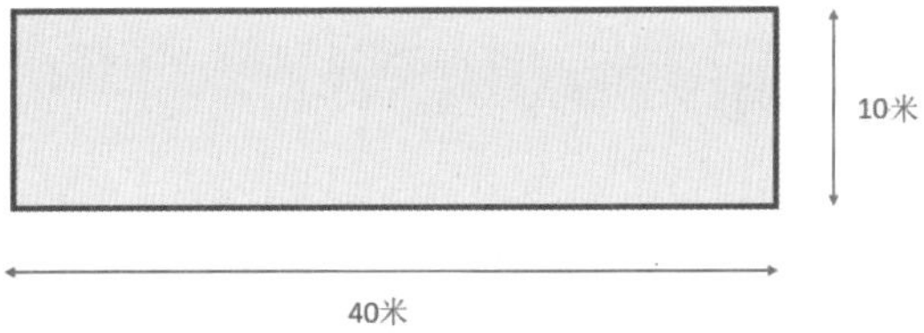

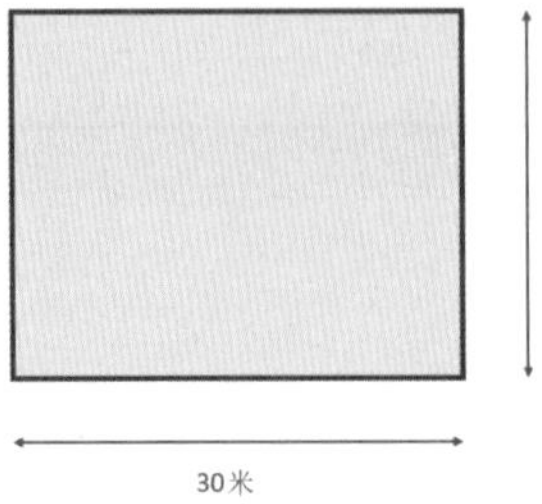

现在我们思考对 100 米的绳索要如何处理，才可以围出最大的面积。假设矩形有一条边长是x，则另两侧的边长和就是：

$$100 - 2x$$

相当于其中一侧边长是：

$$50 - x$$

这个时候可以用下列公式计算矩形的面积：

$$\text{area} = x * (50 - x) = -x^2 + 50x$$

上式就是一个二次函数，从上式可以看到x^2的系数是 -1，所以这表示此二次函数开口向下，有极大值。为了解上述二次函数，可以先对上述二次函数微分，得到下列结果：

$$\frac{\mathrm{d}}{\mathrm{d}x}f(x) = -2x + 50$$

由于发生极大值点的切线斜率是 0，所以可以得到下列结果：

$$2x = 50$$

最后可以得到$x = 25$。相当于当矩形的一条边长是 25 米时，绳索可以围出最大的面积。

程序实例 ch5_6.py：绘制上述求矩形面积的二次函数的图形，同时标出最大面积的点。

```
# ch5_6.py
import matplotlib.pyplot as plt
import numpy as np

# 二次函数的系数
a = -1
b = 50

# 计算微分
x_max = 50 / 2

# 将x_max代入二次函数
y_max = -x_max**2 + 50*x_max

plt.text(x_max-5, y_max-50, '('+str((x_max))+','+str(y_max)+')')
plt.plot(x_max, y_max, '-o', color='r')

# 绘制此函数图形
x = np.linspace(0, 51, 50)
y = a*x**2 + b*x
plt.plot(x, y, color='b')

plt.grid()
plt.show()
```

执行结果

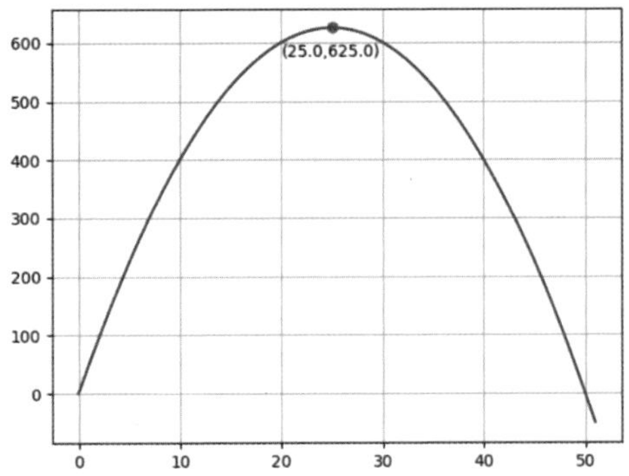

5-5 使用微分计算脸书营销业绩最大化

5-5-1 脸书营销数据回顾

在《机器学习数学基础一本通（Python 版）》的第 9 章，介绍了脸书营销的次数与增加业绩金额的数据，如下所示：

每 月 次 数	增加业绩金额 / 万元
1	10
2	18
3	19

下式是上述数据所推导的二次函数：

$$y = f(x) = -3.5x^2 + 18.5x - 5$$

程序实例 ch5_7.py：绘制上述函数的图形，同时标记图表数据。

```
# ch5_7.py
import matplotlib.pyplot as plt
import numpy as np

# 二次函数的系数
a = -3.5
b = 18.5
c = -5

# 标记业绩点
x1 = 1
y1 = 10
plt.text(x1+0.05, y1-1, '('+str((x1))+','+str(y1)+')')
plt.plot(x1, y1, '-o', color='g')
x2 = 2
y2 = 18
```

```
plt.text(x2+0.05, y2-1, '('+str((x2))+','+str(y2)+')')
plt.plot(x2, y2, '-o', color='g')
x3 = 3
y3 = 19
plt.text(x3+0.05, y3+0.1, '('+str((x3))+','+str(y3)+')')
plt.plot(x3, y3, '-o', color='g')

# 绘制此函数图形
x = np.linspace(0, 4, 50)
y = a*x**2 + b*x + c
plt.plot(x, y, color='b')

plt.grid()
plt.show()
```

执行结果

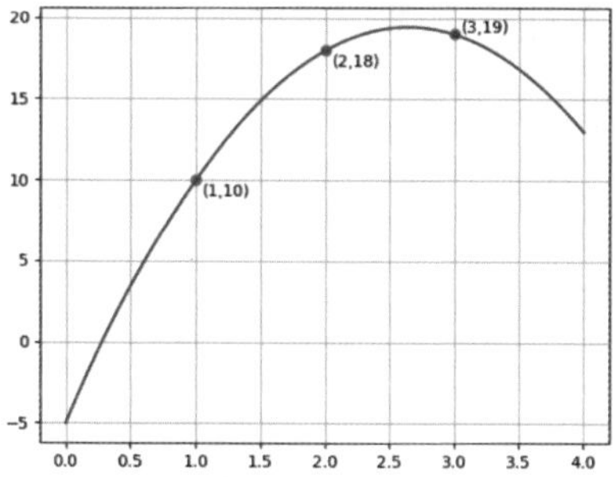

5-5-2 使用微分计算脸书营销数据

脸书营销的二次函数如下：

$$y = f(x) = -3.5x^2 + 18.5x - 5$$

系数是负值，所以有极大值

下式是微分上述二次函数的结果，它也是斜率函数。

$$\frac{d}{dx}f(x) = -7x + 18.5$$

因为斜率为 0 时有极大值，所以上述斜率函数可以改写如下：

$$-7x + 18.5 = 0$$

$$7x = 18.5$$

可以推导得到下列结果：

$$x \approx 2.64$$

将$x = 2.64$代入二次函数$y = f(x) = -3.5x^2 + 18.5x - 5$可以得到：

$$y \approx 19.45$$

相较于传统二次函数的配方法推导，读者应该可以看到使用二次函数让整个计算业绩最大值的过程简单许多。

程序实例 ch5_8.py：列出脸书营销业绩最大化的图形。

```
# ch5_8.py
import matplotlib.pyplot as plt
import numpy as np

# 二次函数的系数
a = -3.5
b = 18.5
c = -5

# 标记业绩点
x1 = 1
y1 = 10
plt.text(x1+0.05, y1-1, '('+str((x1))+','+str(y1)+')')
plt.plot(x1, y1, '-o', color='g')
x2 = 2
y2 = 18
plt.text(x2+0.05, y2-1, '('+str((x2))+','+str(y2)+')')
plt.plot(x2, y2, '-o', color='g')
x3 = 3
y3 = 19
plt.text(x3+0.05, y3+0.1, '('+str((x3))+','+str(y3)+')')
plt.plot(x3, y3, '-o', color='g')

# 微分
a_coe = 7
b_coe = 18.5
x_max = round((b_coe / a_coe), 2)                    # 营销次数 x 轴值
y_max = round((a*x_max**2 + b*x_max + c), 2)     # 业绩增加最大值
plt.text(x_max-0.4, y_max-1.5, '('+str((x_max))+','+str(y_max)+')')
plt.plot(x_max, y_max, '-o', color='r')

# 绘制此函数图形
x = np.linspace(0, 4, 50)
y = a*x**2 + b*x + c
plt.plot(x, y, color='b')

plt.grid()
plt.show()
```

执行结果

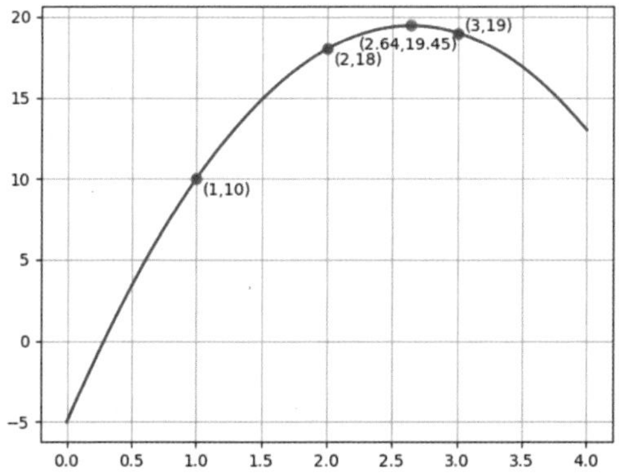

5-6 微分寻找极值不一定适用所有函数

考虑下列函数：

$$y = f(x) = x^3$$

程序实例 ch5_9.py：绘制 $y = f(x) = x^3$ 图形。

```
# ch5_9.py
import matplotlib.pyplot as plt
import numpy as np

# 三次函数的系数
a = 1

# 绘制此函数图形
x = np.linspace(-2, 2, 100)
y = a*x**3
plt.plot(x, y, color='b')
plt.plot(0, 0, '-o', color='red')
plt.axis([-3, 3, -10, 10])
plt.grid()
plt.show()
```

执行结果

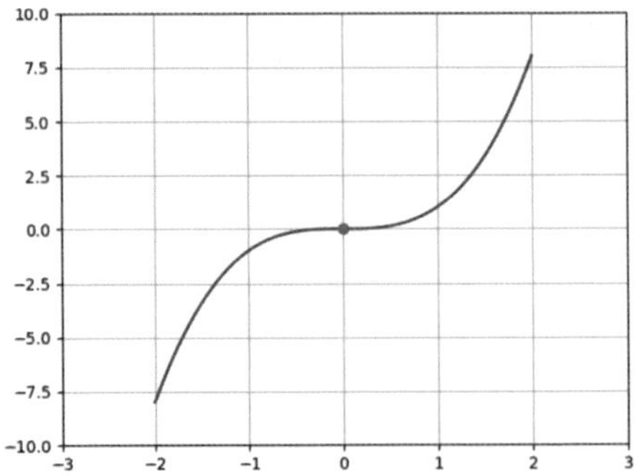

对于上述 $y = f(x) = x^3$ 而言，微分结果的导函数 $3x^2 = 0$ 时，函数 $x = 0$，且 $x = 0$ 时 y 值也是 0。但是我们细看上述图形可以看到，当 x 值大于 0 并且增加时，y 值也增加。当 x 值小于 0 并且减少时，y 值也减少。所以我们可以知道并非所有函数皆可以通过微分寻找极大值或极小值的点。

但是在机器学习中，使用回归分析时也还是会尽量计算出最适宜的函数模型，然后使用微分方式找出斜率为 0 的最佳解或是找出最佳预测的数据。

5-7 微分与 Sympy 模块

Sympy 模块可以解微分，相关概念如下：

函数 .diff()

或是

diff(函数 , 变量)

程序实例 ch5_10.py：求下列函数的微分。

$$f(x) = 3x^2 + 2x + 10$$

```
# ch5_10.py
from sympy import *

x = Symbol('x')
f = Symbol('f')
f = 3*x**2 + 2*x + 10
print("f'(x) = ", f.diff())
print("f'(x) = ", diff(f, x))
```

执行结果

```
========= RESTART: D:\Python Machine Learning Calculus\ch5\ch5_10.py =========
f'(x) =  6*x + 2
f'(x) =  6*x + 2
```

如果要计算n次微分，可以在函数 diff( ) 中增加参数n，例如：

diff(函数 , 变量 ,n)

程序实例 ch5_11.py：求下列函数的二次微分。

$$f(x) = 3x^2 + 2x + 10$$

```
# ch5_11.py
from sympy import *

x = Symbol('x')
f = Symbol('f')
f = 3*x**2 + 2*x + 10
print("f''(x) = ", diff(f, x, 2))
```

执行结果

```
========= RESTART: D:/Python Machine Learning Calculus/ch5/ch5_11.py =========
f''(x) =  6
```

第 6 章

积分基础

在 1-2 节中，笔者曾用一句话描述积分：计算总和，这一章将讲解积分的基本概念。

6-1 积分原理

简单地说，积分就是将所有细微的部分求和。例如：有一个 15×15 的平行四边形，还有一个 15×15 的正方形，如下所示：

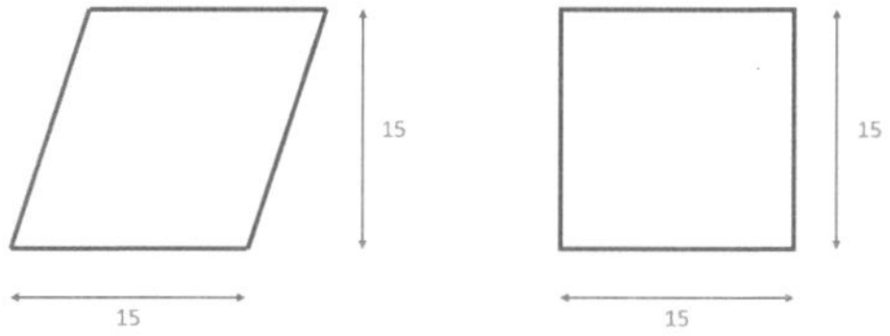

现在将平行四边形做横向切割，如下所示：

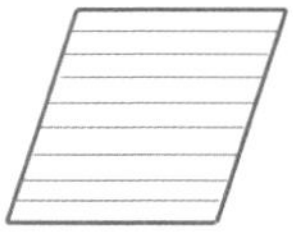

如果切割得够细，最后可以将所切割的横条组成一个正方形，如下所示：

在现实生活中，我们可能无法将一个物体切割成这么细的长条，不过在数学中，我们面对的是函数，所以我们可以虚拟想象成极细化的长条，可以准确地计算其总和。

6-2 积分的计算

积分的计算其实也很简单，在第 1 章中，笔者曾讲过积分与微分互为逆运算关系，微分运算概念如下：

积分运算的概念如下：

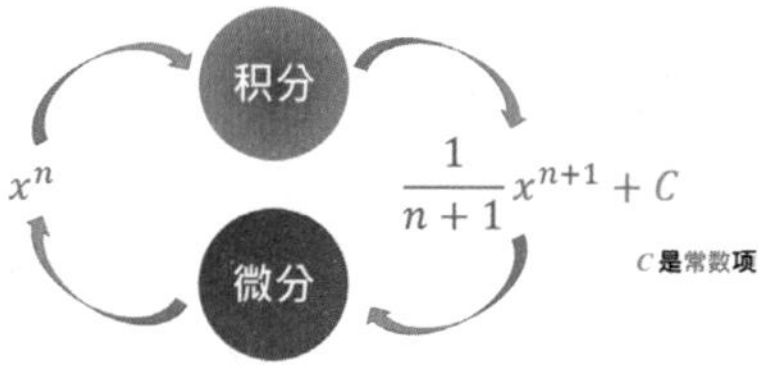

上述x^n在积分后需要加上一个常数项C，因为常数C在微分后的结果是 0，这个常数项C又称积分常数。

实例 1：计算下列函数的积分。

$$y = x^4 + 2x^3 + 3x^2 + 4x + 5$$

上述 y 的积分计算如下：

$$y\text{的积分} = \frac{1}{4+1} * x^{4+1} + 2 * \frac{1}{3+1} x^{3+1} + 3 * \frac{1}{2+1} x^{2+1} + 4 * \frac{1}{1+1} x^{1+1} + 5x + C$$

$$= \frac{1}{5}x^5 + \frac{2}{4}x^4 + \frac{3}{3}x^3 + \frac{4}{2}x^2 + 5x + C$$

$$= \frac{1}{5}x^5 + \frac{1}{2}x^4 + x^3 + 2x^2 + 5x + C$$

注：有关积分常数C的概念，后续章节会说明。

6-3 积分符号

使用函数$f(x)$对x做积分，可以使用下列积分符号表达：

$$\int f(x)\mathrm{d}x$$

在上述公式中$\mathrm{d}x$概念和我们在微分概念中无限小的x类似，相当于下列概念：

$$\lim_{\Delta x \to 0} \Delta x$$

在积分符号表达中，$\int$是积分符号，其形状像英文字母S的拉长版本，这个S取材自总和的英文单词 Sum 的第一个英文字母，称此为无限加总或计算总和，英文是 Integral。

在积分符号中可以看到下列公式：

$$f(x)\mathrm{d}x$$

读者可以想象成：

$$f(x) * \mathrm{d}x$$

也就是将无限小的x乘以$f(x)$，最后再计算总和。下列是整体的图例说明。

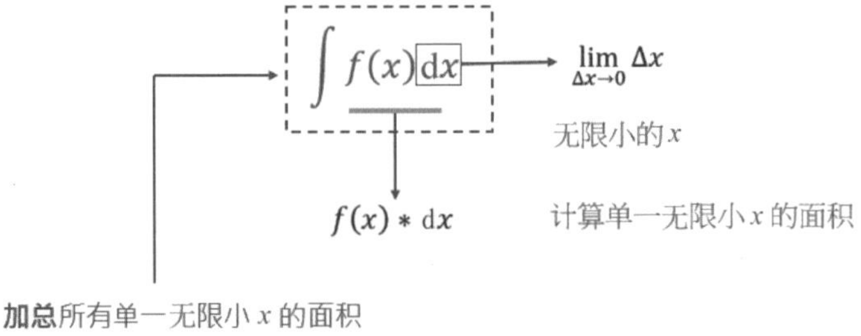

6-4 积分意义的图解说明

假设有一个湖泊如下：

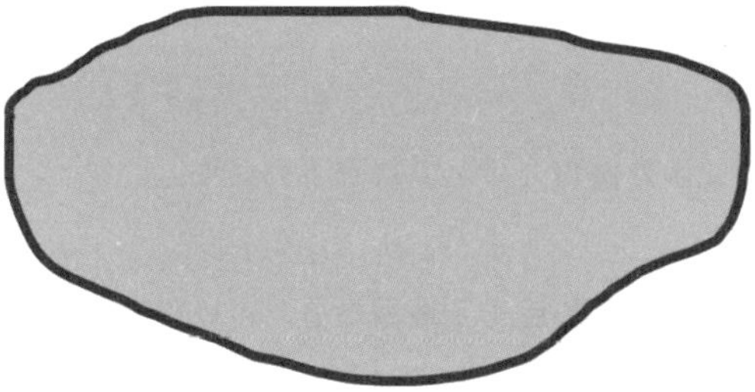

如果要用积分计算这个湖泊的面积，可以将湖泊切割，如下所示：

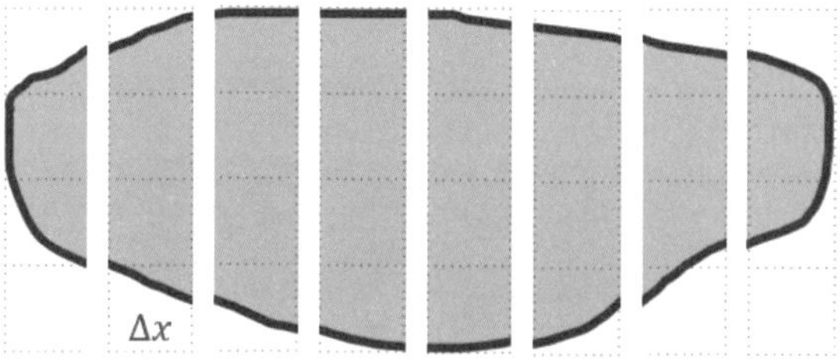

请留意上述Δx意义如下：

$$\mathrm{d}x = \lim_{\Delta x \to 0} \Delta x$$

如果Δx不够无限小，会有下列误差：

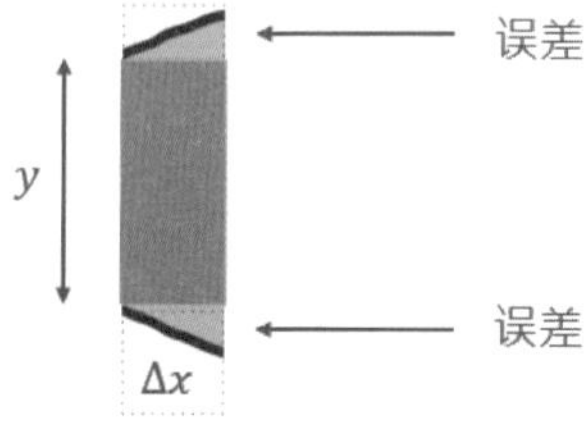

所以若执行下式计算上述切割区块面积就会产生误差：

$$f(x) * \mathrm{d}x$$

可是如果切割湖泊时以无限小Δx做切割，可以得到下列结果：

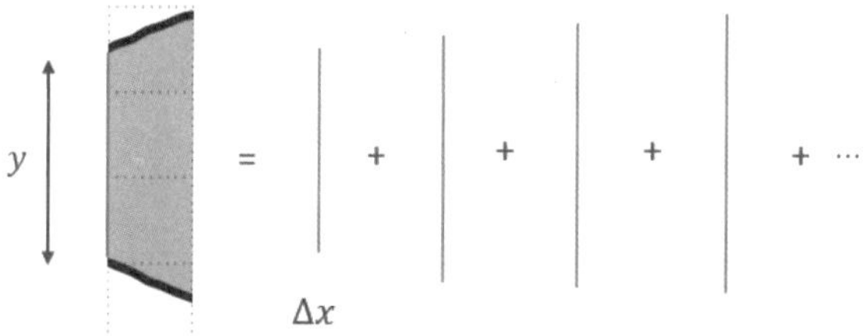

若执行下式计算上述无限小Δx宽度，切割区块面积就会有正确的结果：

$$f(x) * \mathrm{d}x$$

最后再执行积分$\int$的无穷加总就可以计算出湖泊的面积。

6-5 反导函数

有一个函数$f(x)$，当对此函数做积分后可以得到下列结果：

$$\int f(x)\mathrm{d}x = F(x) + C$$

上述$F(x) + C$称反导函数，如果将反导函数做微分，可以得到原函数$f(x)$。

$$\frac{\mathrm{d}}{\mathrm{d}x}F(x) + C = f(x)$$

所以我们可以说：

（1）$f(x)$的反导函数是$F(x) + C$。

（2）$F(x) + C$的导函数是$f(x)$。

下列是积分的基本公式：

$$\int x^n \mathrm{d}x = \frac{1}{n+1}x^{n+1} + C$$

实例 1：有一个函数如下，请推导反导函数。

$$f(x) = 2x + 1$$

下列是$f(x)$的积分：

$$\begin{aligned}\int f(x)\mathrm{d}x &= \int (2x+1)\mathrm{d}x \\ &= \frac{2}{1+1}x^{1+1} + x + C \\ &= x^2 + x + C\end{aligned}$$

上述C是积分常数，故$f(x)$的反导函数并不唯一。

6-6 不定积分

6-6-1 不定积分基本定义

所谓不定积分是指将函数积分后，得到含有积分常数C的函数。其目的在于求解一个函数的反导函数。

6-6-2 进一步了解积分常数C

有一个函数如下：

$$f(x) = x + 1$$

下列是将上述函数$f(x)$积分的结果：

$$\begin{aligned}\int f(x)\mathrm{d}x &= \int (x+1)\mathrm{d}x \\ &= 0.5x^2 + x + C\end{aligned}$$

读者可能会感到好奇，为什么积分后会产生积分常数C？这个不确定值的常数会不会对原始函数有影响？下列将详细说明。

程序实例 ch6_1.py：绘制下列函数图形，x为 -4 ~ 4，C分别用 -5, 0, 5 代入。

$$0.5x^2 + x + C$$

```
# ch6_1.py
import matplotlib.pyplot as plt
import numpy as np

# 原始函数F(x)的系数
a = 0.5
b = 1

# 绘制此函数图形
for C in range(-5, 6, 5):
    x = np.linspace(-4, 4, 100)
    y = a*x**2 + b*x + C
    plt.plot(x, y, color='b')
plt.grid()
plt.show()
```

执行结果

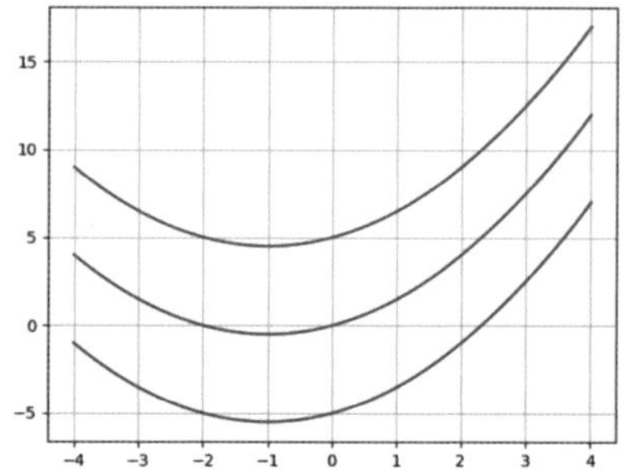

下列是上述执行结果的进一步解析，当将C分别用 -5, 0, 5 代入时，$f(x) = x + 1$的反导函数结果分别如下：

$$0.5x^2 + x - 5$$
$$0.5x^2 + x$$
$$0.5x^2 + x + 5$$

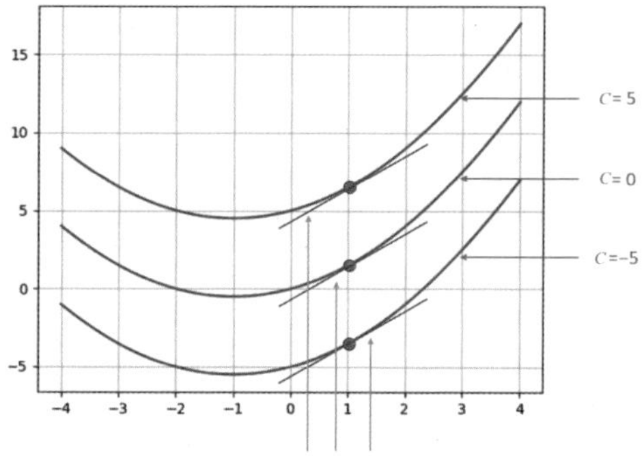

从上图我们可以看到，无论积分常数为何，相同x轴坐标的斜率一定相同，所以积分常数对于斜率不会有影响。

注释：积分常数没有一定的符号，因为常数的英文是 constant，所以一般人就用该单词的首字母C代表积分常数。

6-6-3 进一步说明积分常数

在 1-2 节，笔者曾用一句话描述积分：计算总和。

也可以用一句话描述不定积分：计算总和变化的积分。

在微积分的应用中，反导函数对于计算总和的分析是有帮助的，但是由于存在积分常数，所以反导函数的值不是固定的，反导函数值会因为积分常数C的不同而有不同的结果。

假设一辆汽车是以等加速度a行驶，在x秒时速度是t，我们可以用下式表示此函数：

$$y = ax$$

汽车的行驶距离可以使用下列积分得到：

$$F(x) = \int f(x)\mathrm{d}x = \int ax\mathrm{d}x$$

$$= \frac{1}{2}ax^2 + C$$

假设汽车的行驶时间是t秒，可以得到下列汽车行驶t秒后的距离函数：

$$F(t) = \frac{1}{2}at^2 + C$$

上述实例的函数图形如下所示。

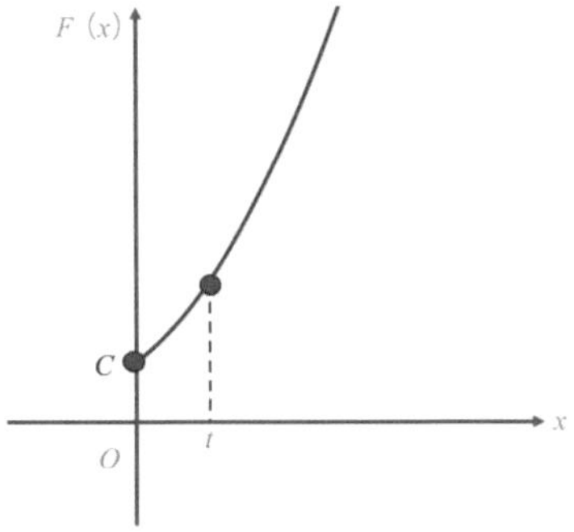

上式由于多了一个积分常数C，所以计算移动距离仍无法获得结果。

假设现在增加 1 秒，相当于汽车行驶时间是$t+1$秒，则汽车的行驶距离可以使用下列概念推导得到：

$$F(t+1) = \frac{1}{2}a(t+1)^2 + C$$

$$F(t+1) = \frac{1}{2}a(t^2+2t+1) + C$$

$$F(t+1) = \frac{1}{2}at^2 + at + \frac{1}{2}a + C$$

行驶 t 秒后增加 1 秒的函数图形如下所示。

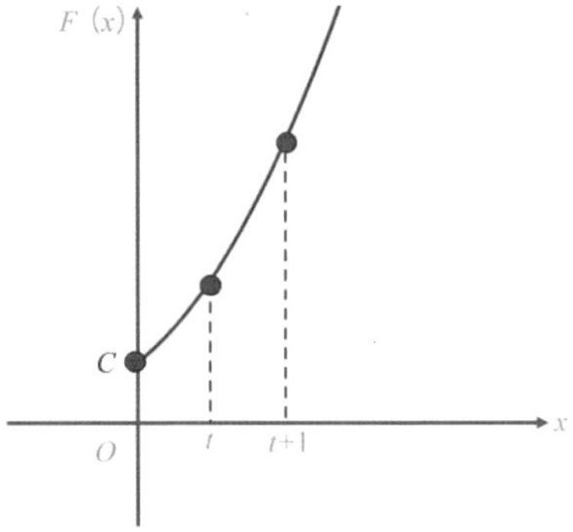

如果将$F(t)$和$F(t+1)$单独看待，因为有一个未知的积分常数C，所以其实没有意义。

$$F(t)=\frac{1}{2}at^2+C$$

$$F(t+1)=\frac{1}{2}at^2+at+\frac{1}{2}a+C$$

可是如果将$F(t+1)$减去$F(t)$，相当于可以计算t秒后 1 秒的汽车行驶距离，这样整个计算就变成有意义了，这也将是 6-7 节的主题——定积分。

6-6-4 积分与 Sympy 模块

Sympy 模块使用函数 integrate( ) 执行积分运算，应用于函数时会省略常数项C。此时函数 integrate( ) 用法如下：

integrate (函数 , 变量)

程序实例 ch6_1_1.py：对下列函数积分。

$$f(x)=ax$$

```
# ch6_1_1.py
from sympy import *

x = Symbol('x')
a = Symbol('a')
f = a*x
print(integrate(f, x))
```

执行结果

```
======== RESTART: D:\Python Machine Learning Calculus\ch6\ch6_1_1.py ========
a*x**2/2
```

6-7 定积分

6-7-1 基本概念

6-6-3 节推导了$F(t+1)$与 $F(t)$ 的结果，如果执行$F(t+1)-F(t)$可以得到下列结果：

$$F(t+1)-F(t)=at+\frac{1}{2}a$$

由上式可以看到积分常数C已经被消去了，更直接说上式是t秒后 1 秒的汽车行驶距离。

如果将t改为a，$t+1$改为b，可以得到下列公式：

$$F(b)-F(a)$$

如果使用积分公式，可以使用下列方式表达：

$$\begin{aligned}\int_a^b f(x)\mathrm{d}x &= [F(x)+C]_a^b \\ &= F(b)+C-(F(a)+C) \\ &= F(b)+C-F(a)-C=F(b)-F(a) \\ &= F(b)-F(a)\end{aligned}$$

上述积分表达方式称定积分，具体地说，上述定积分就是将任意两个数值代入函数然后相减。从几何学的角度讲，相当于是函数图形下与x轴a到b之间围成的面积，在数学上将a到b之间称积分区间，也可以理解为a到b之间做积分。

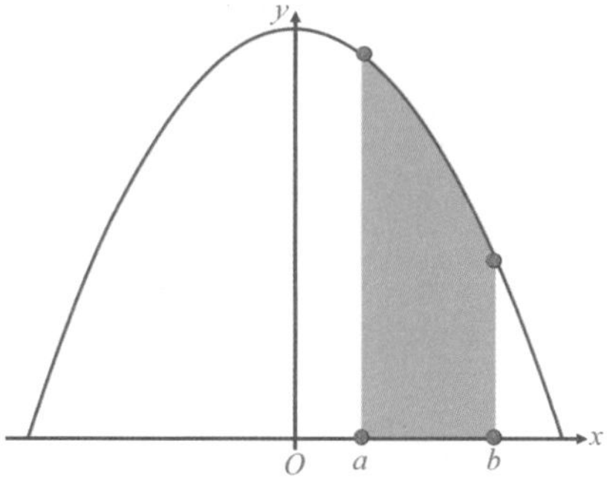

总之，定积分就是求积分区间内的总和，此总和就是函数图形下与x轴a至b之间所围成的面积，至于此定积分的面积概念可以参考上述图形的浅绿色区块。

6-7-2 定积分的条件

执行定积分的条件是，x值在a和b之间时函数 $f(x)$ 必须是连续的。例如：对于下列函数而言，x值在a和b之间时函数 $f(x)$ 不连续，所以无法执行定积分。

$$y=\frac{1}{x}$$

相关的函数图形说明如下所示。

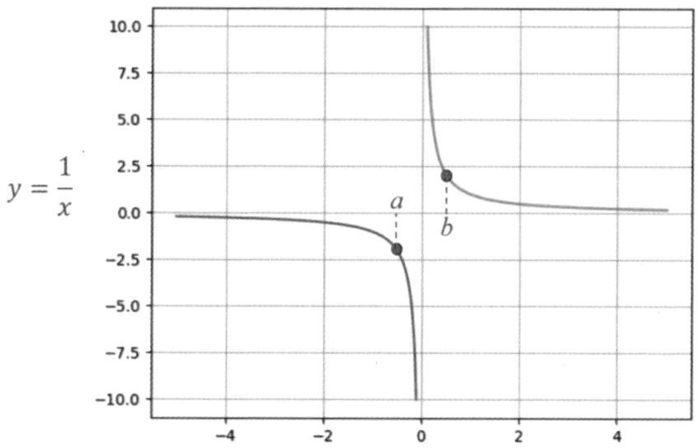

上述函数 $f(x)$ 的 x 值在 a 到 b 有缺口，所以无法积分。

6-7-3 定积分的简单应用

实例 1：计算下列函数从 1 到 5 的定积分。

$$\int_1^5 (x+1)\,\mathrm{d}x$$

下列是计算推导过程。

$$\int_1^5 (x+1)\,\mathrm{d}x = \left[\frac{1}{2}x^2 + x\right]_1^5$$

$$= \frac{1}{2} \times 5^2 + 5 - \left(\frac{1}{2} \times 1^2 + 1\right)$$

$$= \frac{25}{2} + 5 - \frac{1}{2} - 1$$

$$= 16$$

程序实例 ch6_2.py：绘制上述实例 1 中定积分的图形。

```
1  # ch6_2.py
2  import matplotlib.pyplot as plt
3  import numpy as np
4
5  # 原始函数F(x)的系数
6  a = 1
7  b = 1
8
9  # 绘制此函数积分区间图形
10 x = np.linspace(0, 6, 1000)
11 y = a*x + b
12 plt.plot(x, y, color='b')
13 plt.fill_between(x, y1=y, y2=0, where=(x>=1)&(x<=5),
14                  facecolor='lightgreen')
15 plt.grid()
16 plt.show()
```

执行结果

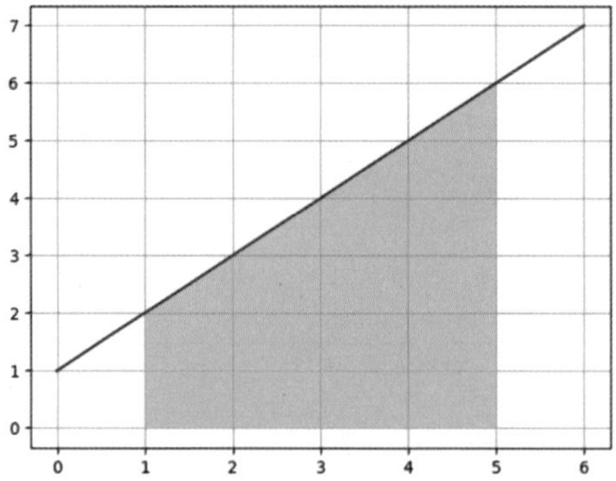

实例 2：计算下列函数从 1 到 3 的定积分。

$$\int_{1}^{3} x^2 \, \mathrm{d}x$$

下列是计算推导过程。

$$\begin{aligned}\int_{1}^{3} x^2 \, \mathrm{d}x &= \left[\frac{1}{3}x^3\right]_1^3 \\ &= \frac{1}{3}\times 3^3 - \frac{1}{3}\times 1^3 \\ &= 9 - \frac{1}{3} = \frac{26}{3} \approx 8.6666667\end{aligned}$$

程序实例 ch6_3.py：绘制上述实例 2 中定积分的图形。

```
# ch6_3.py
import matplotlib.pyplot as plt
import numpy as np

# 原始函数F(x)的系数
a = 1

# 绘制此函数积分区间图形
x = np.linspace(0, 4, 1000)
y = a*x**2
plt.plot(x, y, color='b')
plt.fill_between(x, y1=y, y2=0, where=(x>=1)&(x<=3),
                 facecolor='lightgreen')
plt.grid()
plt.show()
```

执行结果

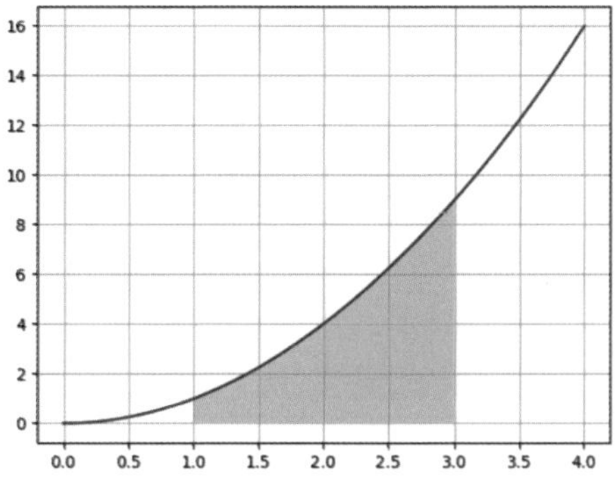

6-7-4　定积分结果是负值

在前面叙述说明了定积分是求总和，也说明了此总和就是函数图形下与x轴a至b之间所围成的面积。现在请参考下列积分：

$$\int_0^3 (-3)\mathrm{d}x = [-3x]_0^3 = -9$$

从上式可以得到积分结果是 -9，读者可能会奇怪，求面积怎会出现负值？其实更严格地说，定积分是求积分区间的总和 y 值，只有当y值是正值时，此总和才是函数图形下与x轴a至b之间所围成的面积。

程序实例 ch6_4.py：绘制上述积分区间。

```
# ch6_4.py
import matplotlib.pyplot as plt
import numpy as np

# 原始函数F(x)的系数
c = -3

# 绘制此函数积分区间图形
x = np.linspace(0, 3, 100)
y = [c for cx in x]
plt.plot(x, y, color='b')
plt.fill_between(x, y1=y, y2=0, where=(x>=0)&(x<=3),
                 facecolor='lightgreen')
plt.grid()
plt.show()
```

执行结果

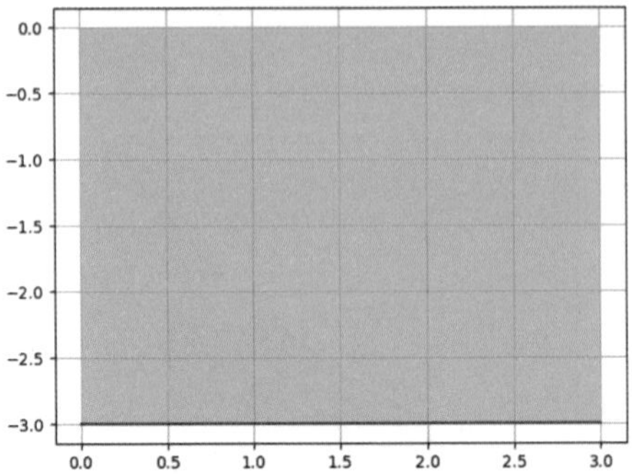

下图是本节概念结论。

定积分 ≠ 面积

定积分 = y总和

如果 $y \geq 0$，则函数图形下与x轴a至b之间所围成的面积就是定积分。

6-7-5 定积分出现负值的处理

设一个函数如下：

$$y = x$$

x从 -2 到 2 积分上述函数。

$$\int_{-2}^{2} x\mathrm{d}x = \left[\frac{1}{2}x^2\right]_{-2}^{2} = 0$$

程序实例 ch6_5.py：绘制上述积分区间图形。

```
# ch6_5.py
import matplotlib.pyplot as plt
import numpy as np

# 原始函数F(x)的系数
a = 1

# 绘制此函数积分区间图形
x = np.linspace(-3, 3, 1000)
y = a*x
plt.plot(x, y, color='b')
plt.fill_between(x, y1=y, y2=0, where=(x>=0)&(x<=2),
                 facecolor='lightgreen')
plt.fill_between(x, y1=y, y2=0, where=(x<=0)&(x>=-2),
                 facecolor='lightblue')
plt.grid()
plt.show()
```

执行结果

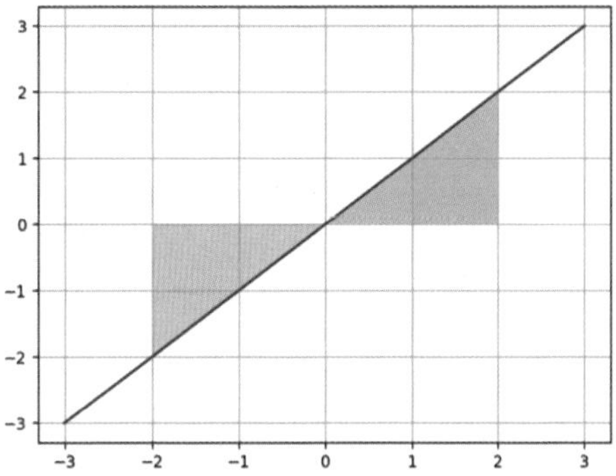

从上述实例可以看到，因为在x轴左边的y是负值，在x轴右边的y是正值，由于它们相互抵消，所以最后结果是0。所以若想使用定积分求面积，y的正值与负值必须分别计算。

6-7-6 用定积分求一次函数的面积

在求面积时，因为面积必须是正值，所以必须计算在哪些x的范围内会造成y是负值，在这段区间乘以负号就可以得到正值的y，请参考下列函数：

$$\int_{-1}^{1} x\mathrm{d}x$$

因为是计算面积，所以函数可以加上绝对值，如下所示：

$$\int_{-1}^{1} |x|\mathrm{d}x$$

正式计算可以使用下列公式：

$$\int_{-1}^{1} |x|\mathrm{d}x = \int_{-1}^{0} (-x)\mathrm{d}x + \int_{0}^{1} x\mathrm{d}x$$

$$= \frac{1}{2} + \frac{1}{2} = 1$$

程序实例 ch6_6.py：绘制上述积分区间的图形。

```
# ch6_6.py
import matplotlib.pyplot as plt
import numpy as np

# 原始函数F(x)的系数
a = -1

# 绘制此函数积分区间图形
x = np.linspace(0, 3, 1000)
y = -a*x
plt.plot(x, y, color='b')
plt.fill_between(x, y1=y, y2=0, where=(x>=0)&(x<=1),
                 facecolor='lightgreen')

```

```
x = np.linspace(-3, 0, 1000)
y = a*x
plt.plot(x, y, color='b')
plt.fill_between(x, y1=y, y2=0, where=(x>=-1)&(x<=0),
                 facecolor='lightblue')

plt.grid()
plt.show()
```

执行结果

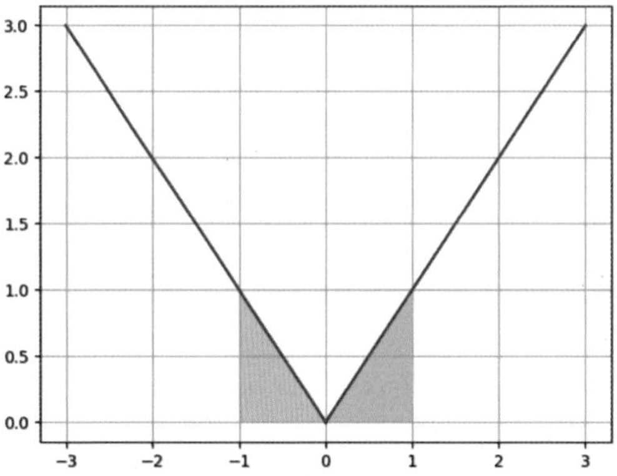

6-7-7 用定积分求二次函数的面积

设二次函数如下：

$$y = -x^2 + 2x$$

程序实例 ch6_7.py：绘制上述二次函数在x为 -2 到 4 积分区间的图形。

```
# ch6_7.py
import matplotlib.pyplot as plt
import numpy as np

# 原始函数F(x)的系数
a = -1
b = 2

# 绘制此函数积分区间图形
x = np.linspace(-2, 4, 1000)
y = a*x**2 + b*x
plt.plot(x, y, color='b')
plt.fill_between(x, y1=y, y2=0, where=(x>=-2)&(x<=5),
                 facecolor='lightgreen')

plt.grid()
plt.show()
```

执行结果

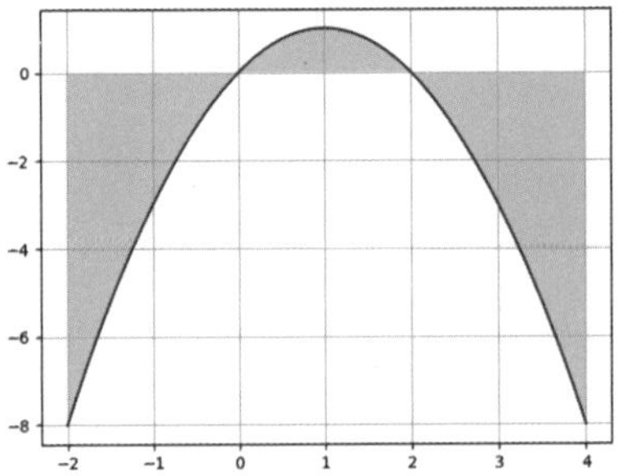

如果直接求上述浅绿色区域的面积会得到负值，为了计算正值的面积，需要根据y值的正负分别计算，将y值为负值的区间乘以负号。首先计算此二次函数与x轴交叉的位置，可以使用因式分解计算。

$$y = -x(x-2)$$

从上述计算可以得到当$x=0$或$x=2$时，y值为0，所以可以得到此二次函数与x轴相交在$x=0$或$x=2$。

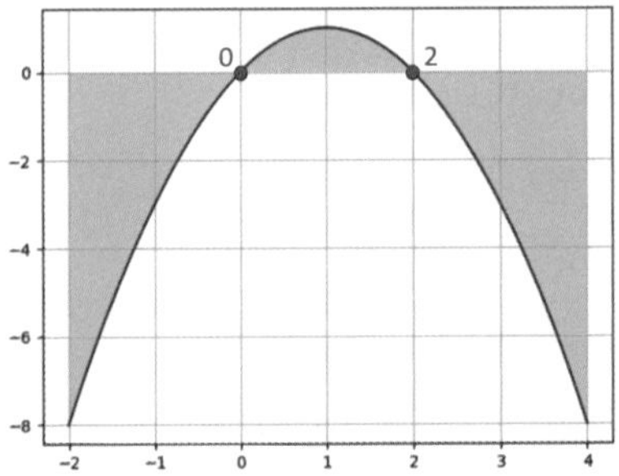

从上述推导可以得到此二次函数的积分必须将x轴分3段，分别是−2 ~ 0、0 ~ 2、2 ~ 4，整个推导过程如下：

$$\begin{aligned}
&\int_{-2}^{4} |-x^2+2x|\,\mathrm{d}x \\
&= \int_{-2}^{0} -(-x^2+2x)\mathrm{d}x + \int_{0}^{2} (-x^2+2x)\mathrm{d}x + \int_{2}^{4} -(-x^2+2x)\mathrm{d}x \\
&= [-F(x)]_{-2}^{0} + [F(x)]_{0}^{2} + [-F(x)]_{2}^{4} \\
&= -F(0) - \big(-F(-2)\big) + F(2) - F(0) + (-(F(4) - F(2))) \\
&= F(-2) - 2F(0) + 2F(2) - F(4)
\end{aligned}$$

因为$F(x)$函数如下：

$$F(x) = -\frac{1}{3}x^3 + x^2$$

有了上述函数，分别将 −2, 0, 2, 4 代入x可以得到下列结果：

$$\int_{-2}^{4} |-x^2+2x|\mathrm{d}x = -\frac{(-8)}{3} + 4 - 2 * \frac{8}{3} + 8 + \frac{64}{3} - 16$$

$$
\begin{aligned}
&= \frac{-8}{3} - 4 + \frac{64}{3} \\
&= \frac{56}{3} - 4 \\
&= \frac{44}{3} \\
&\approx 14.6666667
\end{aligned}
$$

经过上述计算可以得到 -2 到 4 积分区间的面积约是 14.6666667。

程序实例 ch6_8.py：绘制此二次函数积分区间的图形。

```
# ch6_8.py
import matplotlib.pyplot as plt
import numpy as np

# 原始函数F(x)的系数
a = -1
b = 2

# 绘制此函数积分区间图形
x = np.linspace(-2, 0, 1000)
y = -a*x**2 - b*x
plt.plot(x, y, color='b')
plt.fill_between(x, y1=y, y2=0, where=(x>=-2)&(x<=0),
                 facecolor='lightblue')

x = np.linspace(0, 2, 1000)
y = a*x**2 + b*x
plt.plot(x, y, color='b')
plt.fill_between(x, y1=y, y2=0, where=(x>=0)&(x<=2),
                 facecolor='lightgreen')

x = np.linspace(2, 4, 1000)
y = -a*x**2 - b*x
plt.plot(x, y, color='b')
plt.fill_between(x, y1=y, y2=0, where=(x>=2)&(x<=4),
                 facecolor='lightblue')

plt.grid()
plt.show()
```

执行结果

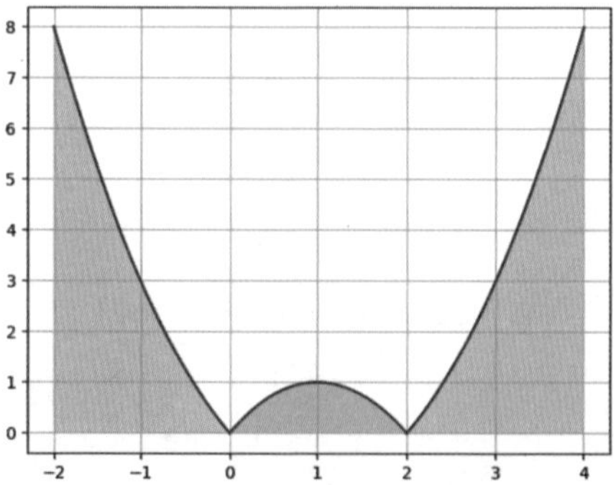

6-7-8 使用 Sympy 计算定积分的值

计算定积分的值仍然可以使用函数 integrate( )，此时函数用法如下：

integrate (函数 , (变量 , 积分起点 , 积分终点))

程序实例 ch6_9.py：计算下列函数的积分。

$y = x^2$

```
# ch6_9.py
from sympy import *

x = Symbol('x')
f = x**2
print(integrate(f, (x, 1, 3)))
```

执行结果

```
========= RESTART: D:/Python Machine Learning Calculus/ch6/ch6_9.py =========
26/3
```

程序实例 ch6_10.py：参考 6-7-7 节，计算下列函数与x轴在 -2 ~ 4 区间的面积，这个实例也分成 3 段计算。

$y = -x^2 + 2x$

```
# ch6_10.py
from sympy import *

x = Symbol('x')
f = -x**2 + 2*x
f1 = x**2 - 2*x
sec1 = integrate(f1, (x, -2, 0))
sec2 = integrate(f, (x, 0, 2))
sec3 = integrate(f1, (x, 2, 4))
print(sec1 + sec2 + sec3)
```

执行结果

```
========= RESTART: D:/Python Machine Learning Calculus/ch6/ch6_10.py =========
44/3
```

6-7-9 奇函数和偶函数

在计算面积时，如果积分区间所得是负值，可以使用乘以负号的方式处理，这种方式虽然可行，但是有一点麻烦，这一节将介绍奇函数和偶函数。

1. 奇函数

对于一次函数或三次函数而言，会以某一个点当作基准点，图形呈现反转对称性，称为奇函数。例如下列函数是奇函数：

$$y = x$$

或

$$y = x^3$$

下图是 ch5_10.py 所呈现的奇函数图形：

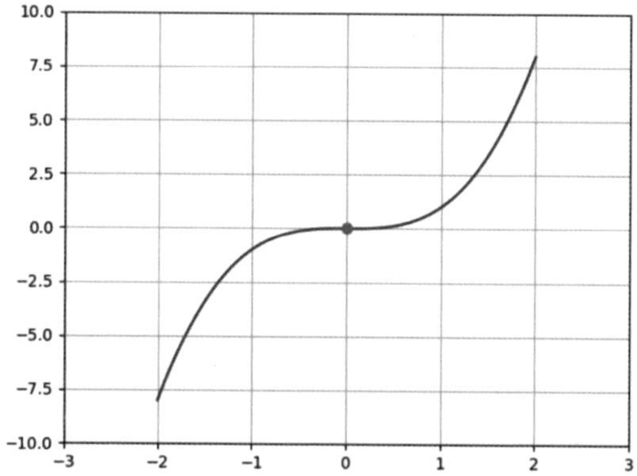

上图以 $y = 0$ 为边界，正负值产生反转。如果计算上述函数与 x 轴之间在 $-a \sim a$ 区间的面积时，可以使用下列方式计算积分结果，首先我们有下列概念：

$$\int_{-a}^{a} x\,\mathrm{d}x = 0$$

在计算面积时可以使用下列方式计算：

$$\int_{-a}^{a} |x|\,\mathrm{d}x = 2\int_{0}^{a} x\,\mathrm{d}x$$

也可以将奇函数整体成立的条件，使用下列方式表达：

$$f(x) = -f(-x)$$

程序实例 ch6_11.py：计算下列函数在 $-1 \sim 1$ 积分区间的面积。

$$y = x$$

```
1  # ch6_11.py
2  import matplotlib.pyplot as plt
3  import numpy as np
4
5  # 原始函数F(x)的系数
6  a = 1
7
8  # 绘制此函数积分区间的图形
9  x = np.linspace(-1, 1, 1000)
10 y = x
11 plt.plot(x, y, color='b')
12 plt.fill_between(x, y1=y, y2=0, where=(x>=-1)&(x<=1),
13                  facecolor='lightblue')
14
15 plt.grid()
16 plt.show()
```

执行结果

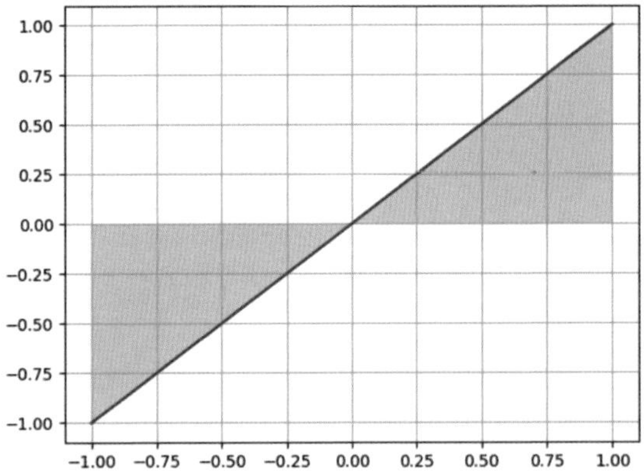

下式是用积分形式计算上述执行结果。

$$\int_{-1}^{1}|x|\mathrm{d}x = 2\int_{0}^{1}x\mathrm{d}x = 2*\frac{1^2}{2} = 1$$

2. 偶函数

对于二次函数而言y轴是对称轴，例如：$y = x^2$，整个图形左右对称，可以参考下图：

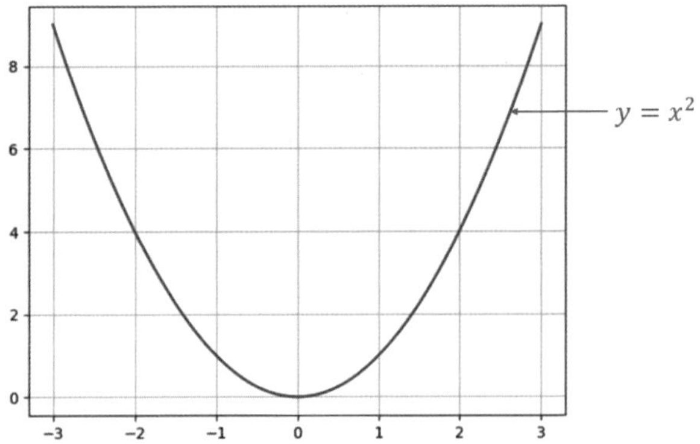

首先我们将偶函数使用下列方式表达：

$$\int_{-a}^{a}x^2\mathrm{d}x = 2\int_{0}^{a}x^2\,\mathrm{d}x$$

也可以将偶函数整体成立的条件，使用下列方式表达：

$$f(x) = f(-x)$$

下式是基本实例：

$$\int_{-2}^{2}x^2\mathrm{d}x = 2\int_{0}^{2}x^2\mathrm{d}x = 2*\left[\frac{1}{3}*x^3\right]_0^2 = \frac{16}{3}$$

6-8 体会积分的功能

6-8-1 基本概念

1. 矩形左上角当基准计算面积较小

在微积分被发明前，若想要计算曲线所围成的区域面积，可能会用n个矩形切割此曲线围成的区域，假设曲线是$y = x^2$，这时可以使用 2 种方式切割，一是矩形左上角对准曲线的位置，可以参考下图，这是以 0 ~ 1 为区间的面积图：

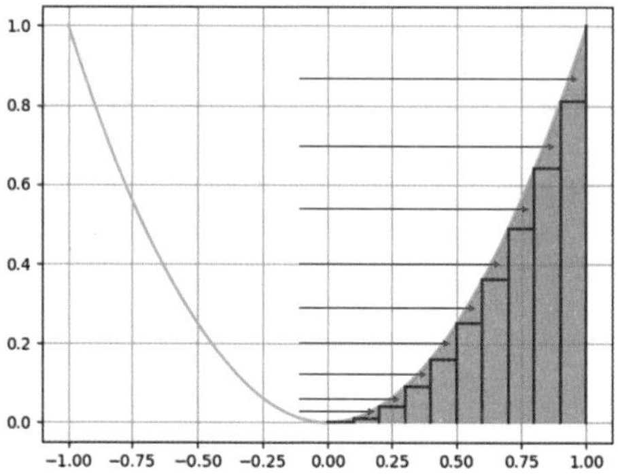

上图中红色箭头所指的粉红色近似三角形区块面积会被忽略，所以所计算的面积会比实际的小，当然矩形区域切割越细，所获得的精准度会越高。假设将上述矩形所围成的区域总面积称S。假设矩形被切割为n等份，可以将每个矩形面积称作S_n，这个时候使用矩形方式计算面积时，所获得的公式如下：

$$S = S_1 + S_2 + \cdots + S_n$$

由于矩形被切割为 n 等份，所以总面积S计算方式如下：

$$S = \frac{1}{n}\left\{f(0) + f\left(\frac{1}{n}\right) + f\left(\frac{2}{n}\right) + \cdots + f\left(\frac{n-1}{n}\right)\right\}$$

程序实例 ch6_12.py：绘制上述不含红色箭头的图形。

```
# ch6_12.py
import matplotlib.pyplot as plt
import numpy as np

# 原始函数F(x)的系数
a = 1

# 绘制此函数积分区间图形
x = np.linspace(-1, 1, 1000)
y = a*x**2
plt.plot(x, y, color='aqua')
plt.fill_between(x, y1=y, y2=0, where=(x>=0)&(x<=1),
                 facecolor='lightpink')

x_line = np.linspace(0, 0.1, 2)
```

```
y_line = x_line

# 绘制蓝色水平线
for i in range(10):
    x_line[0] = i*0.1
    x_line[1] = x_line[0] + 0.1
    y_line = [a*n**2 for n in x_line]
    y_line[1] = y_line[0]
    plt.plot(x_line, y_line, color='b')

# 绘制蓝色垂直线
for i in range(10):
    x_line[0] = i*0.1 + 0.1
    x_line[1] = x_line[0]
    y_line[0] = 0
    y_line[1] = a*x_line[0]**2
    plt.plot(x_line, y_line, color='b')

plt.grid()
plt.show()
```

2. 矩形右上角当基准计算面积较大

另一种是矩形右上角对准曲线的位置，可以参考下图，这是以 0 ~ 1 为区间的面积图。

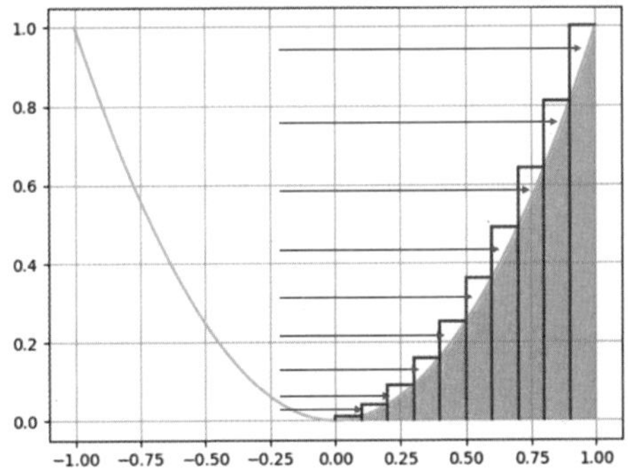

上图中红色箭头所指的白色近似三角形区块面积会增加计算，所以所计算的面积会比实际的大，当然矩形区域切割越细，所获得的精准度会越高。假设将上述矩形所围成的区域总面积称L。假设矩形被切割为n等份，可以将每个矩形面积称作L_n，这个时候使用矩形方式计算面积时，所获得的公式如下：

$$L = L_1 + L_2 + \cdots + L_n$$

由于矩形被切割为n等份，所以总面积L计算方式如下：

$$L = \frac{1}{n}\left\{f(1) + f\left(\frac{2}{n}\right) + f\left(\frac{3}{n}\right) + \cdots + f\left(\frac{n}{n}\right)\right\}$$

程序实例 ch6_13.py：绘制上述不含红色箭头的图形。

```
# ch6_13.py
import matplotlib.pyplot as plt
import numpy as np

# 原始函数F(x)的系数
```

```
a = 1

# 绘制此函数积分区间图形
x = np.linspace(-1, 1, 1000)
y = a*x**2
plt.plot(x, y, color='aqua')
plt.fill_between(x, y1=y, y2=0, where=(x>=0)&(x<=1),
                 facecolor='lightpink')

x_line = np.linspace(0, 0.1, 2)
y_line = x_line

#绘制蓝色水平线
for i in range(10):
    x_line[0] = i*0.1
    x_line[1] = x_line[0] + 0.1
    y_line = [a*(n+0.1)**2 for n in x_line]
    y_line[1] = y_line[0]
    plt.plot(x_line, y_line, color='b')

#绘制蓝色垂直线
for i in range(10):
    x_line[0] = i*0.1
    x_line[1] = x_line[0]
    y_line[0] = 0
    y_line[1] = a*(x_line[0]+0.1)**2
    plt.plot(x_line, y_line, color='b')

plt.grid()
plt.show()
```

3. 真实面积

假设真实面积是 Area，取第一个英文字母 A 为代表，则我们可以使用下列方式表达各小区块面积计算的基本关系：

$$S_n < A_n < L_n$$

整体区域面积的基本关系如下：

$$S < A < L$$

在微积分被发明前，人们使用下列平均方式计算面积，可以得到比较接近的结果。

$$\frac{S+L}{2}$$

6-8-2 分析面积

如果使用微积分计算$y = x^2$从 0 到 1 的面积，可以得到下列结果。

$$A = \int_0^1 x^2 \mathrm{d}x$$

$$= \left[\frac{1}{3}x^3\right]_0^1$$

$$= \frac{1}{3} - 0 = \frac{1}{3}$$

程序实例 ch6_14.py：计算$y = x^2$从 0 至 1 的面积，将 0 至 1 区间分成 10 等份，分别计算较小面积、较大面积和平均面积。

```
# ch6_14.py
import matplotlib.pyplot as plt
import numpy as np

n = 10
x = np.linspace(0, 1, n+1)
area = 0
for i in range(n):
    f = x[i] ** 2
    area += f
s = area / n
print(f'较小面积 = {s:6.3f}')

area = 0
for i in range(1, n+1):
    f = x[i] ** 2
    area += f
l = area / n
print(f'较大面积 = {l:6.3f}')
average = (s + l) / 2
print(f'平均面积 = {average:6.3f}')
```

执行结果

```
========= RESTART: D:\Python Machine Learning Calculus\ch6\ch6_14.py =========
较小面积 =  0.285
较大面积 =  0.385
平均面积 =  0.335
```

从上述执行结果可以看到，取平均值后很接近 1/3 了，不过仍有误差，下面将 n 分成 1000 等份，计算结果。

程序实例 ch6_15.py：计算 $y = x^2$ 从 0 至 1 的面积，将 0 至 1 区间分成 1000 等份，分别计算较小面积、较大面积和平均面积。

```
# ch6_15.py
import matplotlib.pyplot as plt
import numpy as np

n = 1000
x = np.linspace(0, 1, n+1)
area = 0
for i in range(n):
    f = x[i] ** 2
    area += f
s = area / n
print(f'较小面积 = {s:8.7f}')

area = 0
for i in range(1, n+1):
    f = x[i] ** 2
    area += f
l = area / n
print(f'较大面积 = {l:8.7f}')
average = (s + l) / 2
print(f'平均面积 = {average:8.7f}')
```

执行结果

```
========= RESTART: D:\Python Machine Learning Calculus\ch6\ch6_15.py =========
较小面积 = 0.3328335
较大面积 = 0.3338335
平均面积 = 0.3333335
```

从上述程序可以得到更接近实际的积分结果面积，读者由上述实例应该也了解积分的威力了。

6-9 计算 2 个函数所围住的区域面积

假设有 2 个函数分别如下：

$$f(x) = x^2 - 2$$
$$g(x) = -x^2 + 2x + 2$$

程序实例 ch6_16.py：绘制上述函数$f(x)$和$g(x)$的图形。

```
# ch6_16.py
import matplotlib.pyplot as plt
import numpy as np

# 原始函数f(x)的系数
a1 = 1
c1 = -2
x = np.linspace(-2, 3, 1000)
y1 = a1*x**2 + c1
plt.plot(x, y1, color='b')
plt.text(3-0.4, a1*3**2+c1-0.5, 'f(x)')

# 原始函数g(x)的系数
a2 = -1
b2 = 2
c2 = 2
x = np.linspace(-2, 3, 1000)
y2 = a2*x**2 + b2*x + c2
plt.plot(x, y2, color='g')
plt.text(3-0.4, a2*3**2+b2*3+c2-0.5, 'g(x)')

plt.fill_between(x, y1=y1, y2=y2, where=(x>=-1)&(x<=2), facecolor='yellow')

plt.grid()
plt.show()
```

执行结果

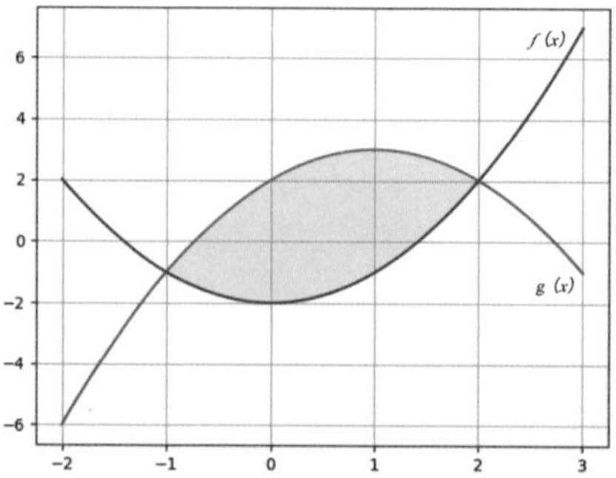

上面我们已经绘制了函数$f(x)$和$g(x)$的图形，现在计算这两个函数所围住的区域面积，相当于是黄色部分的面积。

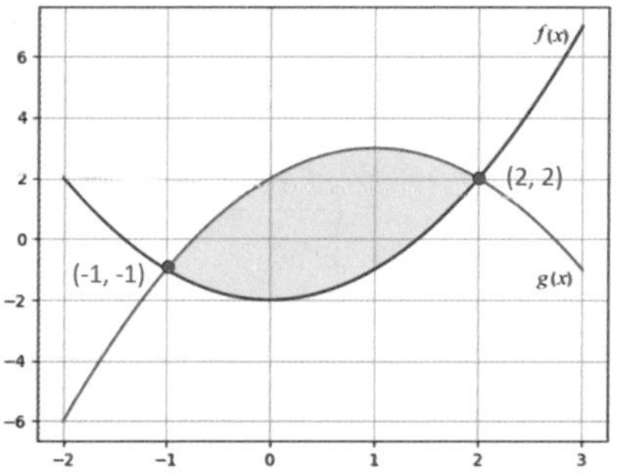

为了计算上述两个函数所围住的区域面积，首先要计算这两个函数的交叉点，可以利用解联立方程组的方式处理。

$$f(x) = g(x)$$
$$x^2 - 2 = -x^2 + 2x + 2$$
$$2x^2 - 2x - 4 = 0$$
$$x^2 - x - 2 = 0$$
$$(x + 1)(x - 2) = 0$$

从上述最后的公式可以得到函数$f(x)$和$g(x)$在$x = -1$和$x = 2$处相交，相当于交点坐标分别是(−1, −1)，(2, 2)，读者可以参考下图，所以现在我们得到了一个最新结论，区域是在$-1 \leqslant x \leqslant 2$区间。

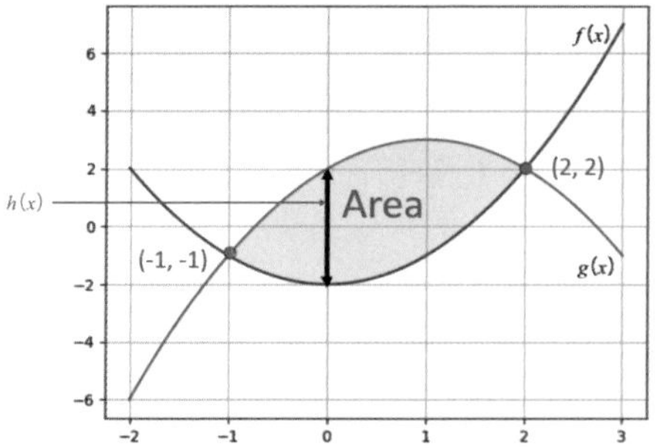

现在如果将区域 Area 的高度用 $h(x)$ 表示，从上述图形可以看到对区域 Area 而言，$g(x)$在$f(x)$上方，所以 Area 的高度（y 轴高度）函数$h(x)$的计算方式如下：

$$h(x) = g(x) - f(x)$$

例如：

$$h(1) = g(1) - f(1)$$

有了上述概念，可以得到y轴的高度函数$h(x)$如下：

$$\begin{aligned} h(x) &= g(x) - f(x) \\ &= -x^2 + 2x + 2 - x^2 + 2 \\ &= -2x^2 + 2x + 4 \end{aligned}$$

接着可以使用定积分计算上述区域面积：

$$\int_{-1}^{2} h(x)\mathrm{d}x = \int_{-1}^{2}(-2x^2+2x+4)\,\mathrm{d}x$$

$$= \left[-\frac{2}{3}x^3+x^2+4x\right]_{-1}^{2}$$

$$= \left(-\frac{16}{3}+4+8\right)-\left(\frac{2}{3}+1-4\right)$$

$$= 9$$

程序实例 ch6_17.py：验证上述函数$f(x)$和$g(x)$所围住区域面积的结果。

```
# ch6_17.py
from sympy import *

x = Symbol('x')
f = -2*x**2 + 2*x +4
print(integrate(f, (x, -1, 2)))
```

执行结果

```
======== RESTART: D:/Python Machine Learning Calculus/ch6/ch6_17.py ========
9
```

上述计算函数$f(x)$和$g(x)$所围住面积时，也可以使用下列公式表达：

$$\int_{-1}^{2} h(x)\,\mathrm{d}x = \int_{-1}^{2}\big(g(x)-f(x)\big)\mathrm{d}x = \int_{-1}^{2} g(x)\,\mathrm{d}x - \int_{-1}^{2} f(x)\,\mathrm{d}x$$

相当于所围住的面积等于$g(x)$函数图形下介于$-1 \leqslant x \leqslant 2$的面积减去$f(x)$函数图形下介于$-1 \leqslant x \leqslant 2$的面积。

6-10 积分性质

前面已经介绍了许多积分的概念与应用方式，这一节将全部概念综合整理，未来读者在应用积分时，将可以随时复习这一节的概念。

6-10-1 不定积分性质

❑ 不定积分性质 1

如果下列概念成立：

$$\frac{\mathrm{d}}{\mathrm{d}x}F(x) = f(x)$$

上述概念推导如下：

$$\frac{\mathrm{d}}{\mathrm{d}x}F(x)=\lim_{\mathrm{d}x\to 0}\frac{F(x+\mathrm{d}x)-F(x)}{\mathrm{d}x}=f(x)$$

即使$F(x)$加上常数 C 再微分也是如此：

$$\frac{\mathrm{d}}{\mathrm{d}x}(F(x)+C)=\frac{\mathrm{d}}{\mathrm{d}x}F(x)+\frac{\mathrm{d}}{\mathrm{d}x}C=f(x)+0=f(x)$$

则可以得到下列结果：

$$\int f(x)\,\mathrm{d}x=F(x)+C$$

❑ 不定积分性质 2

对于 x 的 n 次方不定积分概念如下：

$$\int x^n\,\mathrm{d}x=\frac{1}{n+1}x^{n+1}+C$$

这个概念主要是说明反导函数微分后就是原先积分内的式子，可以参考下列概念：

$$\frac{\mathrm{d}}{\mathrm{d}x}\left(\frac{1}{n+1}x^{n+1}+C\right)=\frac{1}{n+1}(n+1)x^{n+1-1}+0=x^n$$

从上述推导可以得到$\frac{1}{n+1}x^{n+1}+C$是x^n的反导函数，所以套用前面不定积分性质 1，可以得到性质 2 的结果。

❑ 不定积分性质 3（同时也可用在定积分）

$$\int a*f(x)\,\mathrm{d}x=a*\int f(x)\,\mathrm{d}x$$

基本概念如下：

$$\frac{\mathrm{d}}{\mathrm{d}x}\left(a*\int f(x)\,\mathrm{d}x\right)=a*\frac{\mathrm{d}}{\mathrm{d}x}\left(\int f(x)\,\mathrm{d}x\right)=a*\frac{\mathrm{d}}{\mathrm{d}x}(F(x)+C)=a*f(x)$$

上述 a 是常数，因为$a*\int f(x)\,\mathrm{d}x$的微分是 $a*f(x)$，

所以可以得到$\int a*f(x)\,\mathrm{d}x=a*\int f(x)\,\mathrm{d}x$。

❑ 不定积分性质 4（同时也可用在定积分）

$$\int(f(x)\pm g(x))\,\mathrm{d}x=\int f(x)\,\mathrm{d}x\pm\int g(x)\,\mathrm{d}x$$

❑ 不定积分性质 5

假设$x=g(t)$可以得到下列结果：

$$\int f(x)\,\mathrm{d}x=\int f(x)\frac{\mathrm{d}x}{\mathrm{d}t}\,\mathrm{d}t=\int f\big(g(t)\big)g'(t)\,\mathrm{d}t$$

❑ 不定积分性质 6（同时也可用在定积分）

这是分部积分 (integration by parts) 的概念，下列关系式成立：

$$\int(f(x)*G(x))\,\mathrm{d}x=F(x)*G(x)-\int(F(x)*g(x))\,\mathrm{d}x$$

在第 4-4 节多项式相乘的微分我们可以得到下列公式：

$$\frac{\mathrm{d}}{\mathrm{d}x}(F(x)*G(x))=F(x)*\frac{\mathrm{d}}{\mathrm{d}x}G(x)+G(x)*\frac{\mathrm{d}}{\mathrm{d}x}F(x)$$

推导上述公式可以得到下列结果：

$$\frac{\mathrm{d}}{\mathrm{d}x}(F(x)*G(x))=F(x)*g(x)+G(x)*f(x)$$

从上述推导可以得到$F(x)*g(x)+G(x)*f(x)$的反导函数是$F(x)*G(x)$，相当于可以得到下列关系公式：

$$\int(F(x)*g(x)+G(x)*f(x))\mathrm{d}x=F(x)*G(x)+C$$

根据先前紫色公式，可以推导下列公式：

$$F(x)*G(x)+C=\int(F(x)*g(x)+f(x)*G(x))\,\mathrm{d}x$$

根据不定积分性质 4，可以推导下列公式：

$$F(x)*G(x)+C=\int\big(F(x)*g(x)\big)\,\mathrm{d}x+\int(f(x)*G(x))\,\mathrm{d}x$$

现在将上式两边减$\int(F(x)*g(x))\mathrm{d}x$，可以得到下列结果：

$$F(x)*G(x)+C-\int(F(x)*g(x))\,\mathrm{d}x=\int(f(x)*G(x))\,\mathrm{d}x$$

等号公式左右交换，就可以得到分部积分的验证：

$$\int(f(x)*G(x))\,\mathrm{d}x=F(x)*G(x)+C-\int(F(x)*g(x))\,\mathrm{d}x$$

注：C可以暂时先删除，因为减号后不定积分会产生另一个C，所以可以得到：

$$\int(f(x)*G(x))\,\mathrm{d}x=F(x)*G(x)-\int(F(x)*g(x))\,\mathrm{d}x$$

6-10-2 定积分性质

- 定积分性质 1

$$\int_a^b f(x)\,\mathrm{d}x=-\int_b^a f(x)\mathrm{d}x$$

- 定积分性质 2

假设$f(x)$是偶函数，可以得到下列结果：

$$\int_{-a}^a f(x)\,\mathrm{d}x=2\int_0^a f(x)\,\mathrm{d}x$$

- 定积分性质 3

假设$f(x)$是奇函数，可以得到下列结果：

$$\int_{-a}^a f(x)\,\mathrm{d}x=0$$

- 定积分性质 4

可以将x从a到b的积分拆开成“x从a到c的积分”加上“x从c到b的积分”。

$$\int_a^b f(x)\,\mathrm{d}x=\int_a^c f(x)\,\mathrm{d}x+\int_c^b f(x)\,\mathrm{d}x$$

❑ 定积分性质 5

函数乘常数a的性质。

$$\int_b^c a*f(x)\,\mathrm{d}x = a*\int_b^c f(x)\,\mathrm{d}x$$

❑ 定积分性质 6

被积分函数是 2 个函数相加减时，可以得到下列公式：

$$\int_a^b (f(x)\pm g(x))\,\mathrm{d}x = \int_a^b f(x)\,\mathrm{d}x \pm \int_a^b g(x)\,\mathrm{d}x$$

❑ 定积分性质 7

$$\int_a^b (f(x)*G(x))\,\mathrm{d}x = [F(x)*G(x)]_a^b - \int_a^b (F(x)*g(x))\,\mathrm{d}x$$

6-11 微积分应用于时间与距离的运算

6-11-1 使用微分计算砖块的飞行轨迹

假设将一块砖块往上抛，经过x秒后，此砖块距离地面是y米，假设此砖块的运动方程如下：

$$y = f(x) = -3x^2 + 18x$$

有了上述公式，从微分概念可以知道，当对时间x微分，当斜率为 0，代表砖块在最高点，所以可以得到下列公式：

$$\frac{\mathrm{d}}{\mathrm{d}x}f(x) = -6x + 18$$

下列是计算经过几秒可以让砖块进入最高点：

$$6x = 18$$

$$x = 3$$

经过运算，我们得到经过 3 秒后，砖块可以抵达离地面的最高点。

程序实例 ch6_18：绘制此砖块的飞行路线图。

```
# ch6_18.py
import matplotlib.pyplot as plt
import numpy as np

# 原始函数F(x)的系数
a = -3
b = 18

# 绘制此函数积分区间图形
x = np.linspace(0, 6, 1000)
y = a*x**2 + b*x
plt.plot(x, y, color='b')

plt.grid()
plt.show()
```

执行结果

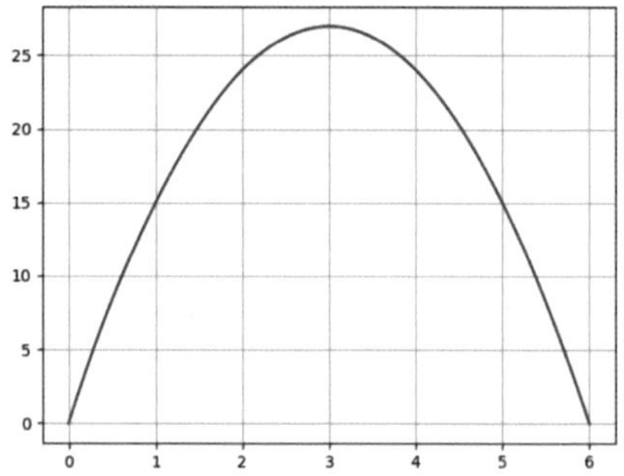

6-11-2 计算砖块飞行的最高点

从 6-11-1 节可以知道，砖块飞行 3 秒后可以达到最高点，将 3 代入原砖块的运动方程，这样就可以计算砖块飞行最高点的高度。

$$y = f(3) = -3 * 3^2 + 18 * 3 = 27$$

经过上述运算，可以得到砖块飞行的最高点是 27 米。

6-11-3 计算砖块飞行的初速度

所谓的初速度其实相当于计算时间是 0 秒时的斜率，此时可以利用微分计算当时间为 0 秒时的速度。

$$\frac{\mathrm{d}}{\mathrm{d}x} f(0)|_{x=0} = -6 * 0 + 18 = 18$$

从上述可以得到初速度是 18 米 / 秒。

6-11-4 计算经过几秒后砖块的下降速度是每秒 12 米

在这个问题的计算过程中，将往上抛砖块当作正速度，砖块往下掉时的速度是负速度，所以可以得到下列微分公式：

$$\frac{\mathrm{d}}{\mathrm{d}x} f(x) = -6 * x + 18 = -12$$

下列是计算过程：

$$6x = 18 + 12$$

$$x = 5$$

可以得到经过 5 秒后，砖块下降速度是每秒 12 米。

6-11-5 计算当下降速度是每秒 12 米时的砖块高度

现在只要将 5 秒代入原运动方程就可以得到砖块的高度。

$$y = f(5) = -3 * 5^2 + 18 * 5 = 15$$

所以可以得到当砖块下降速度是每秒 12 米时，砖块的高度是 15 米。

6-11-6 推导自由落体的速度

假设在台北市 101 大楼楼顶手握一颗石头，瞬间放开让石头往下掉，结果如何？假设空气中没有摩擦力，这颗石头会以固定的等加速度g往下掉。

在微分的概念中，距离对时间的微分，可以得到速度。

速度对时间的微分，可以得到加速度。

1. 计算经过 x 秒后的石头的速度

假设速度是一次微分v'，二次微分v''则是加速度，现在假设加速度用g表示，可以得到石头经过x秒后的速度如下：

$$\int v''\mathrm{d}x = \int g\mathrm{d}x = gx + C = v'$$

因为手握石头瞬间放开的速度是 0，所以可以说$x = 0$秒时，速度是 0，因此可以得到下列公式：

$$v'(0) = gx + C = 0$$

相当于积分常数 $C=0$

所以经过x秒后，石头的速度如下：

$$v' = gx$$

2. 计算经过x秒后的石头掉落距离h

要计算移动距离，方法是用时间对速度做积分，假设石头掉落距离采用变量h，公式如下：

$$h = \int v'\mathrm{d}x = \frac{1}{2}gx^2 + C$$

参考上面公式，可以知道积分常数 C 是 0，所以经过x秒后，石头掉落距离如下：

$$h = \frac{1}{2}gx^2$$

3. 物理的等加速度运动

上述推导的石头掉落距离与物理学的等加速度运动概念相同。

$$S = V_0t + \frac{1}{2}gt^2$$

移动距离　初速度　t代表时间

6-12 Python 实际操作使用 scipy.optimize

更多有关 SciPi 内子模块 optimize 的相关知识可以扫码获得。

optimize 模块内有许多功能，例如处理优化、找最小值、曲线拟合、解方程的根等。其实这些概念需有线性代数（Linear Algebra）和优化（Optimization）基础，在此将简单介绍解方程方面的问题。

6-12-1 解一元二次方程的根

我们也可以使用 optimize.root() 解方程的根，它的语法如下：

root(fun, x0, options, …)　　　　　　　# options 是较少用的参数

参数 fun 是要解的函数名称，x0 是初始迭代值（可以用不同的参数值，会有不同的结果）。

程序实例 ch6_19.py：计算下列一元二次方程的根。

$$3x^2+5x+1=0$$

```
# ch6_19.py
from scipy.optimize import root
def f(x):
    return (a*x**2 + b*x + c)

a = 3
b = 5
c = 1
r1 = root(f,0)          # 初始迭代值0
print(r1.x)
r2 = root(f,-1)         # 初始迭代值-1
print(r2.x)
```

执行结果

```
========= RESTART: D:/Python Machine Learning Calculus/ch6/ch6_19.py =========
[-0.23240812]
[-1.43425855]
```

6-12-2 解线性方程组

我们也可以使用 root() 方法解方程组问题，可以参考下列实例。

程序实例 ch6_20.py：计算下列线性方程组的根。

$$\begin{cases} 2x+3y=13 & \text{\# 相当于 } 2x+3y-13=0 \\ x-2y=-4 & \text{\# 相当于 } x-2y+4=0 \end{cases}$$

在套用 root() 方法中，x 相当于 $x[0]$，y 相当于 $x[1]$。

```
# ch6_20.py
from scipy.optimize import root
def fun(x):
    return (a*x[0]+b*x[1]+c, d*x[0]+e*x[1]+f)

a = 2
b = 3
c = -13
d = 1
e = -2
f = 4
r =  root(fun,[0,0])    # 初始迭代值(0, 0)
print(r.x)
```

执行结果

```
========= RESTART: D:/Python Machine Learning Calculus/ch6/ch6_20.py =========
[2. 3.]
```

6-12-3　计算 2 个线性方程的交点

root() 方法也可以寻找 2 个线性方程的交点。

程序实例 6_21.py：例如有 2 个线性方程如下，请找出其交点。

$$f(x) = x^2 - 5x + 7$$
$$f(x) = 2x + 1$$

```
# ch6_21.py
from scipy.optimize import root
import matplotlib.pyplot as plt
import numpy as np
def fx(x):
    return (x**2-5*x+7)

def fy(x):
    return (2*x+1)

# 计算交点
r1 =  root(lambda x:fx(x)-fy(x), 0)      # 初始迭代值0
r2 =  root(lambda x:fx(x)-fy(x), 5)      # 初始迭代值5
print("x1 = %4.2f,  y1 = %4.2f" % (r1.x,fx(r1.x)))
print("x2 = %4.2f,  y2 = %4.2f" % (r2.x,fx(r2.x)))
# 绘制fx函数图形
x1 = np.linspace(0, 10, 40)
y1 = x1**2-5*x1+7                        # fx
plt.plot(r1.x, fx(r1.x), 'o')
plt.plot(x1, y1, '-', label='x**2-5*x+7')
# 绘制fy函数图形
x2 = np.linspace(0, 10, 40)
y2 = 2*x2+1                              # fy
plt.plot(r2.x, fy(r2.x), 'o')
plt.plot(x2, y2, '-', label='2*x+1')
plt.legend(loc='best')
plt.show()
```

执行结果

```
========= RESTART: D:/Python Machine Learning Calculus/ch6/ch6_21.py =========
x1 = 1.00,  y1 = 3.00
x2 = 6.00,  y2 = 13.00
```

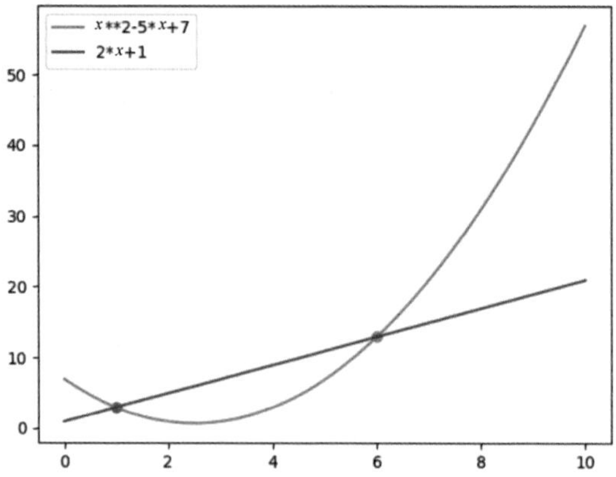

程序实例 ch6_22.py：重新操作 6-9 节的实例，同时列出交点。

```
# ch6_22.py
from scipy.optimize import root
import matplotlib.pyplot as plt
import numpy as np
def fx(x):
    return (x**2 - 2)

def fy(x):
    return (-x**2 + 2*x + 2)

# 计算交点
r1 =  root(lambda x:fx(x)-fy(x), 0)      # 初始迭代值0
r2 =  root(lambda x:fx(x)-fy(x), 5)      # 初始迭代值5
print("x1 = %4.2f,  y1 = %4.2f" % (r1.x,fx(r1.x)))
print("x2 = %4.2f,  y2 = %4.2f" % (r2.x,fx(r2.x)))
# 绘制fx函数图形
x1 = np.linspace(-2, 3, 100)
y1 = x1**2 - 2                           # fx
plt.plot(r1.x, fx(r1.x), 'o')
plt.plot(x1, y1, '-', label='x**2 - 2')
# 绘制fy函数图形
x2 = np.linspace(-2, 3, 100)
y2 = -x2**2 + 2*x2 + 2                   # fy
plt.plot(r2.x, fy(r2.x), 'o')
plt.plot(x2, y2, '-', label='-x**2 + 2*x + 2')
plt.legend(loc='best')
plt.show()
```

执行结果

```
========= RESTART: D:/Python Machine Learning Calculus/ch6/ch6_22.py =========
x1 = -1.00,  y1 = -1.00
x2 = 2.00,  y2 = 2.00
```

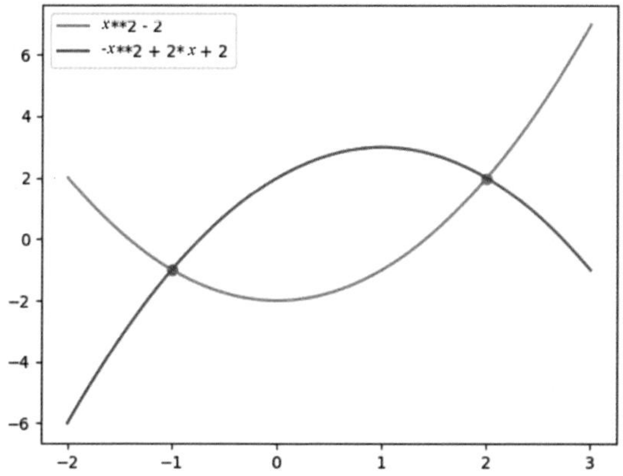

第 7 章

积分求体积

积分不仅可以用于计算$y = f(x)$函数的面积，对于立体对象而言只要有立体对象的截面积，同时有纵深，也可以用积分计算立体对象的体积。

7-1 简单立方体积的计算

假设有一个立方体外形如下：

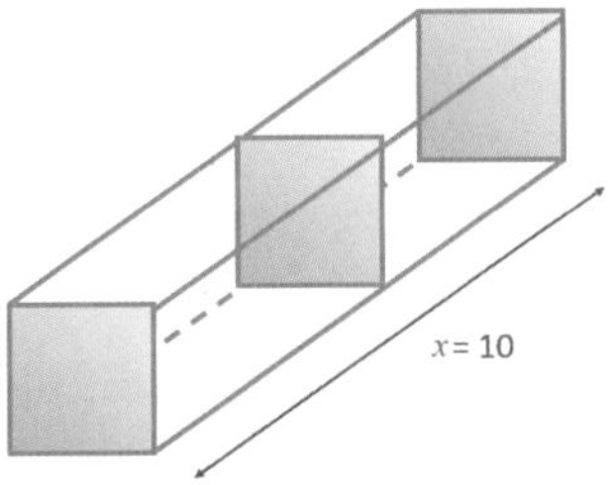

假设这个立方体的截面积是 4，长度是 $x = 10$。

7-1-1 简单数学求解

若这个立方体所有截面积皆是 4，可以使用下列公式计算此立方体的体积：

立方体体积 = 4 * 10 = 40

7-1-2 用积分求解

因为每个截面积皆是 4，所以面积函数是$y = f(x) = 4$，因此计算体积（V）可以使用下列积分公式：

$$V = \int_0^{10} 4\,\mathrm{d}x$$

最后可以得到下列结果：

$$V = [4x]_0^{10} = 40 - 0 = 40$$

7-2 计算截面积呈现函数变化的体积

假设有一个立方体外形如下：

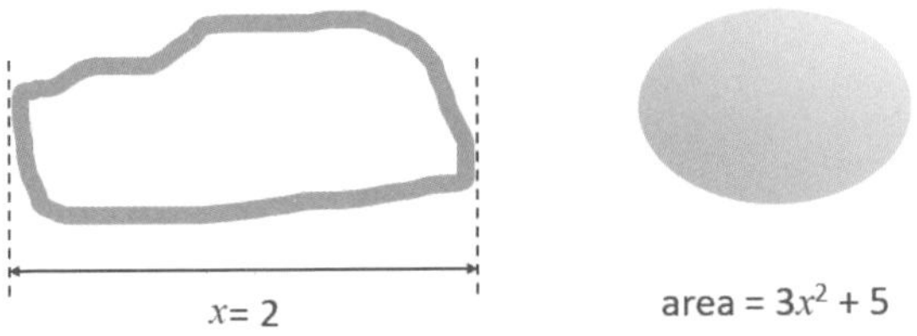

上述是一个立方体，立方体的截面积 area 变化如下：

$$\text{area} = 3x^2 + 5$$

计算体积的积分公式如下：

$$V = \int_0^2 (3x^2 + 5)\mathrm{d}x$$

最后可以得到下列结果：

$$V = [x^3 + 5x]_0^2 = 8 + 10 - 0 = 18$$

程序实例 ch7_1.py：计算上述立方体的体积。

```
# ch7_1.py
from sympy import *

x = Symbol('x')
f = 3*x**2 + 5
print(integrate(f, (x, 0, 2)))
```

执行结果

```
========= RESTART: D:/Python Machine Learning Calculus/ch7/ch7_1.py =========
18
```

7-3 使用微积分推导与验证圆面积的公式

7-3-1 基本概念

所谓的圆周率是圆周长对圆直径的比例：

$$圆周率 = \frac{圆周长}{圆直径} = \pi \approx 3.141592$$

假设圆的半径是 r，则圆周长如下：

$$圆周长 = 2\pi r$$

在数学的应用中，若是用 x 当作半径的变量，可以将圆周长用下图表示：

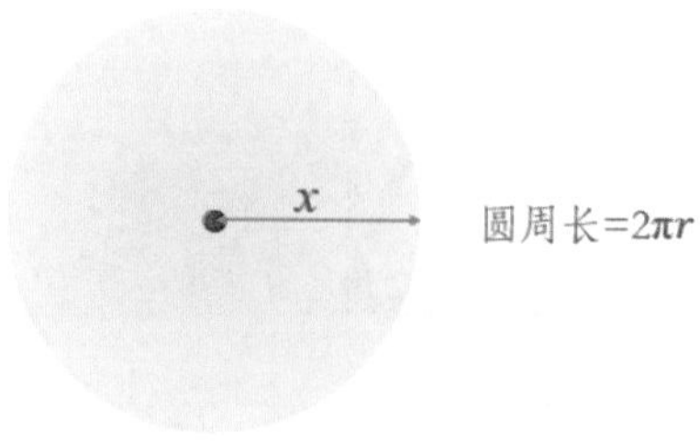

现在假设圆面积是$A(x)$，用厚度是Δx的线条圈住这个圆，则线条的面积可以用下列方式表示：

$$\Delta A = A(x+\Delta x) - A(x)$$

整体图形概念如下：

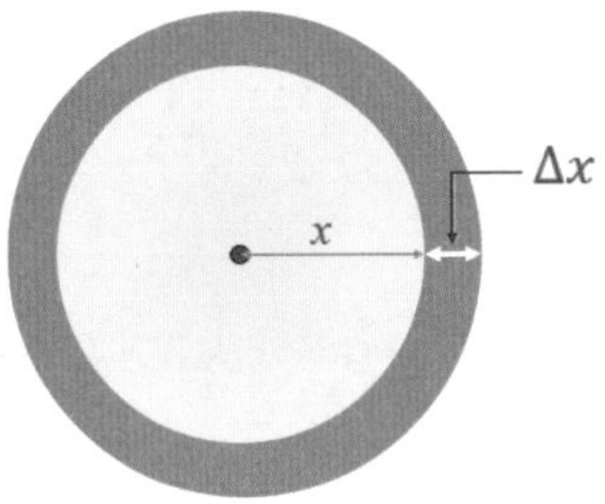

现在如果将Δx的线条展开，其实所看到的面积将是梯形的面积，如下所示：

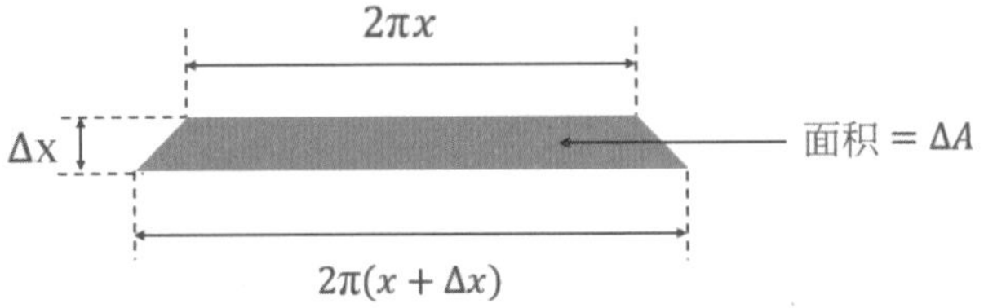

梯形外观

有了上述概念，现在可以使用下列计算梯形面积方式计算上述线条的面积。

$$\begin{aligned}\Delta A &= \frac{2\pi x + 2\pi(x+\Delta x)}{2} * \Delta x \\ &= \frac{4\pi x + 2\pi\Delta x}{2} * \Delta x \\ &= 2\pi x\Delta x + \pi\Delta x^2\end{aligned}$$

现在将等号左右两边除以Δx，可以得到下列结果：

$$\frac{\Delta A}{\Delta x} = 2\pi x + \pi\Delta x$$

接着使用极限概念$\Delta x \to 0$处理上述公式，可以得到下列结果：

$$\lim_{\Delta x\to 0}\frac{\Delta A}{\Delta x} = \lim_{\Delta x\to 0}(2\pi x + \pi\Delta x)$$

因为$\Delta x \to 0$，所以上述公式可以改写如下：

$$\boxed{\lim_{\Delta x\to 0}\frac{\Delta A}{\Delta x}} = \lim_{\Delta x\to 0}(2\pi x + \pi\Delta x) = 2\pi x$$

相当于 $= \frac{\mathrm{d}}{\mathrm{d}x}A(x)$

所以最后可以得到下列结果：

$$\frac{\mathrm{d}}{\mathrm{d}x}A(x) = 2\pi x$$

有了上述单一线条的面积计算公式后，现在对 x 进行积分，就可以得到圆面积的公式，步骤如下：

$$A(x) = \int \frac{\mathrm{d}}{\mathrm{d}x} A(x) = \int (2\pi x)\mathrm{d}x = \pi x^2 + C$$

因为 $x = 0$ 时 $C = 0$，所以可以得到下列圆面积的计算公式结果：

$$A(x) = \pi x^2$$

7-3-2　计算卷筒纸的长度

卷筒纸用处很多，一般厨房或洗手间用的卷筒纸从上方看外形如下：

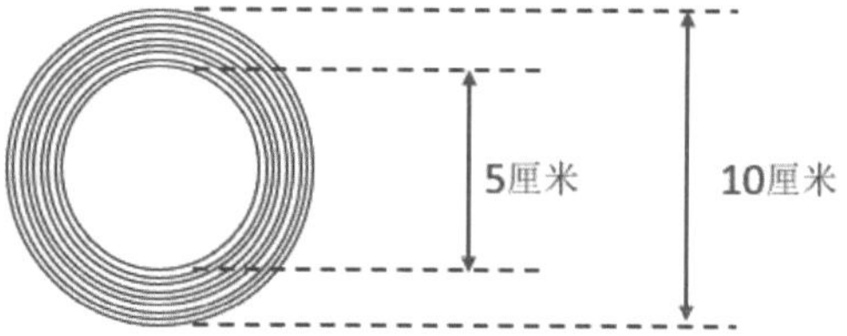

对上图而言，相当于卷筒纸中空部分半径 r_1 是 2.5 厘米，上图列出的是直径，而整个卷筒纸的半径 r_2 是 5 厘米上图列出的是直径。为了习惯，我们还是将卷筒纸的半径使用变量 x 表示。如果现在将卷筒纸展开，可以得到卷筒纸的外观如下：

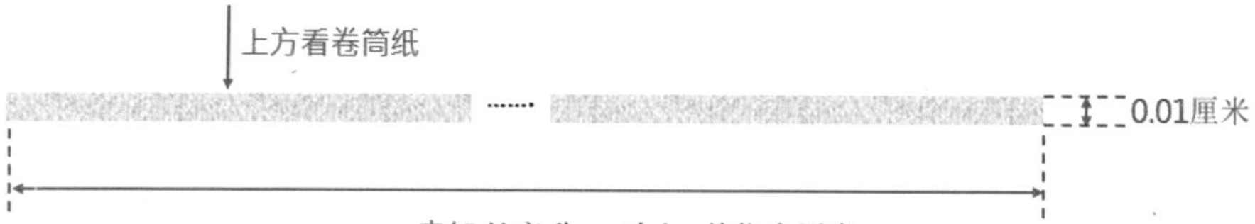

现在若想计算覆盖的卷筒纸面积，可以使用下列积分公式：

$$area = \int_{2.5}^{5} (2\pi x)\mathrm{d}x = [\pi x^2]_{2.5}^{5}$$

假设卷筒纸的厚度是 0.01 厘米，可以使用下列公式计算卷筒纸的长度：

$$length = \frac{area}{0.01}$$

程序实例 ch7_2.py：在上述条件下计算卷筒纸的长度。

```
1  # ch7_2.py
2  from sympy import *
3  import math
4
5  x = Symbol('x')
6  f = 2*math.pi*x
7  area = integrate(f, (x, 2.5, 5))          # 卷筒纸的面积
8  length = area /0.01                        # 计算卷筒纸的长度
9  print(f'卷筒纸的长度是 : {length:5.3f} 厘米 ')
```

执行结果

```
========= RESTART: D:\Python Machine Learning Calculus\ch7\ch7_2.py =========
卷筒纸的长度是 : 5890.486 厘米
```

7-4 使用微积分推导与验证球体积与表面积的公式

在日常生活中，经常可以看到桌球、棒球、篮球等，这一节将教读者如何使用微积分推导球的体积与表面积。

7-4-1 球的体积公式推导

如果要计算球的体积，基本概念是对此球的截面积做积分，有一个球如果放在坐标轴上，可以看到下列结果。

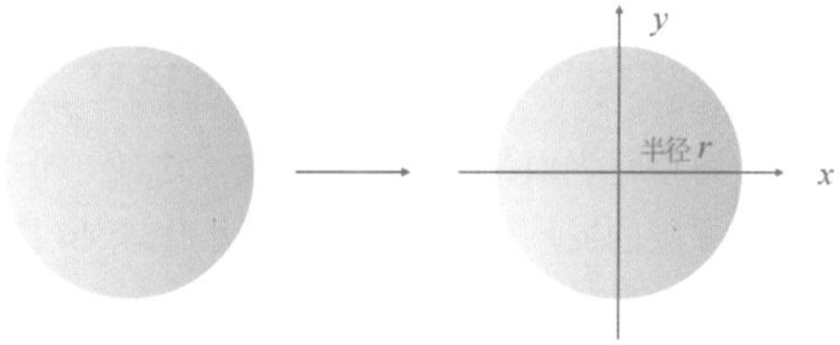

如果现在进行垂直切割，可以看到下列切割的剖面图。

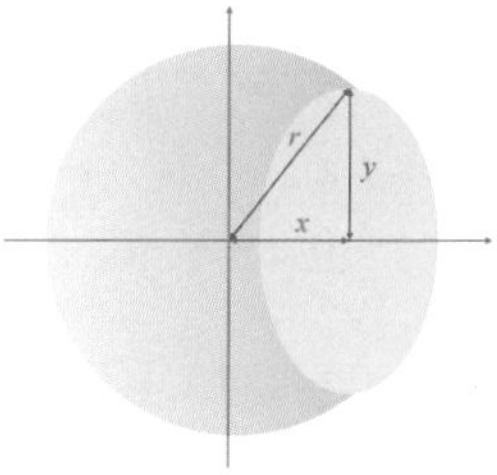

剖面的半径可以使用勾股定理获得，如下所示：

$$x^2 + y^2 = r^2$$

剖面半径y的计算公式如下：

$$y = \sqrt{r^2 - x^2}$$

剖面的面积A计算公式如下：

$$A = \pi\left(\sqrt{r^2 - x^2}\right)^2 = \pi(r^2 - x^2)$$

现在将球的剖面截面积用积分计算并加总即可以得到球的体积，下列是此积分的过程：

$$V = \int_{-r}^{r} \pi(r^2 - x^2)\mathrm{d}x$$

$$= 2\pi \int_0^r (r^2 - x^2)\mathrm{d}x$$

$$= 2\pi \left[r^2x - \frac{1}{3}x^3\right]_0^r$$

$$= 2\pi \left(r^3 - \frac{1}{3}r^3 - 0\right)$$

$$= 2\pi * \frac{2}{3}r^3$$

$$= \boxed{\frac{4}{3}\pi r^3}$$ ← 计算球的体积公式

7-4-2　球的表面积公式推导

其实只要将球的体积公式微分，就可以得到球的表面积公式，所以可以得到球的表面积公式如下：

$$\text{球的表面积 } S(r) = V' = \frac{\mathrm{d}}{\mathrm{d}r}V(r) = \frac{\mathrm{d}}{\mathrm{d}r}\left(\frac{4}{3}\pi r^3\right) = 4\pi r^2$$

假设将球想象成一个苹果，可以将表面积想象成苹果皮，这是一个很薄的皮包着的苹果。对于一颗球体而言，可以想象成由很多层的皮堆栈而成，假设极小化球外层皮的厚度是Δr，球的表面积是$S(r)$，则可以得到球皮外层的体积ΔV。

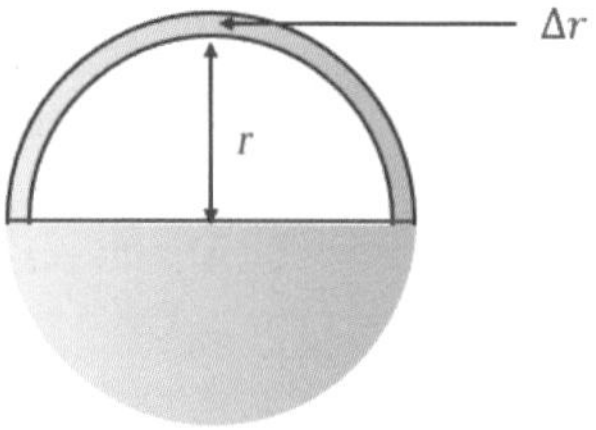

$$\Delta V = S(r + \Delta r) * \Delta r$$

现在将上述两边除以Δr，可以得到下列公式：

$$\frac{\Delta V}{\Delta r} = S(r + \Delta r)$$

接着使用极限概念$\Delta r \to 0$处理上述公式，可以得到下列结果：

$$\lim_{\Delta r \to 0}\frac{\Delta V}{\Delta r} = \lim_{\Delta r \to 0} S(r + \Delta r)$$

其实上述就是$S(r)$，所以可以得到下列公式：

$$S(r) = \boxed{\lim_{\Delta r \to 0}\frac{\Delta V}{\Delta r}} = \lim_{\Delta r \to 0} S(r + \Delta r)$$

↑ 这就是 $\frac{\mathrm{d}}{\mathrm{d}r}V(r)$

相当于用r对V微分可以得到球的表面积公式。

$$\frac{\mathrm{d}}{\mathrm{d}r}V(r)=\frac{\mathrm{d}}{\mathrm{d}r}\left(\frac{4}{3}\pi r^3\right)=\boxed{4\pi r^2}$$ ←计算球的表面积公式

此外，如果将上述表面积公式用r积分，可以得到球的体积公式。阅读至此，读者应该感觉微分与积分逆运算关系，其实是一门有趣的学问。

7-4-3　Python 程序实例

程序实例 ch7_3.py：有一个球半径是 10 厘米，计算此球的体积与表面积。

```
# ch7_3.py
import math

r = 10                                   # 球半径
v = 4/3*math.pi*r**3
print(f'球体积是    : {v:5.1f}')

area = 4*math.pi*r**2
print(f'球表面积是 : {area:5.1f}')
```

执行结果

```
========= RESTART: D:\Python Machine Learning Calculus\ch7\ch7_3.py =========
球体积是    : 4188.8
球表面积是 : 1256.6
```

7-5　使用积分推导圆锥的体积

这一节将从简单的圆柱体积说起。

7-5-1　计算圆柱的体积

有一个圆柱如下：

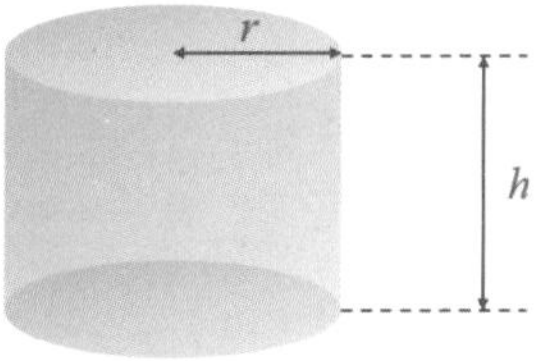

假设圆柱的半径是r，高度是h。从上图可以很清楚地看到，圆柱体积可以使用圆面积πr^2乘以高度h计算，所得的计算公式如下：

$$V=\pi r^2 h$$

7-5-2 圆锥体积的计算

有一个圆锥体如下：

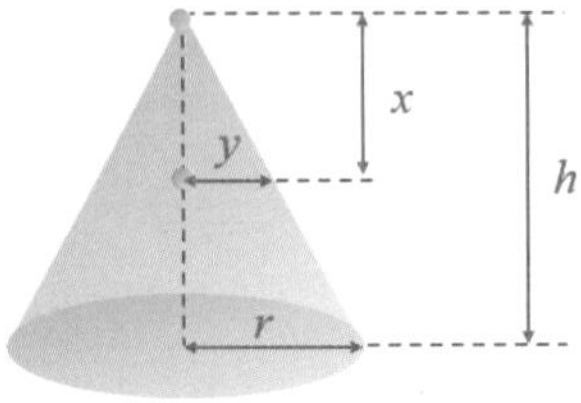

假设圆锥的底边半径是r，高度是h，从圆锥极值点（假设是高度为 0）到一个x距离的点的半径是y，可以得到下列比例式的结果：

$$\frac{y}{x}=\frac{r}{h}$$

从上图可以推导得到y的半径如下：

$$y=\frac{r}{h}x$$

如果将x高度的横向圆锥剖开，可以得到下列图形：

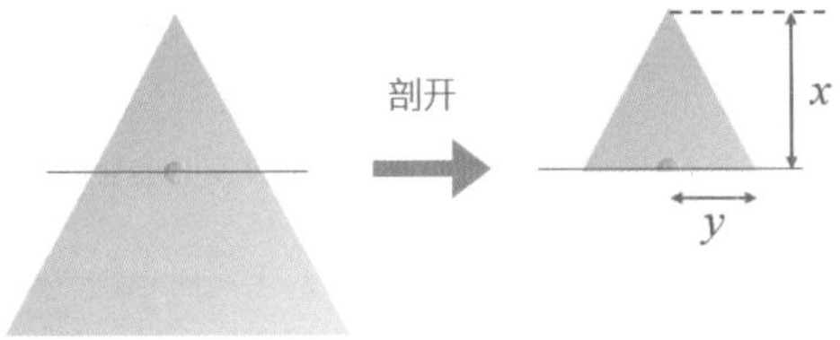

这时可以得到x高度的圆锥截面积是πy^2，进一步可以推导如下：

$$\pi y^2=\pi\left(\frac{r}{h}x\right)^2=\frac{\pi r^2}{h^2}x^2$$

现在从 0 堆栈至h，就可以形成圆锥体积，所以可以使用下列积分执行加总：

$$V=\int_0^h\left(\frac{\pi r^2}{h^2}x^2\mathrm{d}x\right)$$

$$=\frac{\pi r^2}{h^2}\int_0^h x^2\mathrm{d}x$$

$$=\frac{\pi r^2}{h^2}\left[\frac{1}{3}x^3\right]_0^h$$

$$=\frac{\pi r^2}{h^2}\left(\frac{1}{3}h^3-0\right)$$

$$=\boxed{\frac{1}{3}\pi r^2 h}$$

← 计算圆锥体积公式

第 8 章

合成函数的微分与积分

所谓的合成函数是指函数内还有函数。例如：有一个函数是$g(x)$，则函数$f(g(x))$就是一个合成函数。合成函数最大的优点是在复杂函数的微分与积分时，可以简化数学公式，使得计算变得较简单。这一章将讲解基本概念，第 9 章起将大量应用本章的概念。

8-1 合成函数的基本概念

设有一个函数如下：

$$y = f(x) = (2x^2 + 4x + 2)^2 - 2(2x^2 + 4x + 2)$$

上述函数如果展开显得有一点麻烦，可以看到在此多项式函数中，有相同的$2x^2 + 4x + 2$项。可以将相同的项使用$g(x)$代表，同时定义为t，如下所示：

$$t = g(x) = 2x^2 + 4x + 2$$

这时可以简化函数的表达式如下：

$$y = f(t) = t^2 - 2t$$

$$t = g(x) = 2x^2 + 4x + 2$$

上述就是所谓的合成函数的概念。

8-2 链锁法则的概念

如果将 8-1 节的$f(x)$和$g(x)$写在一起，可以得到下列结果：

$$y = f\big(g(x)\big)$$

上述概念是将x值代入$g(x)$中，然后将所获得的值代入$f(x)$函数，这样就可得到y的值。当对y的x微分时，可以得到下列公式：

$$y' = f'(g(x)) * g'(x)$$

上述分别对f和g连续微分的概念称为链锁法则（chain rule），上述公式相当于下列概念：

$$y' = f'(t) * t'$$

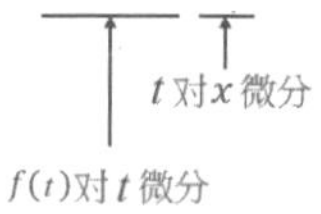

如果函数包含许多层，上述链锁法则仍然适用。假设有$y = f(g(h(x)))$，y对x微分，可以得到下列结果：

$$y' = f'\big(g(h(x))\big) * g'(h(x)) * h'(x)$$

上述链锁法则在机器学习中建构神经网络的应用非常重要。

8-3 合成函数的莱布尼茨表示法与运算概念

8-3-1 莱布尼茨表示法

现在如果对 $y=f(x)$ 的 x 做微分，若是没使用合成函数的概念，可以得到下列结果：

$$\frac{\mathrm{d}}{\mathrm{d}x}f(x)=\frac{\mathrm{d}y}{\mathrm{d}x}$$

如果使用了 8-1 节的合成函数的概念，对 $y=f(x)$ 的 x 做微分，可以得到下列结果：

$$\frac{\mathrm{d}y}{\mathrm{d}x}=\frac{\mathrm{d}y}{\mathrm{d}t}*\frac{\mathrm{d}t}{\mathrm{d}x}$$

上述公式的概念又称莱布尼茨表示法，表面上看是分子与分母同时乘以 $\mathrm{d}t$，实质意义是 y 对 x 做微分，相当于 y 对 t 做微分乘以 t 对 x 做微分。验证过程将在 8-4 节说明。

8-3-2 合成函数的微分计算

下列是使用合成函数的概念，求解 8-1 节函数的微分过程。因为 $y=f(t)$，$t=g(x)$，所以可以得到下列公式：

$$\frac{\mathrm{d}y}{\mathrm{d}x}=\frac{\mathrm{d}}{\mathrm{d}t}f(t)*\frac{\mathrm{d}}{\mathrm{d}x}g(x)$$

因为 $f(t)=t^2-2t$ 和 $g(x)=2x^2+4x+2$，所以可以得到下列公式：

$$\frac{\mathrm{d}y}{\mathrm{d}x}=\frac{\mathrm{d}}{\mathrm{d}t}(t^2-2t)*\frac{\mathrm{d}}{\mathrm{d}x}(2x^2+4x+2)$$

$$=(2t-2)*(4x+4)$$

将 t 用 $2x^2+4x+2$ 代入

$$=(2(2x^2+4x+2)-2)*(4x+4)$$

$$=(4x^2+8x+2)*(4x+4)$$

$$=16x^3+48x^2+40x+8$$

8-3-3 合成函数应用于脸书的营销运算

在 5-5-1 节，笔者介绍了脸书营销数据回顾，当时所获得的二次函数如下：

$y=f(x)=-3.5x^2+18.5x-5$

参考《机器学习数学基础一本通（Python 版）》的第 9 章，笔者介绍了二次函数的标准式推导，可以得到下列结果：

$$y=-3.5\underline{(x-2.6)}^2+19.4$$

当作 t

$$y=-3.5t^2+19.4$$

原本上述题意是要 y 对 x 微分，现在改成 y 对 t 微分，可以得到下列结果：

$$\frac{\mathrm{d}y}{\mathrm{d}t} = -7t$$

从 8-3-2 节的莱布尼茨表示法可以知道下列公式：

$$\frac{\mathrm{d}y}{\mathrm{d}x} = \frac{\mathrm{d}y}{\mathrm{d}t} * \frac{\mathrm{d}t}{\mathrm{d}x}$$

现在由t对x微分，可以得到下列结果：

$$\frac{\mathrm{d}t}{\mathrm{d}x} = 1$$

最后y对x微分，可以得到下列公式：

$$\frac{\mathrm{d}y}{\mathrm{d}x} = \frac{\mathrm{d}y}{\mathrm{d}t} * \frac{\mathrm{d}t}{\mathrm{d}x} = -7t * 1$$

t用$x-2.6$代入

所以最后可以得到下列结果，这个结果与《机器学习数学基础一本通（Python 版）》的 9-6-2 节的结果相同：

$$\frac{\mathrm{d}y}{\mathrm{d}x} = -7(x-2.6)$$

相当于脸书营销 2.6 次将是最佳的结果。

8-4 合成函数的微分推导

假设现在想对$f(g(x))$做微分，依据微分定义与极限概念，可以得到下列公式：

$$\frac{\mathrm{d}}{\mathrm{d}x} f(g(x)) = \lim_{\Delta x \to 0} \frac{f(g(x+\Delta x)) - f(g(x))}{\Delta x}$$

现在假设$t = g(x)$，如果x增加Δx，可以得到下列结果：

$$\Delta t = g(x+\Delta x) - g(x)$$

从上述公式也可以得到，当$\Delta x \to 0$时$\Delta t \to 0$。现在将极限公式的分母与分子分别乘以Δt与Δx，可以得到下列公式：

$$\frac{\mathrm{d}}{\mathrm{d}x} f(g(x)) = \lim_{\Delta x \to 0} \frac{f(g(x+\Delta x)) - f(g(x))}{\Delta t} * \frac{\Delta t}{\Delta x}$$

$$= \lim_{\Delta x \to 0} \frac{f(g(x+\Delta x)) - f(g(x))}{\Delta t} * \frac{\boxed{g(x+\Delta x) - g(x)}}{\Delta x}$$

现在将上述两个公式取极限，这个方式相当于两个公式分别做极限再做相乘，如下：

$$\frac{\mathrm{d}}{\mathrm{d}x} f(g(x)) = \lim_{\Delta x \to 0} \frac{f(g(x+\Delta x)) - f(g(x))}{\Delta t} * \lim_{\Delta x \to 0} \frac{g(x+\Delta x) - g(x)}{\Delta x}$$

因为$\Delta x \to 0$，故$\Delta t \to 0$，所以可以将左边极限的Δx用Δt取代。因为$\Delta t = g(x+\Delta x) - g(x)$，所以可以得到下列公式：

$$g(x+\Delta x) = g(x) + \Delta t$$

现在可以得到上述极限公式如下：

$$\frac{\mathrm{d}}{\mathrm{d}x} f(g(x)) = \lim_{\Delta t \to 0} \frac{f(g(x)+\Delta t) - f(g(x))}{\Delta t} * \lim_{\Delta x \to 0} \frac{g(x+\Delta x) - g(x)}{\Delta x}$$

因为$y = f(t)$和$t = g(x)$，依据微分定义，上述极限公式就是下列微分公式：

$$\frac{dy}{dt} * \frac{dt}{dx}$$

8-5 合成函数的积分

合成函数在积分中的应用也可以使用前面的微分技巧，这个技巧称代换积分。假设有一个函数如下：

$$y = f(x) = \frac{1}{16}x - \frac{1}{16}$$

现在想要对 x 从 1 到 4 做积分，整个积分公式如下：

$$\int_1^4 \left(\frac{1}{16}x - \frac{1}{16}\right) dx = \frac{1}{16}\int_1^4 (x-1)dx$$

现在假设 $t = x - 1$，则 t 对 x 的微分可以得到下列结果：

$$\frac{dt}{dx} = 1$$

现在如果将上述等号两边乘以dx，可以得到下列结果：

$$dt = dx$$

有了上述结果，我们可以对原来的积分公式用dt代替dx，但是对于积分区间因为用 t 代替了$(x-1)$，所以积分区间也要依照$(x-1)$调整，所以对 t 积分区间将变为从 0 到 3。

因为 $t = x\text{-}1$

$$\frac{1}{16}\int_1^4 (x-1)\,dx = \frac{1}{16}\int_0^3 \left(t\frac{dt}{dx}\right) dt$$

因为 $t = x\text{-}1$　　因为 $dt = dx$

$$= \frac{1}{16}\int_0^3 t\ dt$$

$$= \frac{1}{16}\left[\frac{1}{2}t^2\right]_0^3 = \frac{1}{16}\left(\frac{9}{2} - 0\right) = \frac{9}{32}$$

程序实例 ch8_1.py：使用原积分公式与代换积分公式，计算与验证积分结果。

```
# ch8_1.py
from sympy import *

x = Symbol('x')
t = Symbol('t')
f1 = (x - 1) / 16
f2 = t / 16
print(integrate(f1, (x, 1, 4)))
print(integrate(f2, (t, 0, 3)))
```

执行结果

```
========= RESTART: D:/Python Machine Learning Calculus/ch8/ch8_1.py =========
9/32
9/32
```

第 9 章

指数与对数的微分与积分

在前面章节，我们已经讨论了微分与积分的基本概念与方法，在积分的时候我们发现如果函数是 −1 次方，会有分母为 0 的问题，这一章将讲解指数函数与对数函数的微分与积分，有了这些概念就可以解决函数是 −1 次方的问题。

在笔者所著《机器学习数学基础一本通（Python 版）》的第 15 章说明了指数函数，第 16 章说明了对数函数，第 17 章说明了欧拉数 e，如果读者对这些方面比较生疏，建议可以参考这些章节内容。

9-1 指数的微分

在机器学习中所应用的指数函数更着重于以欧拉数 e（Euler's Number）为底数的指数函数，所以本章将以此为讲解的重点。

9-1-1 指数微分的基本性质

以欧拉数 e 为底数的指数函数e^x，经过微分后可以得到结果仍是e^x，可以参考下列公式：

$$\frac{d}{dx}e^x = e^x$$

9-1-2 指数微分的验证

我们从极限与微分的概念开始说起，指数函数如下所示：

$$y = f(x) = e^x$$

用极限表达上述微分，可以得到下列结果：

$$\begin{aligned}\frac{d}{dx}f(x) &= \frac{d}{dx}e^x \\ &= \lim_{\Delta x \to 0}\frac{f(x+\Delta x) - f(x)}{\Delta x} \\ &= \lim_{\Delta x \to 0}\frac{e^{x+\Delta x} - e^x}{\Delta x}\end{aligned}$$

在上述公式分子中的$e^{x+\Delta x}$，依据我们学过的概念，结果是：

$$e^{x+\Delta x} = e^x * e^{\Delta x}$$

所以整个微分公式可以推导得到下列结果：

$$\begin{aligned}\frac{d}{dx}f(x) &= \lim_{\Delta x \to 0}\frac{\boxed{e^x * e^{\Delta x}} - e^x}{\Delta x} \\ &= \lim_{\Delta x \to 0}\frac{e^x(e^{\Delta x} - 1)}{\Delta x}\end{aligned}$$

因为e^x和Δx没有关系，所以上述公式可以推导如下：

$$\boxed{\frac{d}{dx}f(x) = \frac{d}{dx}e^x = e^x \lim_{\Delta x \to 0}\frac{e^{\Delta x} - 1}{\Delta x}} \longleftarrow \text{式(9-1)}$$

再根据欧拉数为底数的指数函数e^x的定义，公式如下：

$$e^x = \lim_{n\to\infty}\left(1+\frac{1}{n}\right)^{nx} = \lim_{n\to\infty}\left(1+\frac{x}{n}\right)^{n}$$

现在将x用Δx代入，可以得到下列结果：

$$e^{\Delta x} = \lim_{n\to\infty}\left(1+\frac{\Delta x}{n}\right)^{n}$$

根据《机器学习数学基础一本通（Python 版）》的第 14-5 节的二项式定理，可以推导出下列结果：

$$e^{\Delta x} = \lim_{n\to\infty}\left(\binom{n}{0}\left(\frac{\Delta x}{n}\right)^0 + \binom{n}{1}\left(\frac{\Delta x}{n}\right)^1 + \binom{n}{2}\left(\frac{\Delta x}{n}\right)^2 + \cdots\right)$$

$$= \lim_{n\to\infty}\left(\frac{1}{0!} + \frac{n}{1!}\frac{\Delta x}{n} + \frac{n(n-1)}{2!}\frac{\Delta x^2}{n^2} + \frac{n(n-1)(n-2)}{3!}\frac{\Delta x^3}{n^3} + \cdots\right)$$

当 n 趋近于无限大时，可以得到下列结果：

$$e^x = \frac{1}{0!} + \frac{\Delta x}{1!} + \frac{\Delta x^2}{2!} + \frac{\Delta x^3}{3!} + \cdots$$

$$= 1 + \Delta x + \frac{\Delta x^2}{2!} + \frac{\Delta x^3}{3!} + \cdots$$

现在我们推导了下列结果：

$$e^{\Delta x} = 1 + \Delta x + \frac{\Delta x^2}{2!} + \frac{\Delta x^3}{3!} + \cdots$$

$$e^{\Delta x} - 1 = \Delta x + \frac{\Delta x^2}{2!} + \frac{\Delta x^3}{3!} + \cdots$$

将上述公式代入式（9-1），可以得到下列结果。

$$e^x - 1 = \Delta x + \frac{\Delta x^2}{2!} + \frac{\Delta x^3}{3!} + \cdots$$

$$\frac{d}{dx}f(x) = \frac{d}{dx}e^x = e^x\lim_{\Delta x\to 0}\frac{e^{\Delta x}-1}{\Delta x}$$

可以得到下列结果：

$$\frac{d}{dx}f(x) = \frac{d}{dx}e^x = e^x\lim_{\Delta x\to 0}\frac{\Delta x + \frac{\Delta x^2}{2!} + \frac{\Delta x^3}{3!} + \cdots}{\Delta x}$$

$$= e^x\lim_{\Delta x\to 0}\left(1 + \frac{\Delta x}{2!} + \frac{\Delta x^2}{3!} + \cdots\right)$$

当Δx趋近于 0 时，所有数列的分子都将是 0，所以可以得到下列结果：

$$\frac{d}{dx}e^x = e^x \longleftarrow \text{验证结果}$$

9-2 指数的积分

其实指数e^x的微分既然是e^x，那么指数的积分也相同，不过这时必须加上积分常数 C。

$$\int e^x dx = F(x) + C$$

上述关系相当于下列公式：

$$\frac{d}{dx}(F(x) + C) = e^x$$

由 9-1 节内容可以知道：

$$\frac{d}{dx}e^x = e^x$$

所以我们可以推导出下列结果：

$$\int e^x dx = F(x) + C = e^x + C$$

9-3 对数的微分与思考

9-3-1 基本概念

对数微分的基本公式如下：

$$\frac{d}{dx}\ln x = \frac{1}{x}$$

假设$e^x = t$，因为$\ln e^x = x$，使用合成函数链锁法则的概念，可以得到下列推导公式：

$$\frac{d}{dx}\ln e^x = \frac{d}{dt}\ln t * \frac{dt}{dx}$$

式 (9-2)（$\frac{d}{dx}\ln e^x$）　式 (9-3)（$\frac{dt}{dx}$）　式(9-4)（$\frac{d}{dt}\ln t * \frac{dt}{dx}$）

从式（9-2）可以得到此公式相当于是 1，如下所示：

$$\frac{d}{dx}\ln e^x = \frac{d}{dx}x = 1$$

因为$e^x = t$，所以由式（9-3）可以得到下列公式：

$$\frac{dt}{dx} = \frac{de^x}{dx} = e^x = t$$

将上述公式代入式（9-4），由于式（9-2）结果是 1，所以可以得到下列结果：

$$\frac{d}{dt}\ln t * t = 1$$

上述两边除以t，可以得到下列结果：

$$\frac{d}{dt}\ln t = \frac{1}{t}$$

将t用x代替，就可以得到下列对数微分的结果：

$$\frac{\mathrm{d}}{\mathrm{d}x}\ln x = \frac{1}{x}$$

9-3-2 积分问题思考

在学习本章之前，我们无法积分 -1 次方的数值，请参考下列积分：

$$\int x^n \mathrm{d}x = \frac{1}{n+1}x^{n+1} + C$$

当$n = -1$时，会造成分母为 0，所以无法积分。但是当我们学习了 9-3-1 节的对数微分的概念后，我们现在可以得到下列$n = -1$的积分了。

$$\int x^{-1}\mathrm{d}x = \int \frac{1}{x}\mathrm{d}x = \ln|x| + C$$

上式中对数x加上绝对值，目的是确保x是正实数。

9-4 对数的积分

9-4-1 对数的积分性质

对数的积分公式如下：

$$\int(\ln x)\mathrm{d}x = x * \ln x - x + C$$

9-4-2 对数的积分推导

假设$t = \ln x$，则对数的积分可以使用下列方式表达：

$$\int(\ln x)\,\mathrm{d}x = t * \boxed{\frac{\mathrm{d}x}{\mathrm{d}t}}\mathrm{d}t$$

x 对 t 微分

因为$t = \ln x$，根据对数概念相当于$x = \mathrm{e}^t$，所以上述x对t微分依据指数微分概念可以得到e^t，所以上述公式推导可以得到：

$$\int(\ln x)\mathrm{d}x = \int t * \mathrm{e}^t \mathrm{d}t$$

上述我们面临两个函数相乘的积分问题，这时可以使用 6-10-1 节的不定积分性质 6 关于分部积分的概念，也就是 2 个函数相乘的概念，可以参考下列公式：

$$\int(f(x) * G(x))\mathrm{d}x = F(x) * G(x) - \int(F(x) * g(x))\mathrm{d}x$$

现在假设$F(t) = \mathrm{e}^x$和$G(t) = t$，可以得到$f(t) = \mathrm{e}^x$和$g(t) = 1$，所以可以使用上述假设代入分部积分公式，推导如下：

$$\int (\ln x)\mathrm{d}x = \int t * \mathrm{e}^t \mathrm{d}t$$

$$= \mathrm{e}^t * t - \int 1 * \mathrm{e}^t \mathrm{d}t$$

$$= \mathrm{e}^t * t - \int 1 * \mathrm{e}^t \mathrm{d}t$$

现在将$t = \ln x$带入上述公式，可以得到：

$$\int (\ln x)\,\mathrm{d}x = \mathrm{e}^{\ln x} * \ln x - \mathrm{e}^{\ln x} + C = x * \ln x - x + C$$

9-5 非整数次方的微分与积分

9-5-1 非整数次方的微分基本概念

思考一下非整数次方的微分与积分，如果使用传统的微分与积分概念，有一点困难，但是若使用对数微分技巧，整个概念就会变得比较简单。

$$y = f(x) = x^n$$

假设n是非整数，若想推导上式的微分，可以先对上述函数用对数概念处理，然后再微分，整个推导就比较容易，先简化公式如下：

$$y = x^n$$

两边取对数，可以推导如下：

$$\ln y = \ln x^n = n * \ln x$$

两边取微分，可以推导如下：

$$\frac{\mathrm{d}}{\mathrm{d}x}(\ln y) = \frac{\mathrm{d}}{\mathrm{d}x}(n * \ln x)$$

现在等号左边使用合成函数链锁法则的概念，可以推导如下：

$$\frac{\mathrm{d}}{\mathrm{d}y}(\ln y) * \frac{\mathrm{d}y}{\mathrm{d}x} = \frac{\mathrm{d}}{\mathrm{d}x}(n * \ln x)$$

现在等号右边可以使用 9-3 节的对数微分概念，可以推导如下：

$$\frac{\mathrm{d}}{\mathrm{d}y}(\ln y) * \frac{\mathrm{d}y}{\mathrm{d}x} = n * \frac{1}{x}$$

现在等号左边可以使用 9-3 节的对数微分概念，可以推导如下：

$$\frac{1}{y} * \frac{\mathrm{d}y}{\mathrm{d}x} = n * \frac{1}{x}$$

最后可以推导得到下列结果：

$$\frac{\mathrm{d}y}{\mathrm{d}x} = \frac{n * y}{x}$$

现在将$y = x^n$带入上述公式的等号右边：

$$\frac{\mathrm{d}y}{\mathrm{d}x} = \frac{n * x^n}{x}$$

最后可以得到下列推导结果：

$$\frac{\mathrm{d}y}{\mathrm{d}x} = nx^{n-1}$$

9-5-2 实例应用

假设有一个公式如下：

$$y = f(x) = \sqrt{x}$$

因为：

$$\sqrt{x} = x^{\boxed{\frac{1}{2}}} \longleftarrow n$$

将上述公式代入 9-5-1 节的微分公式，相当于可以推导出下列结果：

$$\frac{\mathrm{d}y}{\mathrm{d}x} = \frac{\mathrm{d}}{\mathrm{d}x}x^{\frac{1}{2}} = \frac{1}{2}x^{\frac{1}{2}-1} = \frac{1}{2}x^{-\frac{1}{2}} = \frac{1}{2\sqrt{x}}$$

9-5-3 非整数次方的积分基本概念

至于非整数次方的积分概念，因为n不是 -1 的整数，所以我们可以用一般积分方式处理。

$$\int x^n \mathrm{d}x = \frac{1}{n+1}x^{n+1} + C$$

9-6 指数与对数的几个微分与积分的性质说明

9-6-1 不是以 e 为底的指数微分与积分

不是e为底数的指数微分性质如下：

$$\frac{\mathrm{d}}{\mathrm{d}x}a^x = a^x * \ln a$$

积分性质如下：

$$\int a^x \mathrm{d}x = \frac{a^x}{\ln a} + C$$

1. 微分的证明

首先将不是e为底数的指数转换成以e为底数的指数如下：

$$a^x = \mathrm{e}^t$$

等号左右两边取自然对数，可以得到下列结果：

$$\ln a^x = \ln \mathrm{e}^t$$

上述公式可以推导下列结果：

$$x * \ln a = \boxed{t * \ln \mathrm{e}} \longleftarrow t * 1 = t$$

所以可以得到下列结果：

$$t = x * \ln a$$

现在执行t对x微分，可以得到下列结果：

$$\frac{dt}{dx} = \ln a \quad \longleftarrow \text{式 (9-5)}$$

现在重新回到原来的微分公式：

$$\frac{d}{dx}a^x = \frac{d}{dx}e^t$$

使用合成函数的链锁法则，可以推导如下：

$$\frac{d}{dx}a^x = \frac{d}{dt}e^t * \boxed{\frac{dt}{dx}} \longleftarrow \text{代入式(9-5)}$$

请参考上述说明将式（9-5）代入，可以得到下列结果：

$$\frac{d}{dx}a^x = \boxed{e^t} * \ln a$$

原先假设 $a^x = e^t$

所以可以得到下列结果：

$$\frac{d}{dx}a^x = a^x * \ln a$$

最后整理微分如下，相当于是原始函数再乘以常数$\ln a$：

$$\frac{d}{dx}a^x = a^x * \ln a$$

2. 积分的证明

对于非e为底的积分，最后将除以常数$\ln a$，再加上积分常数C，如下所示：

$$\int a^x \, dx = \frac{a^x}{\ln a} + C$$

9-6-2　一般对数的微分证明

不是e为底的对数微分性质如下：

$$\frac{d}{dx}\log_a x = \frac{1}{\ln a} * \frac{1}{x}$$

在笔者所著《机器学习数学基础一本通（Python 版）》的 16-5-7 节说明了对数的底数变换概念，本小节将首先使用此概念：

$$y = \log_a x = \frac{\ln x}{\ln a}$$

请注意上述$\ln a$是常数，现在推导如下：

$$\frac{d}{dx}\log_a x = \frac{d}{dx}\left(\frac{\ln x}{\ln a}\right)$$

请注意上述$\ln a$是常数，所以可以移到微分公式外面，如下：

$$\frac{d}{dx}\log_a x = \frac{1}{\ln a} * \frac{d}{dx}\ln x = \frac{1}{\ln a} * \frac{1}{x}$$

最后整理微分如下：

$$\frac{d}{dx}\log_a x = \frac{1}{\ln a} * \frac{1}{x}$$

9-7 逻辑函数的微分

9-7-1 基本概念

在笔者所著《机器学习数学基础一本通（Python 版）》的 17-2 节说明了逻辑函数（Logistic Function）的概念，特别是常见的 S（Sigmoid）函数，这个函数常被应用于机器学习与神经网络，这一节将讲解此函数的微分。一个简单的逻辑函数 Sigmoid 定义如下：

$$y = f(x) = \frac{1}{1+\mathrm{e}^{-x}}$$

9-7-2 微分性质

当对逻辑函数微分后，可以得到下列结果：

$$\frac{\mathrm{d}}{\mathrm{d}x}f(x) = f(x) * (1 - f(x))$$

9-7-3 微分性质推导

逻辑函数如下：

$$y = f(x) = \frac{1}{1+\mathrm{e}^{-x}}$$

假设$t = 1 + \mathrm{e}^{-x}$和$v = -x$，使用链锁法则的概念可以得到下列公式：

$$\frac{\mathrm{d}t}{\mathrm{d}x} = \underbrace{\frac{\mathrm{d}}{\mathrm{d}v}(1+\mathrm{e}^{v})}_{\mathrm{e}^{-x}} * \underbrace{\frac{\mathrm{d}v}{\mathrm{d}x}}_{-1} = -\mathrm{e}^{-x}$$

现在计算$f(x)$的微分，可以得到下列公式：

$$\frac{\mathrm{d}}{\mathrm{d}x}f(x) = \underbrace{\frac{\mathrm{d}}{\mathrm{d}t}t^{-1}}_{-t^{-2}} * \underbrace{\frac{\mathrm{d}t}{\mathrm{d}x}}_{-\mathrm{e}^{-x}} = -t^{-2} * (-\mathrm{e}^{-x}) = \underbrace{t}_{t=1+\mathrm{e}^{-x}}{}^{-2} * \mathrm{e}^{-x} = \frac{\mathrm{e}^{-x}}{(1+\mathrm{e}^{-x})^{-2}}$$

式（9-6）

现在计算$1 - f(x)$，可以得到下列结果：

$$1 - f(x) = 1 - \frac{1}{1+\mathrm{e}^{-x}} = \frac{1+\mathrm{e}^{-x}-1}{1+\mathrm{e}^{-x}} = \frac{\mathrm{e}^{-x}}{1+\mathrm{e}^{-x}}$$

继续计算，可以得到下列结果：

$$f(x) * (1 - f(x)) = \frac{1}{1+\mathrm{e}^{-x}} * \frac{\mathrm{e}^{-x}}{1+\mathrm{e}^{-x}} = \frac{\mathrm{e}^{-x}}{(1+\mathrm{e}^{-x})^{2}}$$

式（9-7）

从上述推导可以得到式（9-6）和式（9-7）的结果相同，所以可以得到下列结果：

$$\frac{\mathrm{d}}{\mathrm{d}x}f(x) = f(x) * (1 - f(x))$$

第 10 章

简单微分方程的应用

10-1　商品销售分析

10-2　数学模型的基本假设

10-3　公式推导

10-4　代换积分和对数积分的概念应用

10-1 商品销售分析

美国影片频道 Netflix 目前大举进攻市场，如果你是营销主管，必须思考这项产品的销售趋势，从过去的经验法则我们可以知道下列信息。

（1）影片频道的商品最重要的是口碑，当消费者感觉产品不错时，会口耳相传，到一定程度后，品牌会发酵，同时订阅用户的增加速度会加快。

（2）对于消费者而言，当口耳相传后，尚未订阅的用户数越多，未来订阅的速度会越快，而且成一定比例增加。如果订阅用户数已经很多了，这也意味着没有订阅的用户数变少了，这时订阅的速度就会变慢，同时也表示热销期已经过了。

最后营销主管需要推导出，经过一段时间订阅用户数变化的数学模型。

10-2 数学模型的基本假设

10-1 节叙述的基本概念可以参考下图：

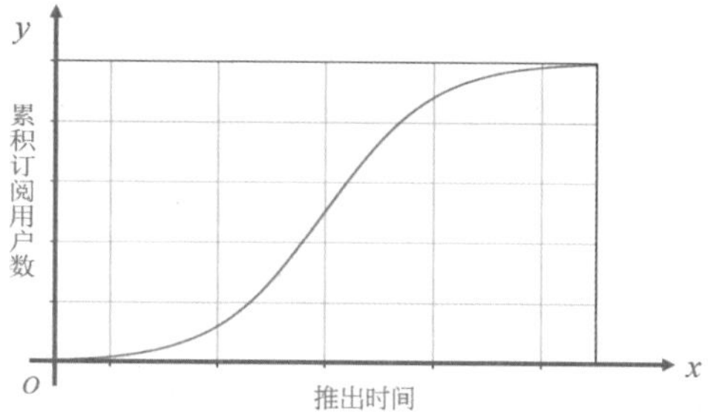

假设全部的用户数是Y，累积已经订阅用户数是y，推出时间是x，在这个假设前提下，如果想要计算某个时间点的订阅用户增加率，可以使用微分概念，如下所示：

$$\frac{\mathrm{d}y}{\mathrm{d}x}$$

因为已经订阅用户数是y，全部用户数是Y，所以尚未订阅的用户数是$Y-y$，假设增加比例是a，由 10-1 节概念可以得到订阅用户数y和订阅用户增加率成正比，同时$Y-y$和订阅用户增加率也成正比，现在可以得到订阅用户增加率如下：

$$\frac{\mathrm{d}y}{\mathrm{d}x}=a*y*(Y-y)$$

上述方程内有微分项，也称微分方程。

10-3 公式推导

推导公式时，可以将微分$\mathrm{d}x$当作分母，将与x有关的项放在等号一边，将与y有关的项放在等号另一边。现在可以推导得到下列公式：

$$\boxed{\frac{1}{y*(Y-y)}}*\mathrm{d}y=a*\mathrm{d}x$$

式（10-1）

上述公式等号右边可以用很简单的方式计算不定积分，等号左边有分子与分母计算比较复杂，笔者先将此项命名为式（10-1），然后推导此项。在此笔者采用的是积分推导常用方法，将分母拆开变成两组分数公式相加：

$$\begin{aligned}\frac{1}{y}+\frac{1}{Y-y}&=\frac{Y-y}{y(Y-y)}+\frac{y}{y(Y-y)}\\&=\frac{Y-y+y}{y(Y-y)}\\&=\frac{Y}{y(Y-y)}\end{aligned}$$

上述结果，可以得到下列公式：

$$\frac{1}{y}+\frac{1}{Y-y}=\frac{Y}{y(Y-y)}$$

$$\frac{1}{y*(Y-y)}=\frac{1}{Y}*\left(\frac{1}{y}+\frac{1}{Y-y}\right)$$

将上述推导结果代入式（10-1），可以得到下列结果：

$$\frac{1}{Y}*\left(\frac{1}{y}+\frac{1}{Y-y}\right)*\mathrm{d}y=a*\mathrm{d}x$$

现在对等号两边做不定积分：

$$\frac{1}{Y}*\left(\boxed{\int\frac{1}{y}\,\mathrm{d}y}+\boxed{\int\frac{1}{Y-y}\,\mathrm{d}y}\right)=a\int 1\,\mathrm{d}x \longleftarrow 式（10-2）$$

第1项　第2项

上述式（10-2）等号左边计算比较困难，将在 10-4 节解说。上述等号右边计算非常容易，可以用积分计算出来，如下所示：

$$a\int 1\,\mathrm{d}x=ax+C_1$$

10-4 代换积分和对数积分的概念应用

对于 10-3 节的式（10-2）中的第 1 项，可以使用对数积分概念得到下列结果：

$$\int\frac{1}{y}\,\mathrm{d}y=\ln|y|+C_2=\ln y+C_2$$

因为变量y是订阅用户数，上式一定是正值，所以可以将绝对值去掉。

接着计算式（10-2）中的第 2 项，可以使用代换积分技巧，首先假设$t=Y-y$，可以得到下列公式：

$$\int \frac{1}{Y-y}\mathrm{d}y = \int \frac{1}{t} * \boxed{\frac{\mathrm{d}y}{\mathrm{d}t}}\mathrm{d}t \longleftarrow \text{式（10-3）}$$

因为$t=Y-y$，可以得到$y=Y-t$，所以可以得到下列微分公式：

$$\frac{\mathrm{d}y}{\mathrm{d}t} = -1$$

将上述微分代入式（10-3），可以得到下列推导过程：

$$\begin{aligned}\int \frac{1}{Y-y}\mathrm{d}y &= \int \frac{1}{t} * \frac{\mathrm{d}y}{\mathrm{d}t}\mathrm{d}t \\ &= \int \frac{1}{t} * (-1)\mathrm{d}t \\ &= -\ln|t| + C_3 \\ &= -\ln t + C_3\end{aligned}$$

因为$t=Y-y$，可以得到式（10-2）中的第 2 项的推导如下：

$$\int \frac{1}{Y-y}\mathrm{d}y = -\ln(Y-y) + C_3$$

将式（10-2）中的第 1 项和第 2 项的推导结果代入式（10-2），可以得到下列结果：

$$\frac{1}{Y}(\ln y + C_2 - \ln(Y-y) + C_3) = ax + C_1$$

$$\ln y + C_2 - \ln(Y-y) + C_3 = Yax + YC_1$$

$$\ln y - \ln(Y-y) = Yax + YC_1 - C_2 - C_3$$

上述$YC_1 - C_2 - C_3$是常数，我们可以设定$YC_1 - C_2 - C_3 = C$，所以上述公式可以推导如下：

$$\ln y - \ln(Y-y) = Yax + C$$

等号左边可以应用对数概念，所以上述公式可以得到下列结果：

$$\ln \frac{y}{Y-y} = Yax + C$$

等号左右两边取自然对数，可以得到：

$$\frac{y}{Y-y} = \mathrm{e}^{Yax+C}$$

现在要解y值，等号左边分子与分母均除以y，可以得到：

$$\frac{1}{\frac{Y}{y}-1} = \mathrm{e}^{Yax+C}$$

$$\frac{Y}{y} - 1 = \mathrm{e}^{-(Yax+C)}$$

$$\frac{Y}{y} = 1 + \mathrm{e}^{-(Yax+C)}$$

$$y = Y * \frac{1}{1+\mathrm{e}^{-(Yax+C)}}$$

上述就是整个 Netflix 进入市场的订阅用户数y与时间变量x的关系公式，也可以称数学模型，基本上就是全部用户数Y与一个逻辑函数相乘的结果，因为全部客户数Y比较容易得知，所以接下来需要计算a和C的值。

上面推导的结果是逻辑函数，所以我们更可以确信所得的数学模型将是呈现横向的S图形，先缓慢累积订阅用户，当口耳相传后可以快速累积订阅用户，当达到趋近于全部用户数Y后，新增用户数就会减缓。

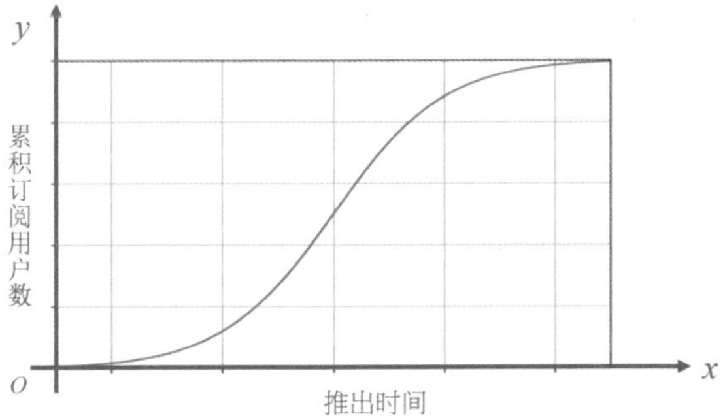

注释：上述概念也常应用于医学上，假设患者感染了某一种流感，当患者痊愈后身体会有抗体，我们预估患者感染速度的数学模型也是应用此概念。

第 11 章

概率密度函数

这一章将说明机器学习常常使用的概率密度函数，主要内容将从几何学概念说起，然后使用积分概念处理相同的问题。

11-1 了解需求

房屋装潢的设计师在装潢客户的新居时，需要调派水泥工、木工、油漆工。每一工种皆有一个领班，为了准时完成客户的需求，设计师会要求各工程的领班预估工程所需要的天数，这样设计师可以预约各工程的领班安排人员准时工作，以便在最短的时间完成客户装潢需求。

假设你是水泥工领班，要求水泥工程完成后，设计师必须立即安排木工装潢，如果预测工作天数准确，木工人员就不会在预约日没有工作，造成人力资源的浪费，为达成设计师的需求，你必须准确预估。

假设水泥工程最少需要 2 天，最多不会到 11 天，假设你是水泥工领班，如果需要达到 90% 的准确率应该如何做预估？

11-2 三角形分布的概率密度函数

11-2-1 基本概念

在概率与统计学中，常常会使用三角形分布的概率密度函数（Probability Density Function），有时候用大写字母 PDF 标记。在机器学习中，概率密度函数也常常被应用。所谓的三角形分布是指下限是a、众数是b、上限是c的连续概率分布。

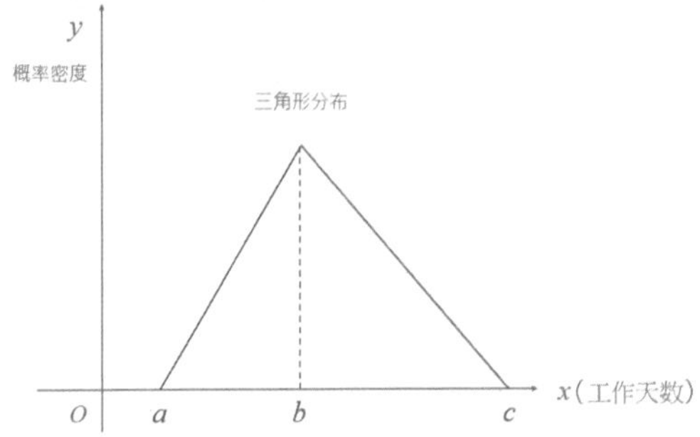

上述坐标系内的三角形区域的面积是 1，常被应用在仅仅知道最大值、最小值与众数时，执行商业决策。

注：所谓的众数是指a与c之间出现频率最高的次数。

11-2-2 连续概率密度分布

对于水泥工领班的工作预测，假设一般情况可以在 6 天完成，实际上可能因为临时缺料、工人临时请假等，无法准时完成，这时完成的工作天数可能是 6.5 天。又可能因为加班让实际工作可以提早完成，这时工作天数可能是 5.5 天，所以使用三角形分布绘制工作概率时，x轴的时间不一定是整数，这时的三角形分布将是一个连续概率密度分布。

回到 11-1 节的水泥工领班的预估，最少需要 2 天，最多不会到 11 天，假设众数是 6 天，我们可以得到下列连续概率密度函数图形。

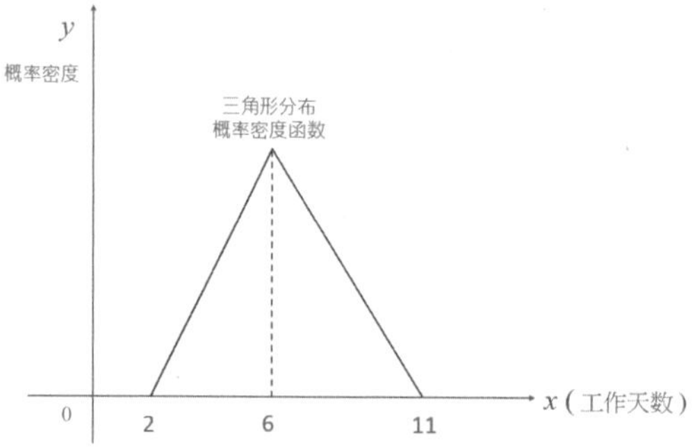

11-2-3 离散的概率分布

在笔者所著《机器学习数学基础一本通（Python 版）》的第 14 章说明了二项式的分布，在该书程序 ch14_1.py 有实际操作销售 0 ～ 5 张考卷的概率，如下所示。

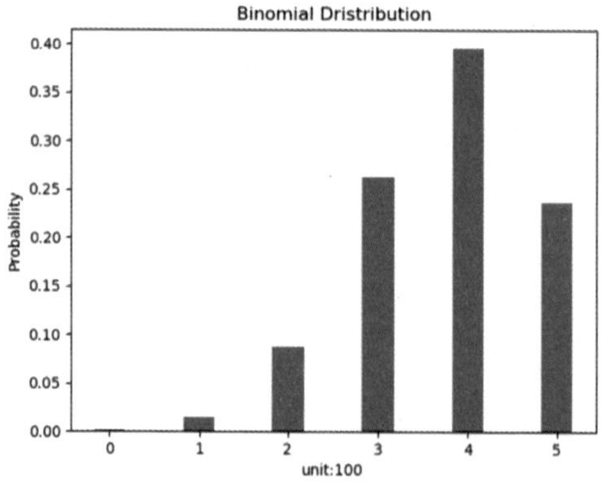

上述销售考卷的张数是整数，不会出现 3.5 张考卷之类的数据，可以使用整数的直方图表示，所以上述就是离散的概率分布。对于离散的概率分布，所有长条值总和是 1。

11-3 使用几何学计算三角形分布的概率密度

11-3-1 计算概率密度函数的高度

复述之前的连续概率密度函数图形如下。

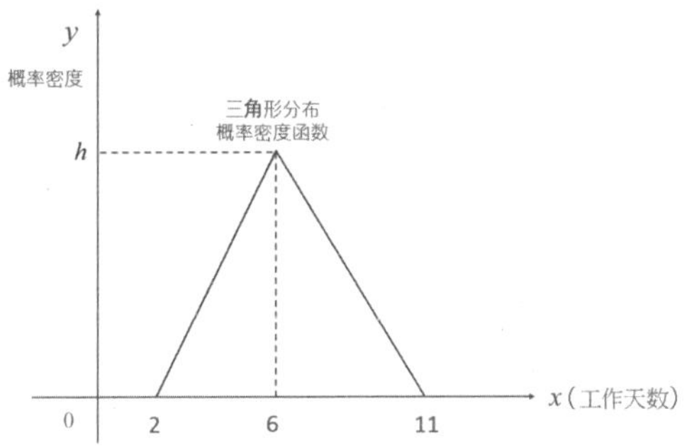

假设现在想要计算水泥工作在 2 ～ 6 天完成的概率，因为对于概率密度函数而言整个三角形面积是 1，此三角形的底部是 9 = 11-2，三角形的高度h计算公式如下：

$$1 = 9 * \frac{h}{2}$$

$$h = \frac{2}{9}$$

这个高度 h 也是此概率密度函数 f（6）的值。

11-3-2　计算 2~6 天完成工作的概率

如果要计算 2 ～ 6 天完成工作的概率，其实就是计算三角形区域内x值在 2 ～ 6 时的面积。我们已知底的宽度，现在也已知高度了，如下所示：

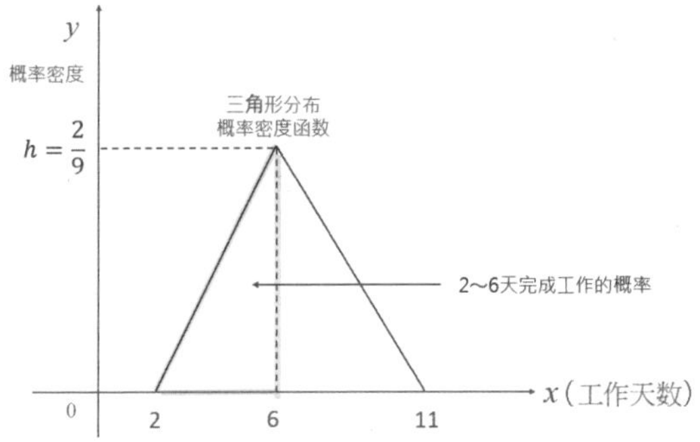

2 ～ 6 天完成工作的概率如下：

$$2\sim6\text{天完成工作的概率} = 4 \times \frac{2}{9} \times \frac{1}{2} = \frac{4}{9}$$

其实对于水泥工领班而言，他预估可以在 6 天内完成工作，但是实际可以在 6 天内完成的工作机会是$\frac{4}{9}$。

11-3-3　计算 2~6 天无法完成工作的概率

2 ～ 6 天无法完成工作的概率其实就是计算三角形区域内x值在 6 ～ 11 时的面积，计算公式如下：

$$2\sim 6\text{天无法完成工作的概率} = 5\times\frac{2}{9}\times\frac{1}{2}=\frac{5}{9}$$

11-4 计算 90% 可以完工的天数

若是想计算 90%可以完成工作的天数，可以使用几何概念，请参考下面概率密度函数的右边三角形，这是无法 6 天内完工的概率。

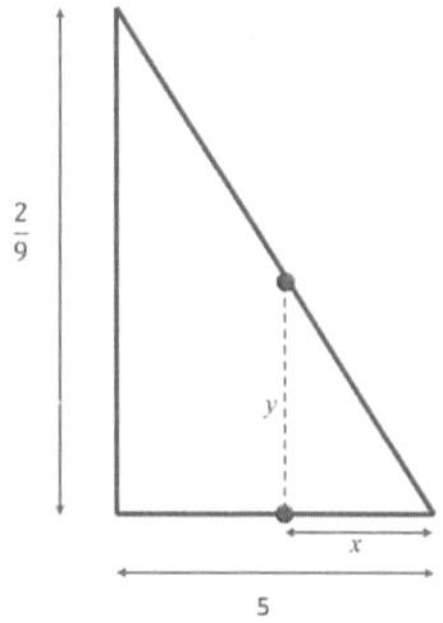

上述三角形高是$\frac{2}{9}$，底边是 5，面积是$\frac{5}{9}$，要计算 90% 可以完成工作的天数，相当于要计算底边是x、高是y的三角形面积是 0.1 时的x值，之后再用 11 减去该 x 值即可。依据三角形的等比关系，可以得到下列等比公式：

$$\frac{y}{x}=\frac{\frac{2}{9}}{5}=\frac{2}{45}$$

$$y=\frac{2}{45}x$$

因为底边是x、高是y的三角形面积是 0.1，所以可以得到下列公式：

$$x*\frac{y}{2}=0.1=\frac{1}{10}$$

将$y=\frac{2}{45}x$代入上述公式可以得到下列结果：

$$x*\frac{2}{45}x*\frac{1}{2}=\frac{1}{10}$$

$$x^2=\frac{45}{10}=\frac{9}{2}$$

因为x是正值，所以可以得到下列结果：

$$x=\sqrt{\frac{9}{2}}\approx 2.12132$$

将上述计算结果代入三角形分布图，可以得到 11 – 2.12132 = 8.87868，四舍五入上述值，可以说 8.9 天水泥工可以完成工作的概率是 90%。所以水泥工领班可以让设计师了解，需要 8.9 天，水泥工作有 90% 把握完成。其实三角形分布是比较简单的，真实的机器学习会需要使用积分，笔者将在 11-5 节解说，未来章节还会介绍更多相关知识。

11-5 将积分应用于概率密度函数的计算

11-5-1 基本概念

对于三角形分布的概率密度函数也可以使用积分方式计算，如果要计算水泥工 90% 可以完工的天数，可以参考下列积分公式：

$$\int_2^n f(x)\mathrm{d}x = 0.9$$

至于概率密度函数$f(x)$的外观如下所示：

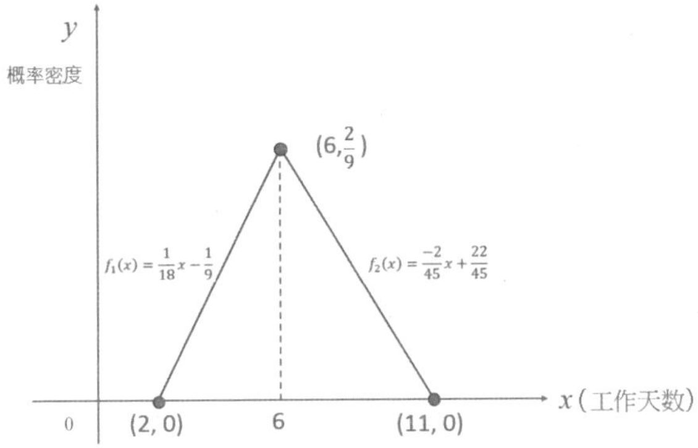

$$f(x)=\begin{cases} f_1(x), & 2 \leqslant x < 6 \\ f_2(x), & 6 \leqslant x < 11 \\ 0, & x < 2, \quad x \geqslant 11 \end{cases}$$

至于函数$f_1(x)$和$f_2(x)$的推导可以参考笔者所著《机器学习数学基础一本通（Python 版）》的第 6 章，下列是推导过程与结果。

1. $f_1(x)$推导

从$(2,0)$看函数可以得到$y = f(x) = ax + b \rightarrow 0 = 2a + b$

从$\left(6,\frac{2}{9}\right)$看函数可以得到$y = f(x) = ax + b \rightarrow \frac{2}{9} = 6a + b$

解上述联立方程组可以得到a与b的值：

$$a = \frac{1}{18} \qquad b = -\frac{1}{9}$$

所以可以得到：

$$f_1(x) = \frac{1}{18}x - \frac{1}{9}$$

2. $f_2(x)$推导

从$\left(6,\frac{2}{9}\right)$看函数可以得到$y = f(x) = ax + b \rightarrow \frac{2}{9} = 6a + b$

从$(11,0)$看函数可以得到$y = f(x) = ax + b \rightarrow 0 = 11a + b$

解上述联立方程组可以得到a与b的值：

$$a = \frac{-2}{45} \qquad b = \frac{22}{45}$$

所以可以得到：

$$f_2(x) = \frac{-2}{45}x + \frac{22}{45}$$

最后我们可以得到概率密度函数图形如下。

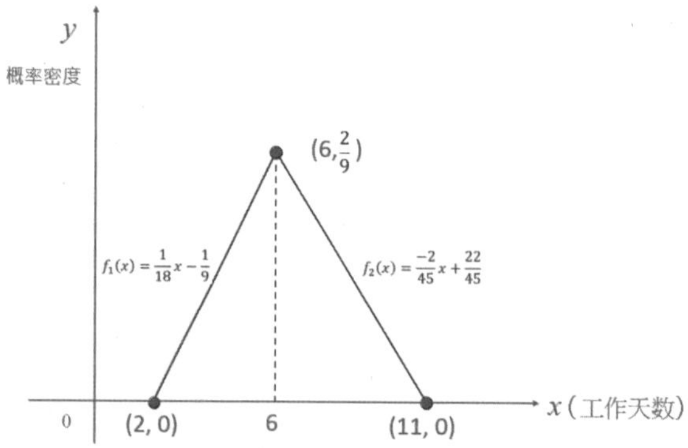

我们可以使用下列方式重新描述此概率密度函数：

$$f(x) = \begin{cases} \frac{1}{18}x - \frac{1}{9}, & 2 \leqslant x < 6 \\ \frac{-2}{45}x + \frac{22}{45}, & 6 \leqslant x < 11 \\ 0, & x < 2, x \geqslant 11 \end{cases}$$

上式因为不同的x区间函数不一样，所以在做积分计算面积时必须分段计算，再做加总。

11-5-2 积分计算

下列是此概率密度计算的过程与结果。

$$\begin{aligned} &\int_2^{11} f(x)\mathrm{d}x \\ &= \int_2^6 \left(\frac{x}{18} - \frac{1}{9}\right)\mathrm{d}x + \int_6^{11}\left(\frac{-2x}{45} + \frac{22}{45}\right)\mathrm{d}x \\ &= \left[\frac{x^2}{36} - \frac{x}{9}\right]_2^6 + \left[\frac{-2x^2}{90} + \frac{22x}{45}\right]_6^{11} \\ &= 1 - \frac{6}{9} - \frac{1}{9} + \frac{2}{9} - \frac{242}{90} + \frac{484}{90} + \frac{72}{90} - \frac{264}{90} \\ &= \frac{4}{9} + \frac{50}{90} \\ &= \frac{4}{9} + \frac{5}{9} \\ &= 1 \end{aligned}$$

程序实例 ch11_1.py：使用 Python 计算上述积分结果。

```
# ch11_1.py
from sympy import *

x = Symbol('x')
f1 = (1/18)*x - (1/9)
y1 = integrate(f1, (x, 2, 6))

f2 = (-2/45)*x + (22/45)
y2 = integrate(f2, (x, 6, 11))
print(y1+y2)
```

执行结果

```
======== RESTART: D:/Python Machine Learning Calculus/ch11/ch11_1.py ========
1.00000000000000
```

第 12 章

似然函数与最大似然估计

似然函数（Likelihood Function）与最大似然估计（Maximum Likelihood Estimation，MLE）的概念最早由英国的统计学、生物学、遗传学专家罗纳德·艾默尔·费雪（Ronald Aylmer Fisher，1890—1962）在 1912—1922 年推荐与分析。早期应用于数理统计，近年随着人工智能的发展，也成了机器学习很重要的基础知识。

12-1 基本概念

考虑投掷一枚硬币，假设硬币是公正的，相当于投掷硬币后正面朝上或是反面朝上的概率相等，皆是 0.5。由这个概率我们可以了解连续投掷 2 次，正面皆朝上的概率是 0.25。

假设有一枚硬币因为铸造质量不够均匀，我们可以称作非公平硬币，投掷时正面出现的概率是 0.6，反面出现的概率是 0.4，连续投掷两次皆出现正面朝上的概率是 0.36。

上述的叙述是已知单一事件的发生概率，或是称已知参数情况，然后预测 n 次后发生的结果，或称推估结果，此处称概率。例如：已知投掷硬币正面朝上的概率是 0.6，此 0.6 就是已知参数，我们由该参数可以推估连续两次正面朝上的概率是 0.36，或称推估结果是 0.36。

最大似然估计法是已知结果的情况，然后去计算单一事件发生的概率，或称推估参数。例如：已知连续两次投掷硬币正面朝上的概率是 0.36，我们由该结果推估投掷硬币正面朝上的概率是 0.6，所以所推估的参数是 0.6。

12-2 找出似然函数

在找出最大似然估计值之前，首先我们要找出似然函数，对于 12-1 节的投掷非公平硬币可以知道，连续两次投掷硬币出现正面向上的概率是 0.36，假设投掷一次硬币正面向上的概率是θ，那么我们可以用下列公式代表似然函数，在机器学习中一般皆是由 Likelihood 的首字母 L 代表似然函数。

$$L(\theta) = \theta * \theta$$

实例 1：

假设我们已知连续两次投掷硬币出现正面向上的概率是 0.36，所以可以使用下式代表似然函数：

$$L(\theta) = \theta * \theta = 0.36$$

这是一次简单的数学计算，我们可以很容易得到$\theta = 0.6$。

实例 2：

假设我们已知连续两次投掷硬币出现正面向上的概率是 0.25，所以可以使用下式代表似然函数：

$$L(\theta) = \theta * \theta = 0.25$$

这是一次简单的数学计算，我们可以很容易得到$\theta = 0.5$。

程序实例 ch12_1.py：绘制上述$L(\theta) = \theta * \theta$似然函数，并观察执行结果。

```
# ch12_1.py
import matplotlib.pyplot as plt
import numpy as np

x = np.linspace(0, 1, 1000)
y = x * x
plt.plot(x, y, color='b')
plt.xlabel('Probability')
plt.ylabel('Likelihood')

plt.grid()
plt.show()
```

执行结果

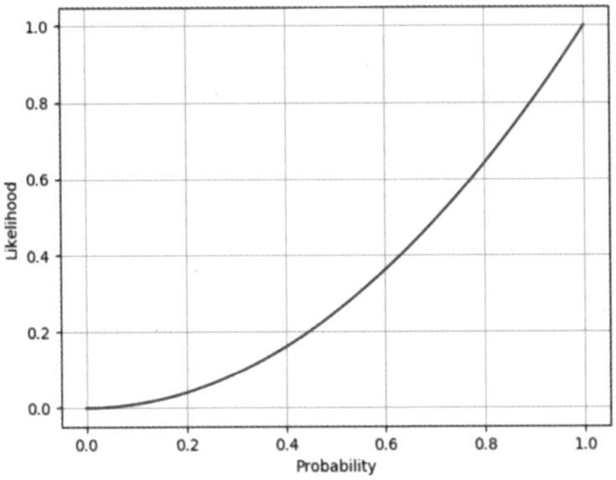

上述所绘制的就是似然函数与已知参数（单次概率）两次投掷硬币正面朝上的似然函数图。

12-3 进一步认识似然函数

12-2 节我们介绍了最简单的似然函数，这一节将增加一点难度。假设一位业务员到学校拜访老师推广 Silicon Stone Education 的国际证照，第 1 天销售成功了，第 2 天也销售成功了，第 3 天则销售失败。从这个已知信息，请推估这位业务员未来到学校推广国际证照有多少概率可以销售成功。

读者可能会思考是不是使用平均值拜访 3 天，有 2 次成功，1 次失败，也就是可以得到 66.67% 的成功机会，可是有时运气好可能有 80% 成功机会，有时运气不好成功机会则是 20%，现在笔者就使用似然函数概念，或称用严谨的数学概念讲解该问题。

假设销售成功的概率是θ，则销售失败的概率是$1 - \theta$。现在业务员第 1 次销售成功，第 2 次也销售成功，第 3 次则销售失败，依据上述概念可以建立下列似然函数。

$$L(\theta) = \theta * \theta * (1 - \theta) = -\theta^3 + \theta^2$$

现在如果将销售成功概率分别用 0.1、0.5、0.9 代入上述似然函数，我们可以得到下列似然函数的结果值。

$$L(0.1) = -0.1^3 + 0.1^2 = 0.009 = 0.9\%$$
$$L(0.5) = -0.5^3 + 0.5^2 = 0.125 = 12.5\%$$
$$L(0.9) = -0.9^3 + 0.9^2 = 0.081 = 8.1\%$$

从上述结果可以知道，如果销售成功概率是 10%，则似然函数计算的结果是 0.9%。如果销售成功概率是 50%，则似然函数计算的结果是 12.5%。如果销售成功概率是 90%，则似然函数计算的结果是 8.1%。从上述计算结果我们发现了一个有趣的现象，似然函数的结果并不会因为销售成功概率变大随着成比例变大，下面笔者用 Python 绘制上述似然函数。

程序实例 ch12_2.py：绘制下列似然函数的图形。

$$L(\theta) = \theta * \theta * (1 - \theta) = -\theta^3 + \theta^2$$

```
# ch12_2.py
import matplotlib.pyplot as plt
import numpy as np

x = np.linspace(0, 1, 1000)
y = -x**3 + x**2
plt.plot(x, y, color='b')
plt.xlabel('Probability')
plt.ylabel('Likelihood')

plt.grid()
plt.show()
```

执行结果

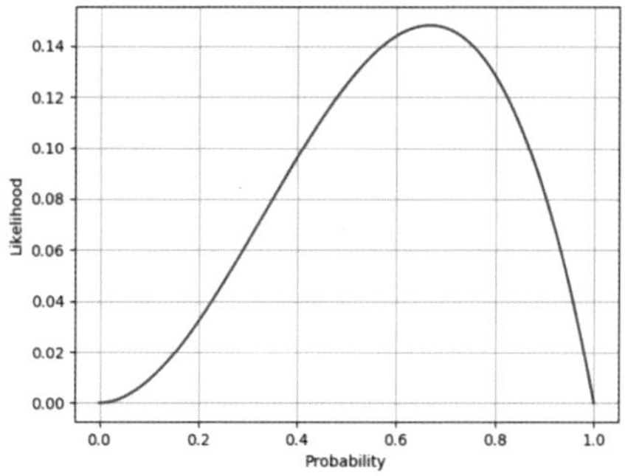

似然函数的重点并不是上述系列的值，而是参数θ具有让似然函数变大或变小的特性，我们必须从似然函数中寻找极大值。从上述结果我们获得了似然函数存在着极大值，当似然函数存在极大值时，代表此极大值的参数θ是最为合理的参数值。

注释：复杂的似然函数可能存在多组局部极大值，本章所叙述的极大值也可以称局部的极大值。

12-4 使用微分计算最大似然估计

使用微分计算最大似然估计，简单地说就是对似然函数做微分，寻找微分结果是 0 的点，这样就可以找出极大值。对 ch12_2.py 的执行结果而言，基本上就是找出局部的极大值，笔者已经列出结果了，如下图所示：

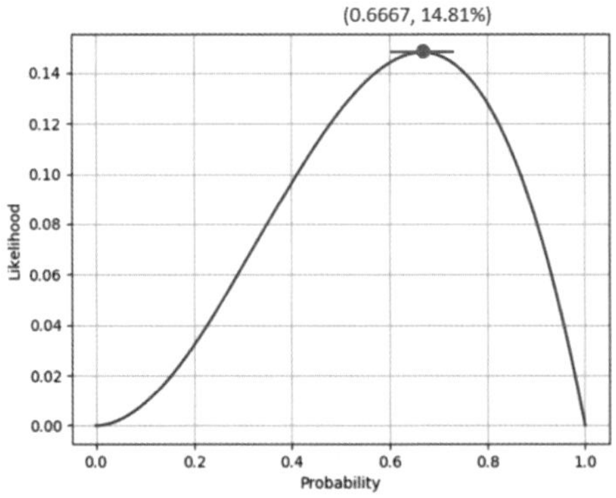

下面推导上述结果，请继续使用下列公式：

$$L(\theta) = \theta * \theta * (1-\theta) = -\theta^3 + \theta^2$$

因为是求极大值，所以上述函数的微分结果如下：

$$-3\theta^2 + 2\theta = 0$$

从上式可以得到下列结果：

$$\theta = 0 \text{ 或 } \theta = \frac{2}{3}$$

因为$\theta = 0$时，可以得到$L(\theta) = 0$，这个结果不适用，所以可以排除。现在考虑的情况$\theta = \frac{2}{3}$，计算如下：

$$L(\theta) = L\left(\frac{2}{3}\right) = -\left(\frac{2}{3}\right)^3 + \left(\frac{2}{3}\right)^2 = \frac{4}{27} \approx 0.1481$$

12-5 将对数概念应用于似然函数

前面的实例中，笔者只介绍了拜访 3 位客户的情况，所以整个似然函数看起来很简洁，也很简单，对所得的似然函数进行微分也很容易。但是，如果客户数量达到 50 或更多，若仍使用前面的方法，似然函数会变得很难计算，此时微分也变得很复杂。第 9 章介绍了对数的微分，如果将对数的微分概念应用于似然函数，整个计算过程就变得简单许多。我们可以先取似然函数的对数，然后微分，一切就变得简单了。

12-5-1 似然函数的通式

假设业务员拜访了 50 位或更多客户，现在要计算销售成功的概率，也就是找出最合理的参数值θ。假设拜访了 50 位客户，首先我们要计算 50 组θ和$1-\theta$相乘的结果。如果拜访了n个客户，则必须计算n组客户θ和$1-\theta$相乘的结果。从此段叙述，我们了解整个计算似乎变得复杂了。

为了让公式简洁化，我们可以假设客户间销售成功与否是互相独立的，若拜访客户x销售成功的概率是θ，可以使用下式表达似然函数：

$$L(\theta) = f(x|\theta)$$

当客户数量是n个时，个别概率可以用下列式子表达：

$$f(x_1|\theta), f(x_2|\theta), \cdots, f(x_n|\theta)$$

我们知道似然函数是各次概率相乘的结果，所以当有n个客户时，整个似然函数表达式如下：

$$L(\theta) = f(x_1|\theta)*f(x_2|\theta)*\cdots*f(x_n|\theta)$$

在笔者所著《机器学习数学基础一本通（Python 版）》中介绍过一个连续相加符号$\sum_{i=1}^{n}$，现在要介绍一个新的符号$\prod_{i=1}^{n}$，这是一个连续相乘的符号，代表函数从第 1 项开始一直相乘到第n项，这个连续相乘的符号也是希腊字母π的大写。下面是整个似然函数的表达式：

$$L(\theta) = \prod_{i=1}^{n} f(\theta|x_i) = f(\theta|x_1) * f(\theta|x_2) * \cdots * f(\theta|x_n)$$

注：有的书籍也使用下式代表此似然函数，不过本书将以上述方式表达似然函数。

$L(\theta|x_1, x_2, \cdots, x_n) = f_\theta(x_1, x_2, \cdots, x_n)$

对于上述似然函数的通式，当n是 50 或更多时，如果执行相乘，则计算似然函数就很复杂了，要计算微分也很麻烦。为了简化解决这方面的问题，我们对n项相乘的项取对数，这样整个n项相乘项就变成n项相加的项，整体计算过程就变得简单了。

12-5-2 对数似然函数

一个似然函数是否要取对数来计算，完全视似然函数的复杂度决定，一个取对数后的似然函数称对数似然函数。其实前面几节所介绍的只拜访 2 位或 3 位客户，由于计算简单，我们可以不用对数似然函数的方式计算。但是在真实的实例中，一切比较复杂，大都会使用对数似然函数做计算。

使用对数似然函数做计算，还有一个优点是产生极大值时的θ值是相同的。

程序实例 ch12_3.py：对似然函数$L(\theta)$取对数后，区间是 0 ~ 1，绘制此对数似然函数$\ln L(\theta)$相关图形，相当于下列图形。

$$L(\theta) \text{ vs } \ln L(\theta)$$

```
# ch12_3.py
import matplotlib.pyplot as plt
import numpy as np

x = np.linspace(0.01, 1, 1000)
y = np.log(x)                               # e 为底数的 log()

plt.plot(x, y, color='b')

plt.grid()
plt.show()
```

执行结果

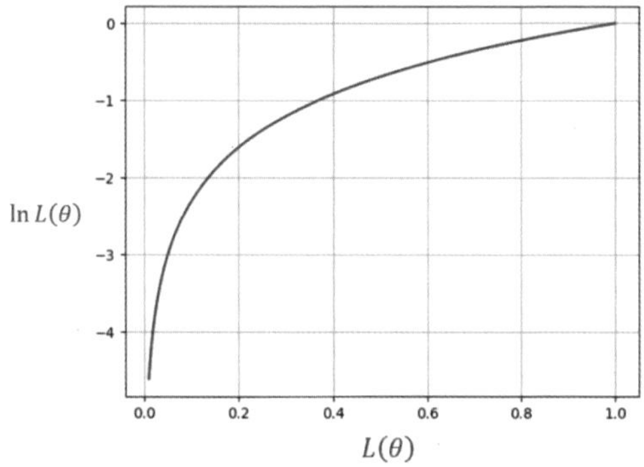

上述 x 轴标签$L(\theta)$和 y 轴标签$\ln L(\theta)$是笔者自行加上去的，方便读者了解坐标轴的意义。上述是假设似然函数$L(\theta)$值在 0.01 ~ 1 区间，因为似然函数值一定是大于 0 且小于 1 的正值，然后计算对数似然函数$\ln L(\theta)$的结果。从这个结果可以发现，似然函数值越大则对数似然函数值也越大，似然函数值越小则对数似然函数值也越小。

12-5-3　对数似然函数的微分

这一小节笔者将推导似然函数的微分，下面再列一次似然函数：

$$L(\theta) = f(\theta|x_1) * f(\theta|x_2) *\cdots* f(\theta|x_n)$$

两边取对数，可以得到：

$$\ln L(\theta) = \ln\big(f(\theta|x_1) * f(\theta|x_2) *\cdots* f(\theta|x_n)\big)$$

依据对数性质可以得到：

$$\ln L(\theta) = \ln f(\theta|x_1) + \ln f(\theta|x_2) + \cdots + \ln f(\theta|x_n)$$

$$\ln f(\theta) = \sum_{i=1}^{n} f(\theta|x_i)$$

接下来对两边微分，当对等号右边微分时，相当于对每一项微分再求和，假设$t = f(\theta|x_i)$，可以使用链锁法则对单项微分再求和，下列是对等号右边单项微分的过程。

$$\frac{\mathrm{d}}{\mathrm{d}\theta}\ln f(\theta|x_i) = \frac{\mathrm{d}}{\mathrm{d}t}(\ln t) * \frac{\mathrm{d}t}{\mathrm{d}\theta}$$

$$\frac{\mathrm{d}}{\mathrm{d}\theta}\ln f(\theta|x_i) = \frac{1}{t} * \frac{\mathrm{d}t}{\mathrm{d}\theta}$$

将$t = f(\theta|x_i)$代入上述公式可以得到：

$$\frac{\mathrm{d}}{\mathrm{d}\theta}\ln f(\theta|x_i) = \frac{1}{f(\theta|x_i)} * \frac{\mathrm{d}}{\mathrm{d}\theta}f(\theta|x_i)$$

上式是等号右边单项微分的结果，将全部加总可以得到下列结果：

$$\frac{\mathrm{d}}{\mathrm{d}\theta}\ln f(\theta) = \sum_{i=1}^{n} \frac{1}{f(\theta|x_i)} * \frac{\mathrm{d}}{\mathrm{d}\theta}f(\theta|x_i)$$

12-5-4 销售实例应用

接下来笔者将说明 12-5-3 节所推导的结果。首先要了解如何表达$f(\theta|x_i)$，假设x_i的下标i表示拜访第几次，如果销售成功则$x_i = 1$，如果销售失败则$x_i = 0$。了解上述规则后我们可以使用下列公式表达$f(\theta|x_i)$。

$$f(\theta|x_i) = x_i\theta + (1-\theta)(1-x_i) \longleftarrow \text{式(12-1)}$$

将销售成功时的$x_i = 1$代入上述公式，可以得到：

$$f(\theta|x_i) = \theta$$

将销售失败时的$x_i = 0$代入上述公式，可以得到：

$$f(\theta|x_i) = 1-\theta$$

对式（12-1）等号两边的θ做微分，可以得到：

$$\frac{\mathrm{d}}{\mathrm{d}\theta}f(\theta|x_i) = x_i + (-1)(1-x_i) = 2x_i - 1$$

将 12-3 节的业务员第 1 次销售成功、第 2 次销售成功、第 3 次销售失败等数据代入，可以得到下列通式：

$$\begin{aligned}\frac{\mathrm{d}}{\mathrm{d}\theta}\ln(\theta) &= \sum_{i=1}^{3}\frac{1}{f(\theta|x_i)} * \frac{\mathrm{d}}{\mathrm{d}\theta}f(\theta|x_i) \\ &= \sum_{i=1}^{3}\frac{1}{x_i\theta + (1-\theta)(1-x_i)} * (2x_i - 1) \\ &= \frac{1}{\theta} * 1 + \frac{1}{\theta} * 1 + \frac{1}{1-\theta} * (-1) \\ &= \frac{2}{\theta} - \frac{1}{1-\theta} \\ &= \frac{2(1-\theta)-\theta}{\theta(1-\theta)} \\ &= \frac{2-3\theta}{\theta(1-\theta)}\end{aligned}$$

因为微分为 0 时会有局部最大值，所以可以推导如下：

$$\frac{2-3\theta}{\theta(1-\theta)} = 0$$

$$2 - 3\theta = 0$$

$$3\theta = 2$$

$$\theta = \frac{2}{3}$$

上述推导结果与 12-4 节计算结果相同。

第 13 章

正态分布的概率密度函数

本书第 11 章已经介绍了概率密度函数的基础知识，对于机器学习这是非常重要的主题，这一章将讲解正态分布的概率密度函数，同时推导此函数。

13-1　认识正态分布概率密度函数

正态分布（Normal Distribution）是一个非常常见的随机现象概率分布，最早是由德国数学家约翰·卡尔·高斯（Johann Karl Gaussian, 1777—1855）提出，因此正态分布又称高斯分布。

假设均值是 0，标准差是 1，则正态分布概率密度函数如下：

$$f(x) = \frac{1}{\sqrt{2\pi}} e^{\left(-\frac{x^2}{2}\right)}$$

指数太小辨识不易

因为 e 的指数太小，常常不易辨识，所以上述概率密度函数常用 exp 代替 e，如下所示：

$$f(x) = \frac{1}{\sqrt{2\pi}} \exp\left(-\frac{x^2}{2}\right)$$

上述公式将是本章和第 14 章的重点，下面将一步一步推导上述公式。

程序实例 ch13_1.py：绘制 x 值在 -3 和 3 之间的正态分布的概率密度函数，

```
1   # ch13_1.py
2   import matplotlib.pyplot as plt
3   import numpy as np
4
5   x = np.linspace(-3, 3, 1000)
6   y = 1/((2*np.pi)**0.5) * np.exp(-x**2/2)
7
8   plt.plot(x, y, color='b')
9
10  plt.grid()
11  plt.show()
```

执行结果

$$f(x) = \frac{1}{\sqrt{2\pi}} \exp\left(-\frac{x^2}{2}\right)$$

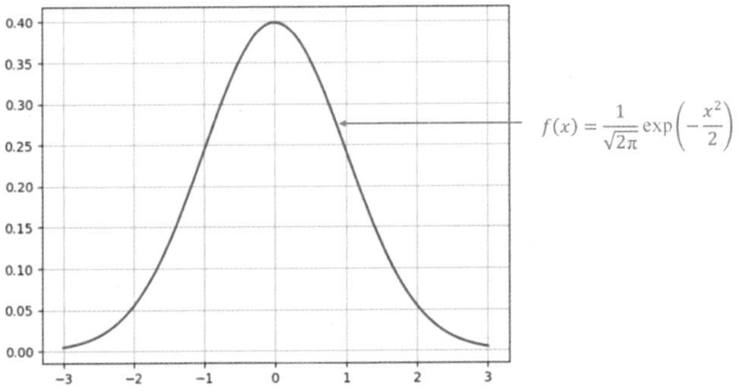

上述纵轴代表$f(x)$，也就是正态分布的概率密度函数，从上述执行结果可以看到，此正态分布的概率密度函数呈现的是均值是中位数也是众数、中间凸起、左右两侧对称，然后以曲线向两侧下降，上述外型类似寺庙的大钟，有时候又称此为钟型曲线（Bell-shaped Curve）。

注释：下列是上述几个统计学名词的定义。

均值（Mean）：n个数据总和除以n的值。

中位数（Median）：将所有数据从高至低排序，最中间的数称中位数。如果数据有偶数个，则为最中间两个数值的均值。

众数（Mode）：指一组数据中出现次数最多的数据值。

程序实例 ch13_1.py 是通过编程绘制正态分布的概率密度函数的，其实我们可以使用 SciPy 模块内的 stats 统计模块的 norm.pdf( ) 直接建立正态分布模型，安装 SciPy 模块语句如下。

pip install scipy

下面是函数的用法。

norm.pdf（loc=0, scale）　　　# loc 是均值，scale 是标准差

程序实例 ch13_2.py：使用 norm.pdf ( ) 直接绘制正态分布的概率密度函数。

```
# ch13_2.py
import matplotlib.pyplot as plt
import numpy as np
import scipy.stats as st

x = np.linspace(-3, 3, 1000)
plt.plot(x, st.norm.pdf(x, loc=0, scale=1))

plt.grid()
plt.show()
```

执行结果　与 ch13_1.py 相同。

上述函数还有一个特点，即我们可以设定不同的均值与标准差，建立正态分布的概率密度函数，可以参考下列实例。

程序实例 ch13_3.py：将 loc 和 scale 分别设为 0 和 1、−1 和 2、1 和 0.5，绘制正态分布的概率密度函数。

```
# ch13_3.py
import matplotlib.pyplot as plt
import numpy as np
import scipy.stats as st

x = np.linspace(-3, 3, 1000)
plt.plot(x, st.norm.pdf(x, loc=0, scale=1))
plt.plot(x, st.norm.pdf(x, loc=-1, scale=2))
plt.plot(x, st.norm.pdf(x, loc=1, scale=0.5))
plt.grid()
plt.show()
```

执行结果

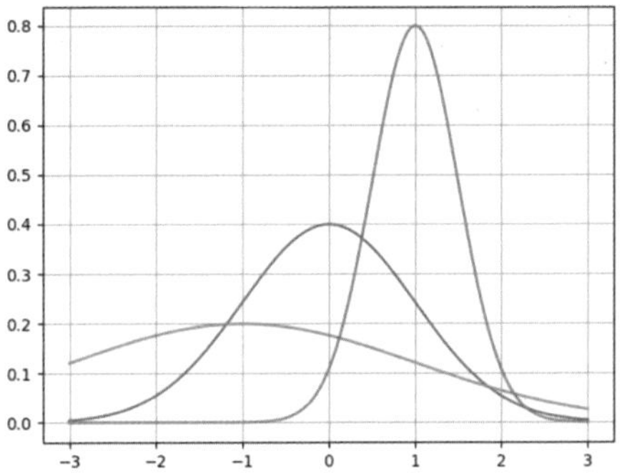

13-2 高斯正态分布的假设

正态分布最早由高斯提出，是他在观测天体运行时发展出来的想法，他的想法如下：

误差值 = 正确值 – 观测值

在这个概念指导下，高斯提出了下列假设。

（1）所有观测结果的平均值就是正确值。

（2）误差在越接近 0 的地方出现的概率越大。

（3）假设误差是ε，正确值发生误差ε的概率与发生误差$-\varepsilon$的概率相同。

13-3 推导正态分布

13-3-1 基本假设

假设有n笔数据，$x_1, x_2, \cdots, x_n$，依据高斯假设平均值就是正确值，我们使用$\bar{x}$表示平均值，所以可以使用下列公式代表这些数据：

$$\bar{x} = \frac{(x_1 + x_2 + \cdots + x_n)}{n}$$

但是在数学与统计推导公式过程中常使用符号μ代表此平均值，所以可以得到：

$$\mu = \bar{x}$$

假设误差是ε，我们可以使用数列$\varepsilon_1, \varepsilon_2, \cdots, \varepsilon_n$代表每一笔数据的误差。对于每 i 笔数据，可以使用下列公式代表：

$$x_i = \mu + \varepsilon_i \quad \longleftarrow \quad i = 1, 2, \cdots, n$$

13-3-2 误差数列

在高斯的假设下，我们也一样可以使用正态分布图形方式表达此误差数列，可以称作$f(\varepsilon)$，这个函数也称误差概率密度函数，如下图所示。

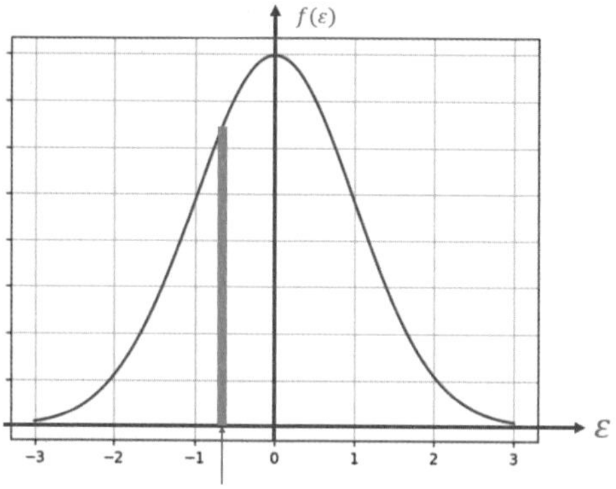

宽度是 w,可以得到面积是 $w*f(\varepsilon)$

我们可以将误差区间分成n等份，假设每等份的宽度是w，从前面的概率密度函数章节我们知道，要计算ε和$\varepsilon+w$之间的误差概率，可以使用公式$w*f(\varepsilon)$，也可以省略乘号，使用$wf(\varepsilon)$式表达，相当于计算上图绿色区域的面积。

程序实例 ch13_4.py：假设均值是 0，标准差是 1，绘制 $x \geqslant -0.8$ 和 $x < -0.6$ 的正态分布概率密度函数。

```
# ch13_4.py
import matplotlib.pyplot as plt
import numpy as np

x = np.linspace(-3, 3, 1000)
y = 1/((2*np.pi)**0.5) * np.exp(-x**2/2)

plt.plot(x, y, color='b')
plt.fill_between(x, y1=y, y2=0, where=(x>=-0.8)&(x<-0.6),
                 facecolor='green')

plt.grid()
plt.show()
```

执行结果

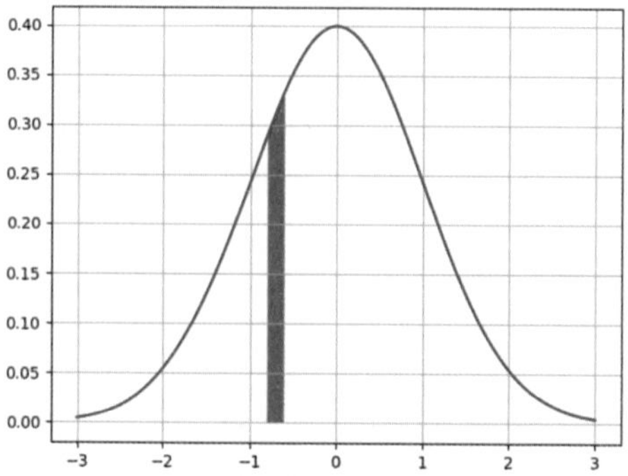

在 SciPy 模块内有 integrate 模块，这个模块内有 trapz() 方法可以计算积分，相关使用规则可以参考下列程序第 12 行。

程序实例 ch13_5.py：假设均值是 0，标准差是 1，计算与绘制正态分布概率密度函数在 $x \geqslant -0.8$ 且 $x < -0.6$ 的概率。

```
1  # ch13_5.py
2  import matplotlib.pyplot as plt
3  import scipy.stats as st
4  from scipy.integrate import trapz
5  import numpy as np
6
7  x = np.linspace(-3,3,100)
8  y = st.norm.pdf(x)
9  plt.plot(x, y)
10
11 xs = np.linspace(-0.8,-0.6,100)
12 p = trapz(st.norm.pdf(xs), xs)
13 print(f"落在-0.8与-0.6之间的概率是 {100*p:4.2f} %")
14 plt.fill_between(xs, st.norm.pdf(xs), color="green")
15
16 plt.grid()
17 plt.show()
```

执行结果　图表与 ch13_4.py 相同。

```
======== RESTART: D:\Python Machine Learning Calculus\ch13\ch13_5.py ========
落在-0.8与-0.6之间的概率是 6.24 %
```

13-3-3 应用似然函数概念

从前面推导过程中，我们有了下列信息。

（1）n笔数据。

（2）n笔误差数据，每一笔误差数据称ε_i。

（3）n个区间的数据宽度w。

现在将上述n个概率数据使用相乘方式组合，可以得到第 12 章的似然函数L，如下所示：

$$L = wf(\varepsilon_1) * wf(\varepsilon_2) * \cdots * wf(\varepsilon_n)$$

13-3-4 对数似然函数的微分

为了简化计算，现在我们可以对上述似然函数取对数，让相乘变成相加，如下所示：

$$\ln L = \ln\left(wf(\varepsilon_1) * wf(\varepsilon_2) * \cdots * wf(\varepsilon_n)\right)$$

因为必须找出似然函数的最大值，所以对上述公式的μ做微分，相当于找出μ微分后等于 0 的点，可以得到：

$$\frac{d}{d\mu}\ln L = \frac{d}{d\mu}\ln\left(wf(\varepsilon_1) * wf(\varepsilon_2) * \cdots * wf(\varepsilon_n)\right)$$

$$\frac{d}{d\mu}\ln L = \frac{d}{d\mu}\sum_{i=1}^{n}\left(\ln w + \ln f(\varepsilon_i)\right)$$

上述w代表宽度，是常数，常数微分后是 0，所以上述公式可以简化如下：

$$\frac{d}{d\mu}\ln L = \frac{d}{d\mu}\sum_{i=1}^{n}\ln f(\varepsilon_i) \longleftarrow \text{式(13-1)}$$

对似然函数微分让微分结果为 0，可以得到似然函数的最大值，现在看上述等号右边有一点复杂，其实回到 13-3-1 节可以看到下列公式：

$$x_i = \mu + \varepsilon_i$$

可以得到：

$$\varepsilon_i = x_i - \mu$$

由于μ是常数，所以上述公式两边对μ微分可以得到下列结果：

$$\frac{d\varepsilon_i}{d\mu} = \frac{d}{d\mu}(x_i - \mu)$$

$$\frac{d\varepsilon_i}{d\mu} = -1 \longleftarrow \text{式 (13-2)}$$

有了上述概念，现在我们继续推导式（13-1），可以得到下列公式：

$$\frac{d}{d\mu}\ln L = \frac{d}{d\mu}\sum_{i=1}^{n}\ln f(\varepsilon_i)$$

$$\frac{d}{d\mu}\ln L = \sum_{i=1}^{n}\frac{d}{d\mu}\ln f(\varepsilon_i)$$

现在使用合成函数链锁法则的概念，可以得到：

$$\frac{d}{d\mu}\ln L = \sum_{i=1}^{n}\boxed{\frac{d\varepsilon_i}{d\mu}} * \frac{d}{d\varepsilon_i}\ln f(\varepsilon_i)$$

由式 (13-2) 知道这是 −1

$$\frac{d}{d\mu}\ln L = \sum_{i=1}^{n}(-1) * \frac{d}{d\varepsilon_i}\ln f(\varepsilon_i)$$

$$= -\sum_{i=1}^{n}\frac{d}{d\varepsilon_i}\ln f(\varepsilon_i)$$

因为要计算似然函数L的最大值，所以令上述公式等于 0，可以得到：

$$\sum_{i=1}^{n}\frac{d}{d\varepsilon_i}\ln f(\varepsilon_i) = 0 \longleftarrow \text{式 (13-3)}$$

在 13-2 节的高斯假设中，正确值发生误差ε的概率与发生误差$-\varepsilon$的概率相同，所以我们可以得到下列公式：

$$\sum_{i=1}^{n} \varepsilon_i = 0 \quad \longleftarrow \text{式（13-4）}$$

式 (13-3) 与式 (13-4)，两者皆等于 0，从公式可以很明显看出这两个公式间有一个常数的倍数关系，假设这个倍数常数是a，则我们可以由这 2 个公式得到下列关系：

$$\sum_{i=1}^{n} a\varepsilon_i = \sum_{i=1}^{n} \frac{\mathrm{d}}{\mathrm{d}\varepsilon_i} \ln f(\varepsilon_i)$$

$$\sum_{i=1}^{n} a\varepsilon_i - \sum_{i=1}^{n} \frac{\mathrm{d}}{\mathrm{d}\varepsilon_i} \ln f(\varepsilon_i) = 0$$

$$\sum_{i=1}^{n} \left(a\varepsilon_i - \frac{\mathrm{d}}{\mathrm{d}\varepsilon_i} \ln f(\varepsilon_i) \right) = 0$$

上述公式总和等于 0，并不是所有单项皆是 0，不过至少有一个解是每个单项皆是 0，所以我们可以得到下列简化公式：

$$a\varepsilon_i - \frac{\mathrm{d}}{\mathrm{d}\varepsilon_i} \ln f(\varepsilon_i) = 0$$

上式相当于下列结果：

$$a\varepsilon_i = \frac{\mathrm{d}}{\mathrm{d}\varepsilon_i} \ln f(\varepsilon_i) \quad \longleftarrow \text{式（13-5）}$$

13-3-5　推导概率密度函数

现在我们要思考如何满足式（13-5），假设$t = \ln f(\varepsilon_i)$，可以简化式（13-5），可以得到下列公式：

$$a\varepsilon_i = \frac{\mathrm{d}t}{\mathrm{d}\varepsilon_i}$$

上式相当于下列公式：

$$\mathrm{d}t = a\varepsilon_i * \mathrm{d}\varepsilon_i$$

对上式等号两边做不定积分，如下：

$$\int \mathrm{d}t = \int a\varepsilon_i * \mathrm{d}\varepsilon_i$$

$$t + C_1 = \frac{1}{2} a\varepsilon_i^2 + C_2$$

$$t = \frac{1}{2} a\varepsilon_i^2 + \boxed{C_2 - C_1} \quad \longleftarrow \text{假设等于 } C_3$$

$$t = \frac{1}{2} a\varepsilon_i^2 + C_3$$

因为$t = \ln f(\varepsilon_i)$，代入上式，可以得到：

$$\ln f(\varepsilon_i) = \frac{1}{2} a\varepsilon_i^2 + C_3$$

现在等号两边取指数，可以得到：

$$f(\varepsilon_i) = e^{\frac{1}{2}a\varepsilon_i^2 + C_3} = e^{C_3} * e^{\frac{a\varepsilon_i^2}{2}}$$

上式可以将e^{C_3}用新的常数C取代，可以得到：

$$f(\varepsilon_i) = C * e^{\frac{a\varepsilon_i^2}{2}}$$

为了阅读方便，用exp代替e，可以得到：

$$f(\varepsilon_i) = C * \exp\left(\frac{a\varepsilon_i^2}{2}\right)$$

为了简化，将ε_i的下标i取消，可以得到：

$$f(\varepsilon) = C * \exp\left(\frac{a\varepsilon^2}{2}\right)$$

依据二次方程概念知道a是负值可以有极大值，所以a必须是负值，否则会造成图形左右两边趋近于无限大。最简单的方式是将a设为 -1，所以可以得到下列公式：

$$f(\varepsilon) = C * \exp\left(\frac{-\varepsilon^2}{2}\right)$$

数学习惯是用x当变量，所以可以得到：

$$f(x) = C * \exp\left(\frac{-x^2}{2}\right)$$

从上述我们已经推导了正态分布的概率密度函数，若是将上述公式与均值是 0、标准差是 1 的函数相比，可以参考下式：

$$f(x) = \frac{1}{\sqrt{2\pi}} \exp\left(-\frac{x^2}{2}\right)$$

现在问题是如何推导下列结果：

$$C = \frac{1}{\sqrt{2\pi}}$$

13-4 概率密度总和是 1

延续 13-3 节讨论主题，依据概率密度函数的概念，我们知道从$-\infty$到∞对概率密度函数积分结果是 1，所以可以得到下列公式：

$$\int_{-\infty}^{\infty} C * \exp\left(\frac{-x^2}{2}\right) dx = 1$$

第 14 章将使用多重积分，使用上述公式推导下列结果：

$$C = \frac{1}{\sqrt{2\pi}}$$

第 14 章

多重积分

这一章将从双重积分的基本概念说起，之后将介绍第 13 章未完成的推导下列正态分布概率密度公式所需的极坐标与圆弧长概念。

$$\int_{-\infty}^{\infty} C * \exp\left(\frac{-x^2}{2}\right) \mathrm{d}x = 1$$

$$C = \frac{1}{\sqrt{2\pi}}$$

14-1 多重积分的基本概念

14-1-1 基本概念

多重积分是定积分的一种，主要是将积分概念扩充到多元函数，有时候也称多变量函数，例如：计算$f(x,y)$或$f(x,y,z)$，如果变量有 2 个称$f(x,y)$为双重积分，如果变量有 3 个称$f(x,y,z)$为三重积分，这个概念也可以扩充到n次积分，本章主要是说明双重积分。

14-1-2 双重积分与立体空间的体积

读者可以想象一个坐标系中有一个曲面$f(x,y)$，如下所示：

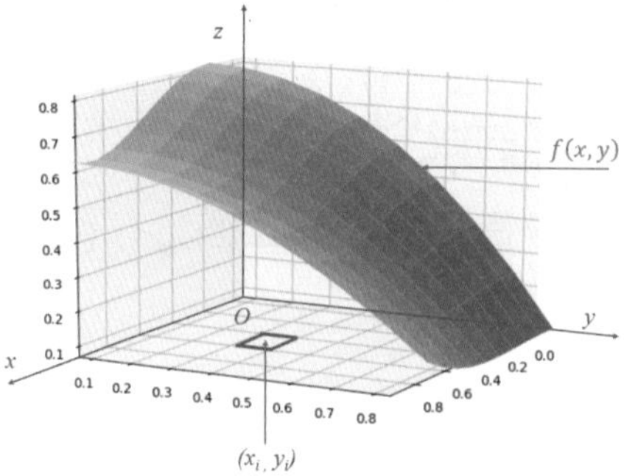

现在我们想计算曲面与 xy 平面之间空间的体积，就需要先计算曲面投影到 xy 平面的面积。假设我们将曲面投影到 xy 平面上的投影区域分割成n个小区块，相当于先计算小区块面积，然后求和。

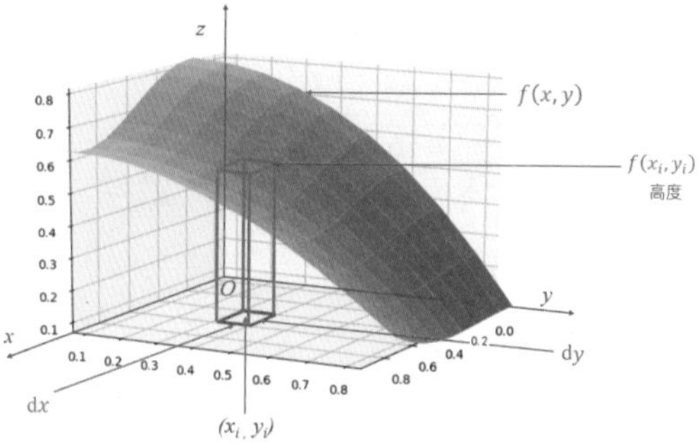

如果要计算曲面与 xy 平面之间空间的体积，可以根据上图，先计算每个小曲面的高度，然后与

相应的 xy 平面上的投影小区块面积相乘即可计算该小立体空间的体积，最后再加总所有小立体空间的体积，就可以得到$f(x,y)$曲面下空间的体积。

$$小区块面积 = \mathrm{d}x * \mathrm{d}y$$

$$小立体空间体积 = f(x_i, y_i) * \mathrm{d}x * \mathrm{d}y$$

假设小区块面积是ΔA_i，就可以使用下列方式计算曲面下空间的体积：

$$\sum_{i=1}^{n} f(x_i\,, y_i)\Delta A_i$$

14-1-3　双重积分的计算实例

这一节将从最简单的常数曲面说起。

实例 1：假设x, y和$f(x,y)$数据如下：

$$2 \leqslant x \leqslant 4$$

$$3 \leqslant y \leqslant 8$$

$$f(x,y) = 2$$

下列是双重积分的基本公式：

$$\int_3^8 \int_2^4 f(x,y)\mathrm{d}x\mathrm{d}y$$

因为$f(x,y) = 2$，所以可以得到下列双重积分的公式与推导结果：

$$\int_3^8 \int_2^4 2\,\mathrm{d}x\mathrm{d}y$$

$$= \int_3^8 [2x]_2^4 \mathrm{d}y = \int_3^8 4\mathrm{d}y = [4y]_3^8 = 20$$

实例 2：假设x, y和$f(x,y)$数据如下：

$$0 \leqslant x \leqslant 1$$

$$0 \leqslant y \leqslant 1$$

$$f(x,y) = 1 - \frac{x^2}{2} - \frac{y^2}{2}$$

可以得到下列双重积分与推导结果：

$$\int_0^1 \int_0^1 \left(1 - \frac{x^2}{2} - \frac{y^2}{2}\right) \mathrm{d}x\mathrm{d}y$$

$$= \int_0^1 \left[x - \frac{x^3}{6} - \frac{xy^2}{2}\right]_0^1 \mathrm{d}y$$

$$= \int_0^1 \left(\frac{5}{6} - \frac{y^2}{2}\right) \mathrm{d}y$$

$$= \left[\frac{5y}{6} - \frac{y^3}{6}\right]_0^1 = \frac{4}{6} = \frac{2}{3}$$

接下来使用 matplotlib 模块的 mpl_toolkits.mplot3d 内的 Axes3D 绘制此 3D 图形，此外，还需

Numpy 模块的 np.meshgrid()建立 $f(x, y)$ 二维数组，可以参考下列函数：

$$X, Y = np.meshgrid（X, Y）$$

要绘制曲面可以使用函数 plot_surface() 语法格式如下：

plot_surface(X, Y, f(x, y), color, options）

程序实例 ch14_1.py：绘制上述实例 2 的 3D 图形。

```
1   # ch14_1.py
2   import matplotlib.pyplot as plt
3   from mpl_toolkits.mplot3d import Axes3D          # 绘制3D模块
4   import numpy as np
5
6   def f(x, y):                                      # 曲面函数
7       return (1 - (x**0.5)/2 - (y**0.5)/2)
8
9   fig = plt.figure()
10  ax = Axes3D(fig)
11
12  X = np.arange(0, 1, 0.01)                         # 曲面 X 区间
13  Y = np.arange(0, 1, 0.01)                         # 曲面 Y 区间
14  X, Y = np.meshgrid(X, Y)                          # 建立取样数据
15  ax.plot_surface(X, Y, f(X,Y), color='lightgreen') # 绘 3D 图
16
17  plt.axis('equal')
18  plt.grid()
19  plt.show()
```

执行结果

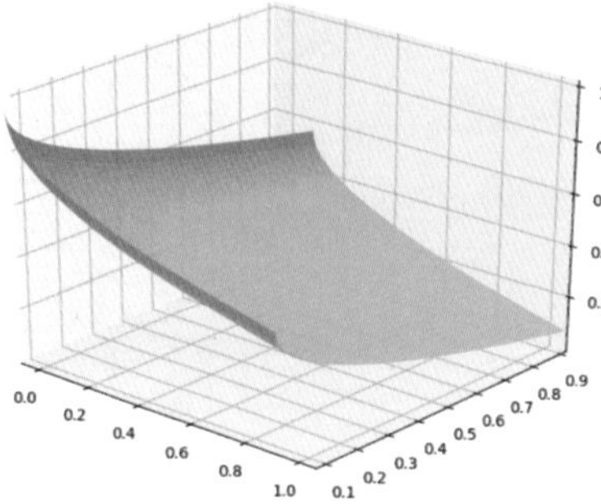

上述 3D 图形建立完成后，可以使用鼠标旋转 3D 图形，如下所示：

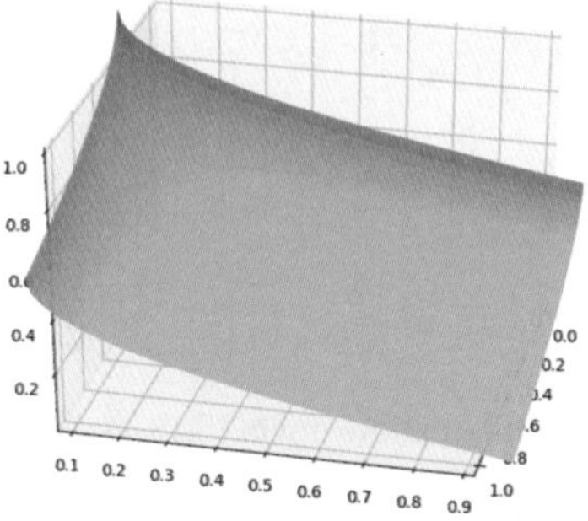

有时候绘制 3D 图形时希望有透明效果，此时可以在 plot_surface() 内增加参数 alpha，参数 alpha 的值是在 0 ~ 1 区间，1 代表不透明，值越小透明度越高，下列是 ch14_1_1.py 和 ch14_1_2.py 的实例执行结果，分别设定 alpha = 0.6 和 alpha = 0.3。

程序实例 ch14_1_1.py：alpha = 0.6。

```
ax.plot_surface(X, Y, f(X,Y), color='lightgreen', alpha=0.6)
```

执行结果

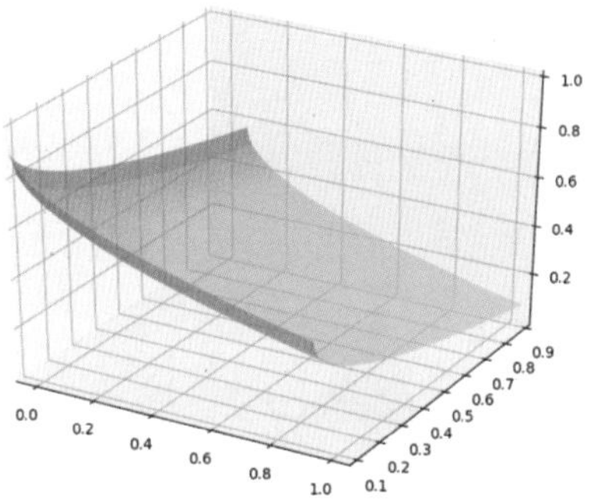

程序实例 ch14_1_2.py：alpha = 0.3。

```
ax.plot_surface(X, Y, f(X,Y), color='lightgreen', alpha=0.3)
```

执行结果

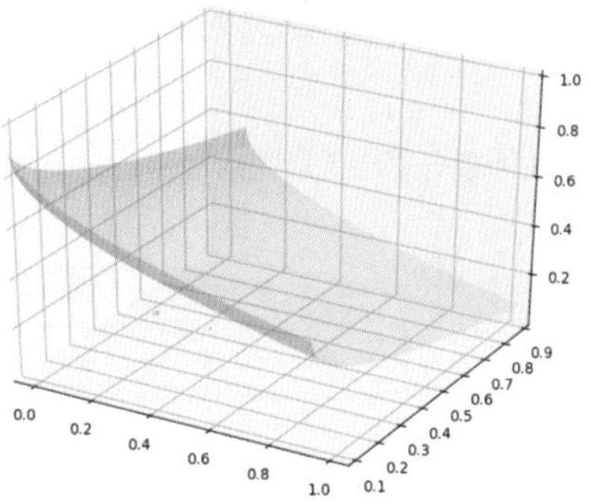

程序实例 ch14_2.py：更多曲面设计 1。

```
# ch14_2.py
import matplotlib.pyplot as plt
from mpl_toolkits.mplot3d import Axes3D              # 绘制3D模块
import numpy as np

def f(x, y):                                          # 曲面函数
```

```
 7        return(np.power(x,2) + np.power(y, 2))
 8
 9   fig = plt.figure()
10   ax = Axes3D(fig)
11
12   X = np.arange(-3, 3, 0.1)                              # 曲面 X 区间
13   Y = np.arange(-3, 3, 0.1)                              # 曲面 Y 区间
14   X, Y = np.meshgrid(X, Y)                               # 建立取样数据
15   ax.plot_surface(X, Y, f(X,Y), cmap='hsv')             # 绘 3D 图
16   ax.set_xlabel('x', color='b')
17   ax.set_ylabel('y', color='b')
18   ax.set_zlabel('z', color='b')
19
20   plt.grid()
21   plt.show()
```

执行结果

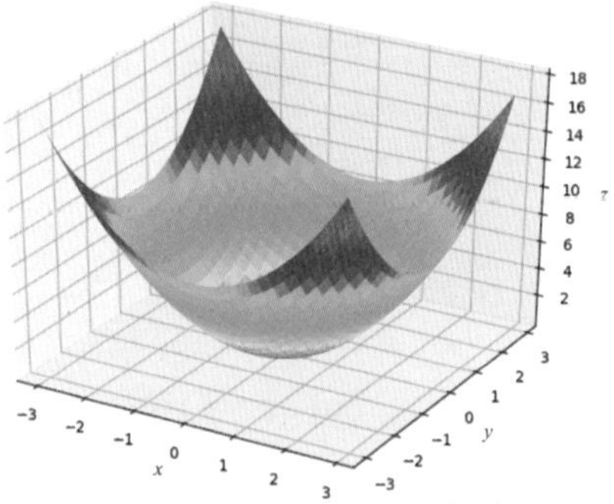

上述第 15 行，cmap='hsv' 是色彩映射的概念，更多相关知识可以参考笔者所著《Python 最强入门迈向数据科学之路》第 2 版的 20-3-5 节。其实只要更改上述第 6 ~ 7 行的函数，可以产生许多曲面效果。

程序实例 ch14_3.py：更多曲面设计 2，色彩映射使用 rainbow。

```
 1   # ch14_3.py
 2   import matplotlib.pyplot as plt
 3   from mpl_toolkits.mplot3d import Axes3D            # 绘制3D模块
 4   import numpy as np
 5
 6   def f(x, y):                                         # 曲面函数
 7        r = np.sqrt(np.power(x,2) + np.power(y, 2))
 8        return(np.sin(r))
 9
10   fig = plt.figure()
11   ax = Axes3D(fig)
12
13   X = np.arange(-3, 3, 0.1)                            # 曲面 X 区间
14   Y = np.arange(-3, 3, 0.1)                            # 曲面 Y 区间
15   X, Y = np.meshgrid(X, Y)                             # 建立取样数据
16   ax.plot_surface(X, Y, f(X,Y), cmap='rainbow')       # 绘 3D 图
17   ax.set_xlabel('x', color='b')
18   ax.set_ylabel('y', color='b')
```

```
ax.set_zlabel('z', color='b')

plt.grid()
plt.show()
```

执行结果

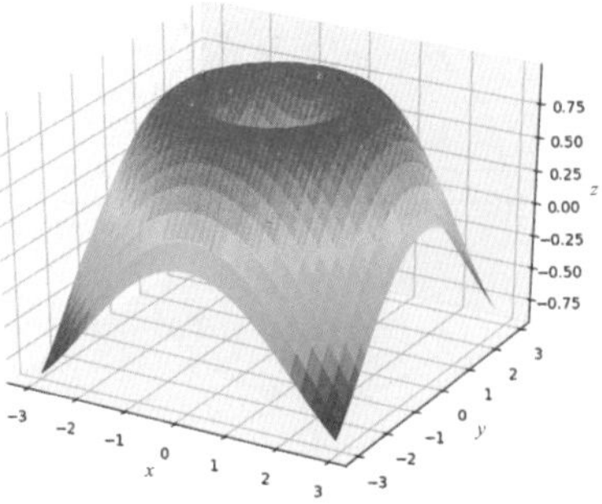

程序实例 ch14_4.py：更多曲面设计 3，色彩映射使用 rainbow。

```
# ch14_4.py
import matplotlib.pyplot as plt
from mpl_toolkits.mplot3d import Axes3D              # 绘制3D模块
import numpy as np

def f(x, y):                                          # 曲面函数
    return(4 - x**2 - y**2)

fig = plt.figure()
ax = Axes3D(fig)

X = np.arange(-2, 2, 0.01)                            # 曲面 X 区间
Y = np.arange(-2, 2, 0.01)                            # 曲面 Y 区间
X, Y = np.meshgrid(X, Y)                              # 建立取样数据
ax.plot_surface(X, Y, f(X,Y), cmap='rainbow')         # 绘 3D 图

plt.axis('equal')
plt.grid()
plt.show()
```

执行结果

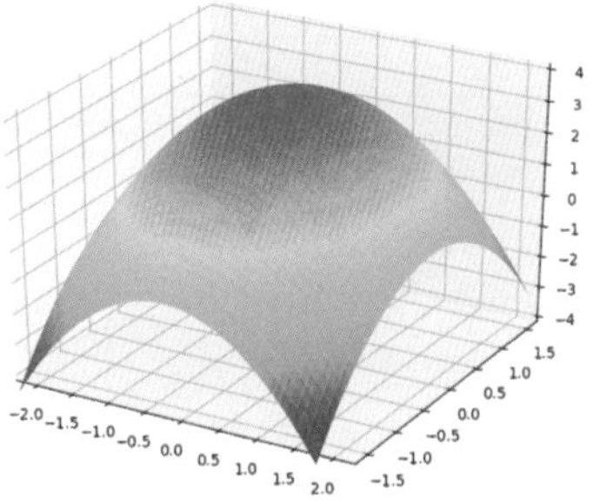

14-2 极坐标的概念

极坐标系（Polar Coordinate System）是一个二维的坐标系，在这个坐标系中，每一个点的位置使用夹角和相对原点的距离表示：

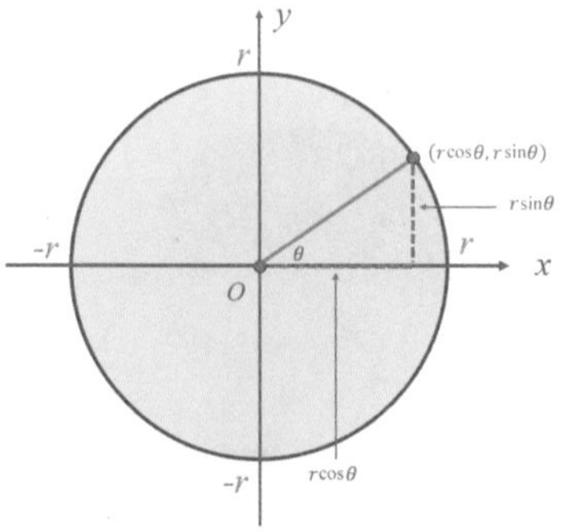

假设圆上有一个点(x, y)，圆的半径是r，则在极坐标系下这个点的坐标如下所示：

$$x = r\cos\theta$$

$$y = r\ \sin\theta$$

同时可以推导得到：

$$r^2 = (r\ \cos\theta)^2 + (r\ \sin\theta)^2$$

相当于：

$$r^2 = x^2 + y^2$$

14-3 圆弧长的概念

14-3-1 基本概念

有一个圆，图形如下：

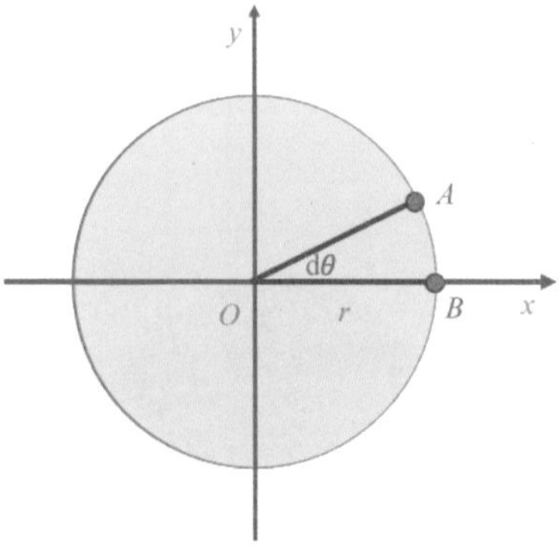

在弧度的概念下，我们可以得到圆的下列信息：

$$圆弧度 = 2\pi$$

$$圆周长 = 2\pi r$$

在上图可以看到，有点 A 和点 B，假设点 A 和点 B 角度之间的弧度是 $\mathrm{d}\theta$，则可以得到点 A 和点 B 之间的圆弧长如下：

$$r\mathrm{d}\theta$$

14-3-2　区块面积思考

请参考下列图形：

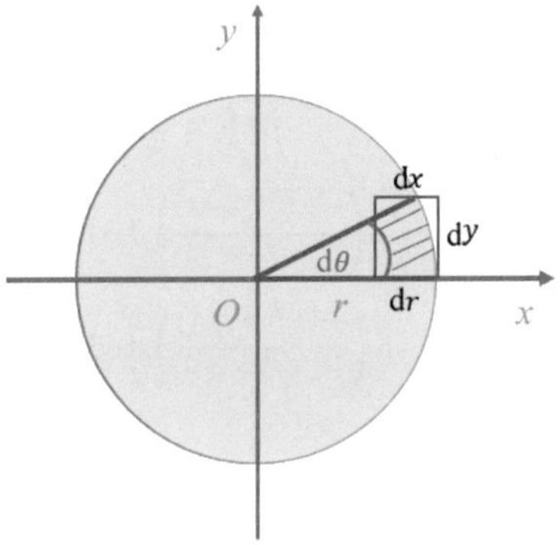

在计算斜线所示的区块面积时，我们可以使用 $\mathrm{d}x\mathrm{d}y$，在考虑 $\mathrm{d}x$ 和 $\mathrm{d}y$ 极小时，从 14-3-1 节的概念可以得到下列结果：

$$\mathrm{d}x\mathrm{d}y = r\mathrm{d}\theta\mathrm{d}r = r\mathrm{d}r\mathrm{d}\theta$$

14-4　使用双重积分推导正态分布概率密度函数

14-4-1　回忆正态分布的概率密度函数的积分公式

13-4 节得到了下列正态分布的概率密度函数的积分公式：

$$\int_{-\infty}^{\infty} C * \exp\left(\frac{-x^2}{2}\right)\mathrm{d}x = 1$$

14-4-2　函数自乘

因为 14-4-1 节的积分公式的结果是 1，所以公式两边自我相乘结果仍是 1，如下所示，只是公式左边自我相乘时使用了不同的变量 y。

$$\int_{-\infty}^{\infty} C * \exp\left(\frac{-x^2}{2}\right)\mathrm{d}x * \int_{-\infty}^{\infty} C * \exp\left(\frac{-y^2}{2}\right)\mathrm{d}y = 1^2$$

因为x和y是独立的变量，所以可以将积分符号移至左边，如下：

$$\int_{-\infty}^{\infty}\int_{-\infty}^{\infty} C * \exp\left(\frac{-x^2}{2}\right) * C * \exp\left(\frac{-y^2}{2}\right) \mathrm{d}x\mathrm{d}y = 1$$

由 14-1 节的概念，我们可以得到曲面函数或被积分函数如下：

$$f(x,y) = C * \exp\left(\frac{-x^2}{2}\right) * C * \exp\left(\frac{-y^2}{2}\right)$$

有关上述积分实例，读者可以参考 14-1 节。

14-4-3 使用 e 指数相乘性质

因为上述指数的底数是 e，所以可以执行下列推导：

$$\int_{-\infty}^{\infty}\int_{-\infty}^{\infty} C * \exp\left(\frac{-x^2}{2}\right) * C * \exp\left(\frac{-y^2}{2}\right) \mathrm{d}x\mathrm{d}y = 1$$

$$\int_{-\infty}^{\infty}\int_{-\infty}^{\infty} C^2 * \exp\left(\frac{-x^2}{2} + \frac{-y^2}{2}\right) \mathrm{d}x\mathrm{d}y = 1$$

$$\int_{-\infty}^{\infty}\int_{-\infty}^{\infty} C^2 * \exp\left(\frac{-(x^2+y^2)}{2}\right) \mathrm{d}x\mathrm{d}y = 1$$

14-4-4 使用极坐标概念

参考 14-2 节可以得到下列公式：

$$r^2 = x^2 + y^2$$

参考 14-3-2 节可以得到下列公式：

$$\mathrm{d}x\mathrm{d}y = r\mathrm{d}\theta\mathrm{d}r = r\mathrm{d}r\mathrm{d}\theta$$

将上述 2 个公式代入推导公式，过程如下：

$$\int_{-\infty}^{\infty}\int_{-\infty}^{\infty} C^2 * \exp\left(\frac{-(x^2+y^2)}{2}\right) \mathrm{d}x\mathrm{d}y = 1$$

$$\int_{0}^{2\pi}\int_{0}^{\infty} C^2 * \exp\left(\frac{-r^2}{2}\right) * r * \mathrm{d}r\mathrm{d}\theta = 1$$

因为坐标轴有转换，所以r对θ积分应该依照弧度概念处理，也就是从 0 到2π积分，另外，内层的积分也必须由负无限大改为 0。由于C是常数可以移到最左边，然后将r的函数和θ的函数分开处理，可以依下列方式推导：

$$\int_{0}^{2\pi}\int_{0}^{\infty} C^2 * \exp\left(\frac{-r^2}{2}\right) * r * \mathrm{d}r\mathrm{d}\theta = 1$$

$$C^2 * \int_{0}^{2\pi} \mathrm{d}\theta * \int_{0}^{\infty} r * \exp\left(\frac{-r^2}{2}\right) \mathrm{d}r = 1$$

接着我们对θ积分，可以得到：

$$C^2 * [\theta]_0^{2\pi} * \int_{0}^{\infty} r * \exp\left(\frac{-r^2}{2}\right) \mathrm{d}r = 1$$

$$C^2 * 2\pi * \int_0^{\infty} r * \exp\left(\frac{-r^2}{2}\right) \mathrm{d}r = 1$$

$$2\pi C^2 * \int_0^{\infty} r * \exp\left(\frac{-r^2}{2}\right) \mathrm{d}r = 1$$

14-4-5　应用指数函数微分概念

现在要对r积分，我们假设：

$$t = \frac{-r^2}{2}$$

现在用t对r微分，可以得到：

$$\frac{\mathrm{d}t}{\mathrm{d}r} = -r$$

$$\mathrm{d}t = -r\mathrm{d}r$$

将上述公式代入 14-4-4 节的推导结果，如下：

$$2\pi C^2 * \int_0^{\infty} r * \exp\left(\frac{-r^2}{2}\right) \mathrm{d}r = 1$$

$$-2\pi C^2 * \int_0^{-\infty} \mathrm{e}^t \mathrm{d}t = 1$$

$$-2\pi C^2 * [\mathrm{e}^t]_0^{-\infty} = 1$$

$$-2\pi C^2 * (0 - 1) = 1$$

$$2\pi C^2 = 1$$

$$C^2 = \frac{1}{2\pi}$$

$$C = \frac{1}{\sqrt{2\pi}}$$

所以将上述C代入 14-4-1 节的正态分布概率密度函数的积分公式，可以得到下列结果：

$$\int_{-\infty}^{\infty} \frac{1}{\sqrt{2\pi}} * \exp\left(\frac{-x^2}{2}\right) \mathrm{d}x = 1$$

最后可以得到下列结果：

$$f(x) = \frac{1}{\sqrt{2\pi}} * \exp\left(\frac{-x^2}{2}\right)$$

14-4-6　正态分布均值不是 0 标准差不是 1

在笔者所著《机器学习数学基础一本通（Python 版）》的第 19 章说明了均值与标准差的概念，在程序实例 ch13_3.py 中，笔者列举了均值不是 0、标准差不是 1 的实例，在统计学概念中，我们常使用μ代表均值，用σ代表标准差，此时正态分布的概率密度函数一般式如下所示：

$$f(x) = \frac{1}{\sigma\sqrt{2\pi}} * \exp\left(\frac{-(x-\mu)^2}{2\sigma^2}\right)$$

所以，如果读者将均值用 0、标准差用 1 代入上述公式，将得到与 14-4-4 节一样的结果。

第 15 章

基础偏微分

在笔者所著《机器学习数学基础一本通（Python 版）》的第 10 章说明了机器学习的最小平方法的概念，笔者使用手工计算有一点复杂，最后使用配方法获得了解答。对同样的问题，如果使用更进阶的数学知识，读者会发现简单许多，这也将是本章的主题——偏微分（Partial Derivative），也有人称偏导数。

15-1 认识偏微分

15-1-1 基本概念

首先复习一个概念，一个函数如果有 2 个变量，则称它是双变量函数（Functions of two variables），如果一个函数有多个变量，则称它是多变量函数（Functions of several variables）。所谓的偏微分是指为多变量函数中的其中一个变量做微分，例如，我们在双重积分中学到了曲面函数。一个简单的曲面函数实例如下：

$$f(x,y) = 2x + 3y$$

因为上述计算的结果是z轴上的值，所以上述函数也称z轴的函数，所以可以使用下列方式表达：

$$z = f(x,y) = 2x + 3y$$

注释：上述x和y是彼此独立的变量。

15-1-2 偏微分符号

在莱布尼茨的微积分中dx和dy表示微分，偏微分则是用∂x和∂y表示，符号∂可以看成是弯曲的 d，这个符号的读法有许多种，例如 partial、delta、der 等。

假设有一个偏微分符号如下：

$$\frac{\partial z}{\partial x}$$

正式读法是z对x偏微分。

15-1-3 偏微分基本用法

当z对x偏微分时，可以将非x的变量视为无关的常数，例如：

$$\frac{\partial z}{\partial x} = \frac{\partial}{\partial x}(2x + 3y) = \frac{\partial}{\partial x}(2x) + \frac{\partial}{\partial x}(3y) = 2 + 0 = 2$$

当z对y偏微分时，可以将非y的变量视为无关的常数，例如：

$$\frac{\partial z}{\partial y} = \frac{\partial}{\partial y}(2x + 3y) = \frac{\partial}{\partial y}(2x) + \frac{\partial}{\partial y}(3y) = 0 + 3 = 3$$

因为无关变量被视为常数，我们也可以说偏微分结果是一元函数。

15-1-4 偏微分基本应用

在本书一开始介绍微分概念时已经说明，对含一个变量的函数微分时，在微分结果等于 0 的点可以找到极值发生的点。当函数含有多个变量时，可以为每一个变量做偏微分，也是一样找出偏微分结果为 0 的结果，这时会产生联立方程组，然后解此联立方程组，就可以找出极值发生在哪一个坐标上。

15-1-5 用极限说明扩充至 n 个变量

一个函数$f(x_1,\cdots,x_n)$在点$(a_1,\cdots,a_n)$关于对x_i的偏微分定义如下：

$$\frac{\partial f}{\partial x_i}=\lim_{h\to 0}\frac{f(a_1,\cdots,a_i+h,\cdots\ ,\ a_n)-f(a_1,\cdots,a_n)}{h}$$

上式除了x_i以外的变量皆被视为常数，所以看似复杂的多变量函数，将变为一元函数。

15-2 数据到多变量函数

15-2-1 数据回顾

有一家公司业务员拜访客户，获得销售国际证照考卷的数据如下表所示。

	拜访次数（单位：100）	国际证照考卷销售张数
第 1 年	1	500
第 2 年	2	1000
第 3 年	3	2000

所以最后可以得到最小误差平方和的方程如下：

$$y=7.5x-3.33$$

相当于$a=7.5$，$b=-3.33$，a代表斜率，b代表截距，所获得的数据如下图所示。

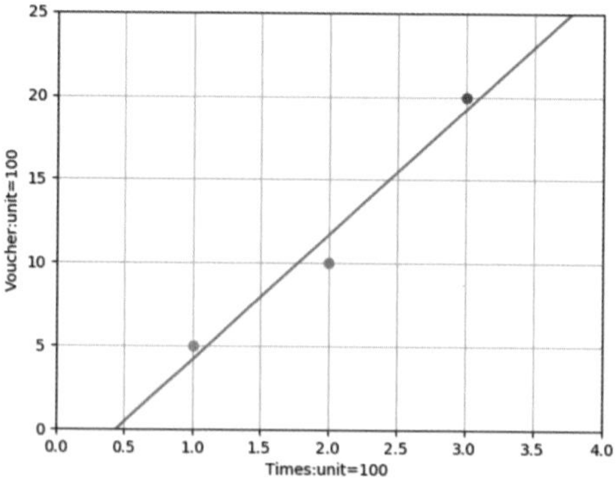

15-2-2 多变量函数

现在再度回到下列一元一次方程：

$$y=ax+b$$

可以为各个数据点建立下列一元一次方程，其中ε是误差：

$$y = ax + b + \varepsilon$$

将 15-2-1 节的 3 组数据代入带误差的线性方程如下：

$$\varepsilon_1 = 500 - a - b$$
$$\varepsilon_2 = 1000 - 2a - b$$
$$\varepsilon_3 = 2000 - 3a - b$$

如果使用加总符号$\sum$，可以使用下列公式表达上述各公式的误差最小平方和公式：

$$\sum_{i=1}^{3} \varepsilon_i^2 = \sum_{i=1}^{3} (y_i - ax_i - b)^2$$

在上述误差最小平方和公式中，变量y代表国际证照考卷张数，所以可以得到：

$$y_1 = 500$$
$$y_2 = 1000$$
$$y_3 = 2000$$

变量x代表拜访次数，所以可以得到：

$$x_1 = 1$$
$$x_2 = 2$$
$$x_3 = 3$$

将 3 组数据代入误差最小平方和公式，可以得到：

$$\sum_{i=1}^{3} \varepsilon_i^2 = (500 - a - b)^2 + (1000 - 2a - b)^2 + (2000 - 3a - b)^2$$

为了简化运算，笔者将销售单位改为 100，所以公式如下：

$$\sum_{i=1}^{3} \varepsilon_i^2 = (5 - a - b)^2 + (10 - 2a - b)^2 + (20 - 3a - b)^2$$
$$= 14a^2 + 3b^2 + 12ab - 70b - 170a + 525$$

15-3 多变量函数的偏微分

有了多变量函数$\sum_{i=1}^{3} \varepsilon_i^2$，为了要计算误差的最小值，必须求出偏微分为 0 时的变量a或b之值，这一节笔者将以实例作解说。

15-3-1 对a的偏微分

将 15-2-2 节推导的多变量函数对a微分，请留意这时变量b是一般常数，可以得到：

$$\frac{\partial}{\partial a}\sum_{i=1}^{3} \varepsilon_i^2 = \frac{\partial}{\partial a}(14a^2 + 3b^2 + 12ab - 70b - 170a + 525)$$

因为微分的结果必须为 0，才可以获得最小值，所以由上式可以得到下列结果：

$$28a + 12b - 170 = 0$$

15-3-2 对b的偏微分

将 15-2-2 节推导的多变量函数对b微分，请留意这时变量a是一般常数，可以得到：

$$\frac{\partial}{\partial b}\sum_{i=1}^{3}\varepsilon_i^2 = \frac{\partial}{\partial b}\ (14a^2 + 3b^2 + 12ab - 70b - 170a + 525)$$

因为微分的结果必须为 0，才可以获得最小值，所以由上式可以得到下列结果：

$$6b + 12a - 70 = 0$$

可以写成下式：

$$12a + 6b - 70 = 0$$

15-4 解联立方程组

现在我们从 15-3-1 节和 15-3-2 节获得了下列联立方程组。

$$\begin{cases} 28a + 12b - 170 = 0 \\ 12a + 6b - 70 = 0 \end{cases}$$

读者可以使用手工计算上述结果，下面笔者将使用 Python 程序实际操作，所使用的是 Sympy 模块，此模块的相关解说可以参考笔者所著《机器学习数学基础一本通（Python 版）》的第 2-5 节。

程序实例 ch15_1.py：解上述联立方程组。

```
# ch15_1.py
from sympy import solve, symbols

a, b = symbols('a, b')
eq1 = 28*a + 12*b - 170
eq2 = 12*a + 6*b - 70
ans = solve((eq1, eq2))
print(ans)
```

执行结果

```
======== RESTART: D:/Python Machine Learning Calculus/ch15/ch15_1.py ========
{a: 15/2, b: -10/3}
```

从上述可以得到，$a = 7.5$，$b = -3.33$，这个结果和 15-2-1 节的结果相同，所以得到的最小误差平方和的方程式如下：

$$y = 7.5x - 3.33$$

第 16 章

将偏微分应用于向量方程的求解

这一章中，笔者将使用与第 15 章相同的数据，然后逐步解说应该如何将偏微分应用于向量方程的求解。

16-1 将数据转成向量方程

16-1-1 基本概念

现在回到 15-2-2 节使用的一元一次方程，如下所示：

$$y = ax + b + \varepsilon$$

因为有 3 笔数据，所以上述方程可以分别改写如下：

$$y_1 = ax_1 + b + \varepsilon_1$$

$$y_2 = ax_2 + b + \varepsilon_2$$

$$y_3 = ax_3 + b + \varepsilon_3$$

如果使用向量表达可以得到：

$$\begin{pmatrix} y_1 \\ y_2 \\ y_3 \end{pmatrix} = a\begin{pmatrix} x_1 \\ x_2 \\ x_3 \end{pmatrix} + b\begin{pmatrix} 1 \\ 1 \\ 1 \end{pmatrix} + \begin{pmatrix} \varepsilon_1 \\ \varepsilon_2 \\ \varepsilon_3 \end{pmatrix}$$

现在我们可以用下列向量代表相关变量：

$$\boldsymbol{y} = \begin{pmatrix} y_1 \\ y_2 \\ y_3 \end{pmatrix}$$

$$\boldsymbol{x} = \begin{pmatrix} x_1 \\ x_2 \\ x_3 \end{pmatrix}$$

$$\boldsymbol{\varepsilon} = \begin{pmatrix} \varepsilon_1 \\ \varepsilon_2 \\ \varepsilon_3 \end{pmatrix}$$

$$\boldsymbol{b} = \begin{pmatrix} b \\ b \\ b \end{pmatrix} = b\begin{pmatrix} 1 \\ 1 \\ 1 \end{pmatrix}$$

如果用向量表示上述方程，则表示如下：

$$\boldsymbol{y} = a\boldsymbol{x} + \boldsymbol{b} + \boldsymbol{\varepsilon}$$

或用下式表示：

$$\boldsymbol{\varepsilon} = \boldsymbol{y} - a\boldsymbol{x} - \boldsymbol{b}$$

这时最小误差平方和可以使用下式表示：

$$\sum_{i=1}^{3} \varepsilon_i^2 = \varepsilon^{\mathrm{T}} \varepsilon = (\boldsymbol{y} - a\boldsymbol{x} - \boldsymbol{b})^{\mathrm{T}}(\boldsymbol{y} - a\boldsymbol{x} - \boldsymbol{b})$$

16-1-2 矩阵转置与多变量函数的推导

对于上述向量表达方式，为了计算方便，可以转换成矩阵，在笔者所著《机器学习数学基础一本通（Python 版）》的第 21-10-2 节说明了转置矩阵的规则，矩阵相加再转置等于各个矩阵转置再相加，所以可以得到：

$$\sum_{i=1}^{3} \varepsilon_i^2 = \varepsilon^{\mathrm{T}}\varepsilon = (\boldsymbol{y}^{\mathrm{T}} - a\boldsymbol{x}^{\mathrm{T}} - \boldsymbol{b}^{\mathrm{T}})(\boldsymbol{y} - a\boldsymbol{x} - \boldsymbol{b})$$

$$= \boldsymbol{y}^{\mathrm{T}}\boldsymbol{y} - a\boldsymbol{y}^{\mathrm{T}}\boldsymbol{x} - \boldsymbol{y}^{\mathrm{T}}\boldsymbol{b} - a\boldsymbol{x}^{\mathrm{T}}\boldsymbol{y} + a^2\boldsymbol{x}^{\mathrm{T}}\boldsymbol{x} + a\boldsymbol{x}^{\mathrm{T}}\boldsymbol{b} - \boldsymbol{b}^{\mathrm{T}}\boldsymbol{y} + a\boldsymbol{b}^{\mathrm{T}}\boldsymbol{x} + \boldsymbol{b}^{\mathrm{T}}\boldsymbol{b}$$

因为$\boldsymbol{y}^{\mathrm{T}}\boldsymbol{b}$和$\boldsymbol{b}^{\mathrm{T}}\boldsymbol{y}$皆是标量，所以可以得到下列结果：

$$\boldsymbol{y}^{\mathrm{T}}\boldsymbol{b} = \boldsymbol{b}^{\mathrm{T}}\boldsymbol{y}$$

同样可以得到下列结果：

$$\boldsymbol{y}^{\mathrm{T}}\boldsymbol{x} = \boldsymbol{x}^{\mathrm{T}}\boldsymbol{y}$$

$$\boldsymbol{x}^{\mathrm{T}}\boldsymbol{b} = \boldsymbol{b}^{\mathrm{T}}\boldsymbol{x}$$

最后可以得到：

$$\sum_{i=1}^{3} \varepsilon_i^2 = \boldsymbol{y}^{\mathrm{T}}\boldsymbol{y} - a\boxed{\boldsymbol{x}^{\mathrm{T}}\boldsymbol{y}} - \boxed{\boldsymbol{b}^{\mathrm{T}}\boldsymbol{y}} - a\boldsymbol{x}^{\mathrm{T}}\boldsymbol{y} + a^2\boldsymbol{x}^{\mathrm{T}}\boldsymbol{x} + a\boxed{\boldsymbol{b}^{\mathrm{T}}\boldsymbol{x}} - \boldsymbol{b}^{\mathrm{T}}\boldsymbol{y} + a\boldsymbol{b}^{\mathrm{T}}\boldsymbol{x} + \boldsymbol{b}^{\mathrm{T}}\boldsymbol{b}$$

将上述代入原先最小误差平方和展开公式，可以得到下列多变量函数：

$$\sum_{i=1}^{3} \varepsilon_i^2 = \varepsilon^{\mathrm{T}}\varepsilon = \boldsymbol{y}^{\mathrm{T}}\boldsymbol{y} - 2a\boldsymbol{x}^{\mathrm{T}}\boldsymbol{y} - 2\boldsymbol{b}^{\mathrm{T}}\boldsymbol{y} + a^2\boldsymbol{x}^{\mathrm{T}}\boldsymbol{x} + 2a\boldsymbol{b}^{\mathrm{T}}\boldsymbol{x} + \boldsymbol{b}^{\mathrm{T}}\boldsymbol{b}$$

16-2 对多变量函数做偏微分

接下来分别对a和b做偏微分，同时设定偏微分的结果是 0。

16-2-1 对 a 做偏微分

对于不含a的变量可以当作常数，微分后是 0，所以可以得到下列结果：

$$\frac{\partial}{\partial a}\varepsilon^{\mathrm{T}}\varepsilon = -2\boldsymbol{x}^{\mathrm{T}}\boldsymbol{y} + 2a\boldsymbol{x}^{\mathrm{T}}\boldsymbol{x} + 2\boldsymbol{b}^{\mathrm{T}}\boldsymbol{x} = 0$$

两边除以 2，可以得到：

$$-\boldsymbol{x}^{\mathrm{T}}\boldsymbol{y} + a\boldsymbol{x}^{\mathrm{T}}\boldsymbol{x} + \boldsymbol{b}^{\mathrm{T}}\boldsymbol{x} = 0$$

上式相当于下列结果：

$$-\sum_{i=1}^{3} x_i y_1 + a\sum_{i=1}^{3} x_i^2 + b\sum_{i=1}^{3} x_i = 0$$

将上述加总展开，同时代入下表内数据。

	拜访次数（单位：100）	国际证照考卷销售张数
第 1 年	1	500
第 2 年	2	1000
第 3 年	3	2000

若将国际证照考卷销售单位改为 100，可以得到下列结果：

$$-\sum_{i=1}^{3} x_i y_i = -(1*5+2*10+3*20) = -85$$

$$a\sum_{i=1}^{3} x_i^2 = a(1^2+2^2+3^2) = 14a$$

$$b\sum_{i=1}^{3} x_i = b(1+2+3) = 6b$$

将上述公式整合可以得到下列结果：

$$14a+6b-85=0$$

15-3-1 节推导结果为$28a+12b-170=0$，上式和 15-3-1 节推导的结果意义是一样的，因为在 16-2-1 节，已经先将式子除以 2 了。

16-2-2 对 b 做偏微分

对 b 做偏微分时，可以把不含b的变量可以当作常数，设微分后是 0，可以简化为对下列式子微分：

$$\frac{\partial}{\partial b}\varepsilon^{\mathrm{T}}\varepsilon = \frac{\partial}{\partial b}(2a\boldsymbol{b}^{\mathrm{T}}\boldsymbol{x} - 2\boldsymbol{b}^{\mathrm{T}}\boldsymbol{y} + \boldsymbol{b}^{\mathrm{T}}\boldsymbol{b}) = 0$$

$$\frac{\partial}{\partial b}\left(2ab(1\ \ 1\ \ 1)\begin{pmatrix}x_1\\x_2\\x_3\end{pmatrix} - 2b(1\ \ 1\ \ 1)\begin{pmatrix}y_1\\y_2\\y_3\end{pmatrix} + b^2(1\ \ 1\ \ 1)\begin{pmatrix}1\\1\\1\end{pmatrix}\right) = 0$$

$$\frac{\partial}{\partial b}\left(2ab\sum_{i=1}^{3}x_i - 2b\sum_{i=1}^{3}y_i + 3b^2\right) = 0$$

$$2a\sum_{i=1}^{3}x_i - 2\sum_{i=1}^{3}y_i + 6b = 0$$

$$a\sum_{i=1}^{3}x_i - \sum_{i=1}^{3}y_i + 3b = 0$$

将 16-2-1 节的表格数据代入上式得到：

$$a\sum_{i=1}^{3} x_i = a(1+2+3) = 6a$$

$$\sum_{i=1}^{3} y_i = 5+10+20 = 35$$

将上述公式整合可以得到：

$$6a+3b-35=0$$

15-3-2 节推导结果为$12a+6b-70=0$，上式和 15-3-2 节推导的结果意义是一样的。

16-2-3　解说向量概念

16-2-1 节和 16-2-2 节的推导过程看似复杂，不过未来在机器学习过程中，我们碰到的未知变量将很多，使用向量表达，我们可以使用一行公式代表n个变量的联立方程组，整体表达将简洁许多。

16-3　解联立方程组

现在我们由 16-2-1 节和 16-2-2 节获得了下列联立方程组。

$$\begin{cases}14a + 6b - 85 = 0 \\ 6a + 3b - 35 = 0\end{cases}$$

读者可以使用手工计算上述结果，下面笔者将使用 Python 程序实际操作，所使用的是 Sympy 模块。

程序实例 ch16_1.py：解上述联立方程组。

```
# ch16_1.py
from sympy import solve, symbols

a, b = symbols('a, b')
eq1 = 14*a + 6*b - 85
eq2 = 6*a + 3*b - 35
ans = solve((eq1, eq2))
print(ans)
```

执行结果

```
======== RESTART: D:/Python Machine Learning Calculus/ch16/ch16_1.py ========
{a: 15/2, b: -10/3}
```

第 17 章

将偏微分应用于矩阵运算

第 15 章介绍了使用偏微分解多变量函数，第 16 章将偏微分概念应用于多变量向量方程的求解，虽然应用于向量已经有一点复杂，但是向量内积的结果是标量，所以每一项展开运算后，整体还不算困难。

在实际的机器学习应用中，我们常常会遇到更多的变量，使用多元线性回归概念时，向量内积将不再只是标量相乘，这时如果逐项展开会很复杂，为了简化更多变量时的运算，这一章将讲解矩阵运算，也就是将偏微分应用于矩阵。

如果读者对于矩阵生疏了，建议可以复习笔者所著《机器学习数学基础一本通（Python 版）》的第 21 章和 22 章。

17-1 对矩阵做偏微分

17-1-1 矩阵表达简单线性回归

简单的线性回归公式如下：

$$y = ax + b + \varepsilon$$

假设$\boldsymbol{y}$是 $n \times 1$ 矩阵，则$\boldsymbol{y}$内容如下：

$$\boldsymbol{y} = \begin{pmatrix} y_1 \\ y_2 \\ \vdots \\ y_n \end{pmatrix}$$

假设$\boldsymbol{X}$是 $n \times 2$ 矩阵，则$\boldsymbol{X}$内容如下：

$$\boldsymbol{X} = \begin{pmatrix} 1 & x_1 \\ 1 & x_2 \\ \vdots & \vdots \\ 1 & x_n \end{pmatrix}$$

假设$\boldsymbol{\varepsilon}$是 $n \times 1$ 矩阵，则$\boldsymbol{\varepsilon}$内容如下：

$$\boldsymbol{\varepsilon} = \begin{pmatrix} \varepsilon_1 \\ \varepsilon_2 \\ \vdots \\ \varepsilon_n \end{pmatrix}$$

在简单的线性回归中，$\boldsymbol{\beta}$可以整合起来代表斜率和截距，下面a代表斜率，b代表截距。

$$\boldsymbol{\beta} = \begin{pmatrix} b \\ a \end{pmatrix}$$

有了上述概念，我们可以使用下式代表简单的线性回归：

$$\boldsymbol{y} = \boldsymbol{X\beta} + \boldsymbol{\varepsilon}$$

或是

$$\boldsymbol{\varepsilon} = \boldsymbol{y} - \boldsymbol{X\beta}$$

17-1-2 最小平方法

可以使用下式计算误差最小平方值：

$$\boldsymbol{\varepsilon}^{\mathrm{T}}\boldsymbol{\varepsilon} = (\boldsymbol{y} - \boldsymbol{X\beta})^{\mathrm{T}}(\boldsymbol{y} - \boldsymbol{X\beta})$$

17-1-3 将偏微分应用于矩阵

现在我们要对$\boldsymbol{\beta}$做偏微分，同时设定结果是 0，下列是偏微分的结果：

$$\frac{\partial}{\partial \boldsymbol{\beta}}(\boldsymbol{\varepsilon}^{\mathrm{T}}\boldsymbol{\varepsilon}) = \frac{\partial}{\partial \boldsymbol{\beta}}(\boldsymbol{y}-\boldsymbol{X\beta})^{\mathrm{T}}(\boldsymbol{y}-\boldsymbol{X\beta}) = \begin{pmatrix}0\\0\end{pmatrix} = \mathbf{0}$$

其实偏微分的结果是 2×1 的 $\mathbf{0}$ 向量，但是我们通常用 $\mathbf{0}$ 表达。至于对$\boldsymbol{\beta}$做偏微分，相当于对此向量元素b和a分别做偏微分，所以可以得到下列正式的偏微分的结果：

$$\frac{\partial}{\partial \boldsymbol{\beta}}(\boldsymbol{\varepsilon}^{\mathrm{T}}\boldsymbol{\varepsilon}) = \begin{pmatrix}\dfrac{\partial}{\partial b}(\boldsymbol{\varepsilon}^{\mathrm{T}}\boldsymbol{\varepsilon})\\ \dfrac{\partial}{\partial a}(\boldsymbol{\varepsilon}^{\mathrm{T}}\boldsymbol{\varepsilon})\end{pmatrix} = \begin{pmatrix}\dfrac{\partial}{\partial b}(\boldsymbol{y}-\boldsymbol{X\beta})^{\mathrm{T}}(\boldsymbol{y}-\boldsymbol{X\beta})\\ \dfrac{\partial}{\partial a}(\boldsymbol{y}-\boldsymbol{X\beta})^{\mathrm{T}}(\boldsymbol{y}-\boldsymbol{X\beta})\end{pmatrix} = \mathbf{0}$$

17-1-4 将偏微分应用于矩阵的一般式

先前实例$\boldsymbol{\beta}$只有b和a两个元素，假设有一个函数$f(\boldsymbol{a})$取代了$\boldsymbol{\beta}$，其中$\boldsymbol{a}$是n维向量，我们可以将上述偏微分应用于有n个元素的$f(\boldsymbol{a})$函数，如下：

$$f(\boldsymbol{a}) = f(a_1, a_2, \cdots, a_n)$$

如果对$\boldsymbol{a}$做偏微分，相当于对所有$\boldsymbol{a}$的元素做微分，结果是 $n \times 1$ 的矩阵，如下：

$$\frac{\partial}{\partial \boldsymbol{a}}f(\boldsymbol{a}) = \begin{pmatrix}\dfrac{\partial}{\partial a_1}f(\boldsymbol{a})\\ \dfrac{\partial}{\partial a_2}f(\boldsymbol{a})\\ \vdots\\ \dfrac{\partial}{\partial a_n}f(\boldsymbol{a})\end{pmatrix}$$

未来在机器学习的领域，常常会使用上述概念推导回归系数$\boldsymbol{a}$，本书先前介绍了最小平方法的误差函数与似然函数会用上述公式表达，当对$\boldsymbol{a}$的每个元素做偏微分后，就可以解出回归系数。

17-2 向量对向量做偏微分

假设$\boldsymbol{x}$是一个n维向量，如下所示：

$$\boldsymbol{x} = \begin{pmatrix}x_1\\x_2\\ \vdots\\x_n\end{pmatrix}$$

注释：许多机器学习的文献会用转置矩阵方式代表上述表达方式如下所示：

$$\boldsymbol{x} = (x_1, x_2, \cdots, x_n)^{\mathrm{T}}$$

假设$\boldsymbol{y}$是一个m维向量，每个元素y_i分别是$f_i(x)$函数，其中对$f_i(x)$函数而言每个元素x_i又包含了 n 个变量，如下所示：

$$\boldsymbol{y}=\begin{pmatrix}y_1\\y_2\\\vdots\\y_m\end{pmatrix}=\begin{pmatrix}f_1(x)\\f_2(x)\\\vdots\\f_m(x)\end{pmatrix}=\begin{pmatrix}f_1(x_1,x_2,\cdots,x_n)\\f_2(x_1,x_2,\cdots,x_n)\\\vdots\\f_m(x_1,x_2,\cdots,x_n)\end{pmatrix}$$

当我们执行$\boldsymbol{y}$对$\boldsymbol{x}$微分时，相当于每个$\boldsymbol{y}$的元素对所有的$\boldsymbol{x}$做微分，结果有两种布局方式，可参考下列 2 小节。

17-2-1　Jacobian 矩阵

雅可比（Jacobi，1804—1851）是德国的数学家，他创立了偏微分以一定方式排列成矩阵的方法，这个方法称分子记法。当我们执行$\boldsymbol{y}$对$\boldsymbol{x}$微分时，可以得到下列 $m \times n$ 的 Jacobian 矩阵：

$$\frac{\partial\boldsymbol{y}}{\partial\boldsymbol{x}}=\begin{pmatrix}\frac{\partial y_1}{\partial x_1}&\cdots&\frac{\partial y_1}{\partial x_n}\\\vdots&\ddots&\vdots\\\frac{\partial y_m}{\partial x_1}&\cdots&\frac{\partial y_m}{\partial x_n}\end{pmatrix}=\begin{pmatrix}\frac{\partial f_1(\boldsymbol{x})}{\partial x_1}&\cdots&\frac{\partial f_1(\boldsymbol{x})}{\partial x_n}\\\vdots&\ddots&\vdots\\\frac{\partial f_m(\boldsymbol{x})}{\partial x_1}&\cdots&\frac{\partial f_m(\boldsymbol{x})}{\partial x_n}\end{pmatrix}$$

17-2-2　Hessian 矩阵

黑塞（Hesse，1811—1874）是德国的数学家，他创立了偏微分以一定方式排列成矩阵的方法，这个方法称分母记法。当我们执行$\boldsymbol{y}$对$\boldsymbol{x}$微分时，可以得到下列 $n \times m$ 的 Hessian 矩阵：

$$\frac{\partial\boldsymbol{y}}{\partial\boldsymbol{x}}=\begin{pmatrix}\frac{\partial y_1}{\partial x_1}&\cdots&\frac{\partial y_m}{\partial x_1}\\\vdots&\ddots&\vdots\\\frac{\partial y_1}{\partial x_n}&\cdots&\frac{\partial y_m}{\partial x_n}\end{pmatrix}=\begin{pmatrix}\frac{\partial f_1(\boldsymbol{x})}{\partial x_1}&\cdots&\frac{\partial f_m(\boldsymbol{x})}{\partial x_1}\\\vdots&\ddots&\vdots\\\frac{\partial f_1(\boldsymbol{x})}{\partial x_n}&\cdots&\frac{\partial f_m(\boldsymbol{x})}{\partial x_n}\end{pmatrix}$$

17-2-3　梯度（gradient）

继续沿用 17-2 节的$\boldsymbol{x}$定义，$f(\boldsymbol{x})=f(x_1,x_2,\cdots,x_n)$是一个多变量可导函数，当$f(\boldsymbol{x})$对$\boldsymbol{x}$偏微分时，我们称下面 n 维向量是f的梯度：

$$\nabla f=\frac{\partial f}{\partial\boldsymbol{x}}=\begin{pmatrix}\frac{\partial f}{\partial x_1}\\\frac{\partial f}{\partial x_2}\\\vdots\\\frac{\partial f}{\partial x_n}\end{pmatrix}$$

本书第 4 和 5 章讲解微分时，对单变量函数的微分所得的是斜率，这是标量值函数，对多元函数的微分所得到的就是梯度，梯度是一个向量值函数。上述我们使用了第一次看到的符号∇，这个符号可以读作 nabla，在机器学习中常用$f(\boldsymbol{x})$代表似然函数，$\boldsymbol{x}$则是回归系数。

第 19 章将讲解梯度相关知识。

17-3 偏微分运算的性质

在更进一步讲解矩阵的最小平方法偏微分的推导前，笔者想先讲解与验证几个偏微分的性质。

17-3-1 性质 1

有一个常数向量$\boldsymbol{b}$和向量$\boldsymbol{x}$相乘，然后对$\boldsymbol{x}$做偏微分可以得到下列性质：

$$\frac{\partial}{\partial \boldsymbol{x}}\boldsymbol{b}^{\mathrm{T}}\boldsymbol{x}=\frac{\partial}{\partial \boldsymbol{x}}\boldsymbol{b}\boldsymbol{x}^{\mathrm{T}}=\boldsymbol{b}$$

首先我们知道$\boldsymbol{b}^{\mathrm{T}}\boldsymbol{x}$计算的结果是标量，所以可以得到下列公式转换：

$$\boldsymbol{b}^{\mathrm{T}}\boldsymbol{x}=\boldsymbol{b}\boldsymbol{x}^{\mathrm{T}}$$

上述公式相当于下列结果：

$$\boldsymbol{b}^{\mathrm{T}}\boldsymbol{x}=\boldsymbol{b}\boldsymbol{x}^{\mathrm{T}}=\sum_{i=1}^{n}b_i x_i$$

当对$\boldsymbol{x}$做偏微分时，相当于对所有的x_i做微分，其他无关的x皆被视为一般常数，微分的结果是 0，所以对每项的$b_i x_i$微分时，该项只剩下b_i，相关的进一步推导可参考下式：

$$\frac{\partial}{\partial \boldsymbol{x}}\sum_{i=1}^{n}b_i x_i=\begin{pmatrix}\frac{\partial}{\partial x_1}\sum_{n=1}^{n}b_i x_i\\ \frac{\partial}{\partial x_2}\sum_{n=1}^{n}b_i x_i\\ \vdots\\ \frac{\partial}{\partial x_n}\sum_{n=1}^{n}b_i x_i\end{pmatrix}=\begin{pmatrix}\frac{\partial}{\partial x_1}b_1x_1\\ \frac{\partial}{\partial x_2}b_2x_2\\ \vdots\\ \frac{\partial}{\partial x_n}b_3x_3\end{pmatrix}=\begin{pmatrix}b_1\\ b_2\\ \vdots\\ b_n\end{pmatrix}=\boldsymbol{b}$$

17-3-2 性质 2

1. 认识对称矩阵

笔者所著《机器学习数学基础一本通（Python 版）》的第 21 章介绍了方阵（square matrix），也就是行数与列数相同的矩阵。如果一个矩阵是方阵，假设用$\boldsymbol{B}=(b_{ij})$表示，其所有的矩阵元素可以得到下列结果：

$$b_{ij}=b_{ji}$$

则上述方阵又称对称矩阵（symmetric matrix），下式是对称矩阵的元素实例说明：

$$\begin{pmatrix}1&7&9\\7&2&6\\9&6&8\end{pmatrix}^{\mathrm{T}}=\begin{pmatrix}1&7&9\\7&2&6\\9&6&8\end{pmatrix}$$

下面是表达式的说明：

$$\boldsymbol{B}=\boldsymbol{B}^{\mathrm{T}}$$

对称矩阵的特点是转置后的结果不会更改原先的内容。

2. 对称矩阵的偏微分性质

假设$\boldsymbol{x}$是向量，$\boldsymbol{B}$是对称矩阵，可以得到下列性质：

$$\frac{\partial}{\partial \boldsymbol{x}}\boldsymbol{x}^{\mathrm{T}}\boldsymbol{B}\boldsymbol{x} = 2\boldsymbol{B}\boldsymbol{x}$$

对于一般二次多项式bx^2，经过微分后可以得到$2bx$，所以对称矩阵的这个偏微分性质，也期待得到相同结果。要证明该性质，可以展开此对称矩阵与向量，直接相乘。下列是$\boldsymbol{B}$和$\boldsymbol{x}$的假设数据：

$$\boldsymbol{x} = \begin{pmatrix} x_1 \\ x_2 \\ x_3 \end{pmatrix}$$

$$\boldsymbol{x}^{\mathrm{T}} = (x_1 \quad x_2 \quad x_3)$$

$$\boldsymbol{B} = \begin{pmatrix} b_{11} & b_{12} & b_{13} \\ b_{21} & b_{22} & b_{23} \\ b_{31} & b_{32} & b_{33} \end{pmatrix}$$

下列是公式的展开过程：

$$\boldsymbol{x}^{\mathrm{T}}\boldsymbol{B}\boldsymbol{x} = (x_1 \quad x_2 \quad x_3)\begin{pmatrix} b_{11} & b_{12} & b_{13} \\ b_{21} & b_{22} & b_{23} \\ b_{31} & b_{32} & b_{33} \end{pmatrix}\begin{pmatrix} x_1 \\ x_2 \\ x_3 \end{pmatrix}$$

$$= (b_{11}x_1 + b_{21}x_2 + b_{31}x_3 \;\; b_{12}x_1 + b_{22}x_2 + b_{32}x_3 \;\; b_{13}x_1 + b_{23}x_2 + b_{33}x_3)\begin{pmatrix} x_1 \\ x_2 \\ x_3 \end{pmatrix}$$

$$= b_{11}{x_1}^2 + b_{21}x_1x_2 + b_{31}x_1x_3 + b_{12}x_1x_2 + b_{22}{x_2}^2 + b_{32}x_2x_3 + b_{13}x_1x_3 + b_{23}x_2x_3 + b_{33}{x_3}^2$$

接着计算$\boldsymbol{x}^{\mathrm{T}}\boldsymbol{B}\boldsymbol{x}$对$\boldsymbol{x}$向量做偏微分，下列是对$x_1$做偏微分的过程：

$$\frac{\partial}{\partial x_1}\boldsymbol{x}^{\mathrm{T}}\boldsymbol{B}\boldsymbol{x} = 2b_{11}x_1 + b_{21}x_2 + b_{31}x_3 + b_{12}x_2 + b_{13}x_3$$

因为$\boldsymbol{B}$是对称矩阵，可以得到$b_{ij} = b_{ji}$，所以上述公式可以得到下列结果：

$$\frac{\partial}{\partial x_1}\boldsymbol{x}^{\mathrm{T}}\boldsymbol{B}\boldsymbol{x} = 2b_{11}x_1 + 2b_{12}x_2 + 2b_{13}x_3$$

下列是对x_2做偏微分的过程：

$$\frac{\partial}{\partial x_2}\boldsymbol{x}^{\mathrm{T}}\boldsymbol{B}\boldsymbol{x} = b_{21}x_1 + b_{12}x_1 + 2b_{22}x_2 + b_{32}x_3 + b_{23}x_3$$

$$\frac{\partial}{\partial x_2}\boldsymbol{x}^{\mathrm{T}}\boldsymbol{B}\boldsymbol{x} = 2b_{21}x_1 + 2b_{22}x_2 + 2b_{23}x_3$$

下列是对x_3做偏微分的过程：

$$\frac{\partial}{\partial x_3}\boldsymbol{x}^{\mathrm{T}}\boldsymbol{B}\boldsymbol{x} = b_{31}x_1 + b_{32}x_2 + b_{13}x_1 + b_{23}x_2 + 2b_{33}x_3$$

$$\frac{\partial}{\partial x_3}\boldsymbol{x}^{\mathrm{T}}\boldsymbol{B}\boldsymbol{x} = 2b_{31}x_1 + 2b_{32}x_2 + 2b_{33}x_3$$

现在将上述公式代入原向量公式，可以得到下列结果：

$$\frac{\partial}{\partial \boldsymbol{x}}\boldsymbol{x}^{\mathrm{T}}\boldsymbol{B}\boldsymbol{x}=\begin{pmatrix}\frac{\partial}{\partial x_1}\boldsymbol{x}^{\mathrm{T}}\boldsymbol{B}\boldsymbol{x}\\ \frac{\partial}{\partial x_2}\boldsymbol{x}^{\mathrm{T}}\boldsymbol{B}\boldsymbol{x}\\ \frac{\partial}{\partial x_3}\boldsymbol{x}^{\mathrm{T}}\boldsymbol{B}\boldsymbol{x}\end{pmatrix}=\begin{pmatrix}2b_{11}x_1+2b_{12}x_2+2b_{13}x_3\\ 2b_{21}x_1+2b_{22}x_2+2b_{23}x_3\\ 2b_{31}x_1+2b_{32}x_2+2b_{33}x_3\end{pmatrix}$$

$$=2\begin{pmatrix}b_{11}x_1+b_{12}x_2+b_{13}x_3\\ b_{21}x_1+b_{22}x_2+b_{23}x_3\\ b_{31}x_1+b_{32}x_2+b_{33}x_3\end{pmatrix}$$

$$=2\begin{pmatrix}b_{11}&b_{12}&b_{13}\\ b_{21}&b_{22}&b_{23}\\ b_{31}&b_{32}&b_{33}\end{pmatrix}\begin{pmatrix}x_1\\ x_2\\ x_3\end{pmatrix}$$

$$=2\boldsymbol{B}\boldsymbol{x}$$

上述我们证明了$\frac{\partial}{\partial \boldsymbol{x}}\boldsymbol{x}^{\mathrm{T}}\boldsymbol{B}\boldsymbol{x}=2\boldsymbol{B}\boldsymbol{x}$这个矩阵性质。

17-3-3 性质 3

假设$\boldsymbol{x}$是一个 $m\times 1$ 的向量，$\boldsymbol{a}$，$\boldsymbol{b}$分别是 $n\times 1$ 的向量函数，下列是$\boldsymbol{a}$和$\boldsymbol{b}$的向量函数内容：

$$\boldsymbol{a}=\begin{pmatrix}a_1\\ a_2\\ \vdots\\ a_n\end{pmatrix}=\begin{pmatrix}f_1(\boldsymbol{x})\\ f_2(\boldsymbol{x})\\ \vdots\\ f_n(\boldsymbol{x})\end{pmatrix}$$

$$\boldsymbol{b}=\begin{pmatrix}b_1\\ b_2\\ \vdots\\ b_n\end{pmatrix}=\begin{pmatrix}g_1(\boldsymbol{x})\\ g_2(\boldsymbol{x})\\ \vdots\\ g_n(\boldsymbol{x})\end{pmatrix}$$

当满足上述条件时，我们可以得到下列性质：

$$\frac{\partial}{\partial \boldsymbol{x}}\boldsymbol{a}^{\mathrm{T}}\boldsymbol{b}=\frac{\partial}{\partial \boldsymbol{x}}\boldsymbol{b}^{\mathrm{T}}\boldsymbol{a}=\frac{\partial \boldsymbol{a}}{\partial \boldsymbol{x}}\boldsymbol{b}+\frac{\partial \boldsymbol{b}}{\partial \boldsymbol{x}}\boldsymbol{a}$$

下列是推导过程：

$$\frac{\partial}{\partial \boldsymbol{x}}\boldsymbol{a}^{\mathrm{T}}\boldsymbol{b}=\frac{\partial}{\partial \boldsymbol{x}}\boldsymbol{b}^{\mathrm{T}}\boldsymbol{a}=\frac{\partial}{\partial \boldsymbol{x}}\sum_{i=1}^{n}a_i b_i=\frac{\partial}{\partial \boldsymbol{x}}\sum_{i=1}^{n}f_i(\boldsymbol{x})\,g_i(\boldsymbol{x})$$

$$=\begin{pmatrix}\frac{\partial}{\partial x_1}\sum_{i=1}^{n}f_i(\boldsymbol{x})\,g_i(\boldsymbol{x})\\ \frac{\partial}{\partial x_2}\sum_{i=1}^{n}f_i(\boldsymbol{x})\,g_i(\boldsymbol{x})\\ \vdots\\ \frac{\partial}{\partial x_m}\sum_{i=1}^{n}f_i(\boldsymbol{x})\,g_i(\boldsymbol{x})\end{pmatrix} \longleftarrow \text{式 (17-1)}$$

现在我们可以先推导上述第一个偏微分，过程如下：

$$\frac{\partial}{\partial x_1}\sum_{i=1}^{n} f_i(\boldsymbol{x})\,g_i(\boldsymbol{x}) = \sum_{i=1}^{n}\frac{\partial}{\partial x_1} f_i(\boldsymbol{x})\,g_i(\boldsymbol{x}) = \sum_{i=1}^{n}\left(\frac{\partial f_i(\boldsymbol{x})}{\partial x_1} g_i(\boldsymbol{x}) + \frac{\partial g_i(\boldsymbol{x})}{\partial x_1} f_i(\boldsymbol{x})\right)$$

将上述推导代入式（17-1），可以得到式（17-2）：

$$\frac{\partial}{\partial \boldsymbol{x}}\boldsymbol{a}^{\mathrm{T}}\boldsymbol{b} = \begin{pmatrix} \sum_{i=1}^{n}\left(\frac{\partial f_i(\boldsymbol{x})}{\partial x_1} g_i(\boldsymbol{x}) + \frac{\partial g_i(\boldsymbol{x})}{\partial x_1} f_i(\boldsymbol{x})\right) \\ \sum_{i=1}^{n}\left(\frac{\partial f_i(\boldsymbol{x})}{\partial x_2} g_i(\boldsymbol{x}) + \frac{\partial g_i(\boldsymbol{x})}{\partial x_2} f_i(\boldsymbol{x})\right) \\ \vdots \\ \sum_{i=1}^{n}\left(\frac{\partial f_i(\boldsymbol{x})}{\partial x_m} g_i(\boldsymbol{x}) + \frac{\partial g_i(\boldsymbol{x})}{\partial x_m} f_i(\boldsymbol{x})\right) \end{pmatrix} \longleftarrow \text{式 (17-2)}$$

依据 17-2-2 节的向量偏微分定义，我们可以得到：

$$\frac{\partial \boldsymbol{a}}{\partial \boldsymbol{x}}\boldsymbol{b} = \begin{pmatrix} \frac{\partial f_1(\boldsymbol{x})}{\partial x_1} & \cdots & \frac{\partial f_n(\boldsymbol{x})}{\partial x_1} \\ \vdots & \ddots & \vdots \\ \frac{\partial f_1(\boldsymbol{x})}{\partial x_m} & \cdots & \frac{\partial f_n(\boldsymbol{x})}{\partial x_m} \end{pmatrix}\begin{pmatrix} g_1(\boldsymbol{x}) \\ \vdots \\ g_n(\boldsymbol{x}) \end{pmatrix}$$

进一步推导可以得到式（17-3）：

$$\frac{\partial \boldsymbol{a}}{\partial \boldsymbol{x}}\boldsymbol{b} = \begin{pmatrix} \sum_{i=1}^{n}\frac{\partial f_i(\boldsymbol{x})}{\partial x_1} g_i(\boldsymbol{x}) \\ \sum_{i=1}^{n}\frac{\partial f_i(\boldsymbol{x})}{\partial x_2} g_i(\boldsymbol{x}) \\ \vdots \\ \sum_{i=1}^{n}\frac{\partial f_i(\boldsymbol{x})}{\partial x_m} g_i(\boldsymbol{x}) \end{pmatrix} \longleftarrow \text{式 (17-3)}$$

使用相同的概念将$\boldsymbol{a}$和$\boldsymbol{b}$对调，同时$\boldsymbol{f}$和$\boldsymbol{g}$也对调，可以得到式（17-4）：

$$\frac{\partial \boldsymbol{b}}{\partial \boldsymbol{x}}\boldsymbol{a} = \begin{pmatrix} \sum_{i=1}^{n}\frac{\partial g_i(\boldsymbol{x})}{\partial x_1} f_i(\boldsymbol{x}) \\ \sum_{i=1}^{n}\frac{\partial g_i(\boldsymbol{x})}{\partial x_2} f_i(\boldsymbol{x}) \\ \vdots \\ \sum_{i=1}^{n}\frac{\partial g_i(\boldsymbol{x})}{\partial x_m} f_i(\boldsymbol{x}) \end{pmatrix} \longleftarrow \text{式 (17-4)}$$

式（17-2）就等于式（17-3）加式（17-4），结果如下：

$$\frac{\partial}{\partial \boldsymbol{x}}\boldsymbol{a}^{\mathrm{T}}\boldsymbol{b} = \frac{\partial \boldsymbol{a}}{\partial \boldsymbol{x}}\boldsymbol{b} + \frac{\partial \boldsymbol{b}}{\partial \boldsymbol{x}}\boldsymbol{a}$$

17-4 偏微分的矩阵运算在最小平方法中的应用

17-4-1 最小平方法公式推导初步

若是读者对于下列变量意义不熟悉，建议可复习 17-1 节，在 17-1-3 节笔者推导了最小平方法的公式如下：

$$\frac{\partial}{\partial \boldsymbol{\beta}}(\boldsymbol{\varepsilon}^{\mathrm{T}}\boldsymbol{\varepsilon}) = \frac{\partial}{\partial \boldsymbol{\beta}}(\boldsymbol{y}-\boldsymbol{X\beta})^{\mathrm{T}}(\boldsymbol{y}-\boldsymbol{X\beta})$$

根据笔者所著《机器学习数学基础一本通（Python 版）》的 21-10-3 节，矩阵相加再转置等于各个矩阵转置再相加，即 $(A+B)^{\mathrm{T}} = A^{\mathrm{T}}+B^{\mathrm{T}}$，所以上述公式可以得到下列结果：

$$\frac{\partial}{\partial \boldsymbol{\beta}}(\boldsymbol{\varepsilon}^{\mathrm{T}}\boldsymbol{\varepsilon}) = \frac{\partial}{\partial \boldsymbol{\beta}}(\boldsymbol{y}^{\mathrm{T}}-(\boldsymbol{X\beta})^{\mathrm{T}})(\boldsymbol{y}-\boldsymbol{X\beta})$$

接着展开上述公式得如下结果：

$$\frac{\partial}{\partial \boldsymbol{\beta}}(\boldsymbol{\varepsilon}^{\mathrm{T}}\boldsymbol{\varepsilon}) = \frac{\partial}{\partial \boldsymbol{\beta}}(\boldsymbol{y}^{\mathrm{T}}\boldsymbol{y}-\boldsymbol{y}^{\mathrm{T}}\boldsymbol{X\beta}-(\boldsymbol{X\beta})^{\mathrm{T}}\boldsymbol{y}+(\boldsymbol{X\beta})^{\mathrm{T}}\boldsymbol{X\beta})$$

17-4-2 分析公式

从上述公式我们知道要对 $\boldsymbol{\beta}$ 做偏微分，$\boldsymbol{\beta}$ 是 2 × 1 矩阵，数据如下：

$$\boldsymbol{\beta} = \begin{pmatrix} b \\ a \end{pmatrix}$$

$\boldsymbol{X}$ 是 n × 2 矩阵，内容如下：

$$\boldsymbol{X} = \begin{pmatrix} 1 & x_1 \\ 1 & x_2 \\ \vdots & \vdots \\ 1 & x_n \end{pmatrix}$$

（1）第 1 项：$\boldsymbol{y}^{\mathrm{T}}\boldsymbol{y}$。

$\boldsymbol{y}$ 是 n × 1 矩阵，内容如下：

$$\boldsymbol{y} = \begin{pmatrix} y_1 \\ y_2 \\ \vdots \\ y_n \end{pmatrix}$$

从上述看 $\boldsymbol{y}$ 和 $\boldsymbol{\beta}$ 无关，所以偏微分之后是 0。

（2）第 2 项：$\boldsymbol{y}^{\mathrm{T}}\boldsymbol{X\beta}$。

$\boldsymbol{X}$ 是 n × 2 矩阵，$\boldsymbol{\beta}$ 是 2 × 1 矩阵，$\boldsymbol{X\beta}$ 是 n × 1 矩阵。因为 $\boldsymbol{y}$ 是 n × 1 矩阵，所以 $\boldsymbol{y}^{\mathrm{T}}\boldsymbol{X\beta}$ 相当于是两个 n × 1 向量的内积。

（3）第 3 项：$(\boldsymbol{X\beta})^{\mathrm{T}}\boldsymbol{y}$。

其概念和第 2 项相同，其值也相同。

$$\boldsymbol{y}^{\mathrm{T}}\boldsymbol{X\beta} = (\boldsymbol{X\beta})^{\mathrm{T}}\boldsymbol{y}$$

（4）第 4 项：$(\boldsymbol{X\beta})^{\mathrm{T}}\boldsymbol{X\beta}$。

可参考第 2 项，此项保留。

最后 14-7-1 节推导的结果简化如下所示：

$$\frac{\partial}{\partial\boldsymbol{\beta}}(\boldsymbol{\varepsilon}^{\mathrm{T}}\boldsymbol{\varepsilon})=\frac{\partial}{\partial\boldsymbol{\beta}}(-2(\boldsymbol{X\beta})^{\mathrm{T}}\boldsymbol{y}+(\boldsymbol{X\beta})^{\mathrm{T}}\boldsymbol{X\beta})$$

17-4-3　套用矩阵转置规则

笔者所著《机器学习数学基础一本通（Python 版）》的第 21-10-3 节，矩阵相乘再转置等于各个矩阵转置次序交换再相乘，即 $(AB)^{\mathrm{T}}=B^{\mathrm{T}}A^{\mathrm{T}}$，所以 17-4-2 节的公式可以得到下列结果：

$$\frac{\partial}{\partial\boldsymbol{\beta}}(\boldsymbol{\varepsilon}^{\mathrm{T}}\boldsymbol{\varepsilon})=\frac{\partial}{\partial\boldsymbol{\beta}}(-2\boxed{\boldsymbol{\beta}^{\mathrm{T}}\boldsymbol{X}^{\mathrm{T}}}\boldsymbol{y}+\boxed{\boldsymbol{\beta}^{\mathrm{T}}\boldsymbol{X}^{\mathrm{T}}}\boldsymbol{X\beta})$$

17-4-4　应用 17-3-1 节偏微分性质 1 分析第 1 项

现在分析$-2\boldsymbol{\beta}^{\mathrm{T}}\boldsymbol{X}^{\mathrm{T}}\boldsymbol{y}$，$\boldsymbol{X}$和$\boldsymbol{y}$与$\boldsymbol{\beta}$没有关系，所以此项对$\boldsymbol{\beta}$做偏微分时，可以得到下列结果：

$$\frac{\partial}{\partial\boldsymbol{\beta}}(-2\boldsymbol{\beta}^{\mathrm{T}}\boldsymbol{X}^{\mathrm{T}}\boldsymbol{y})=-2\boldsymbol{X}^{\mathrm{T}}\boldsymbol{y}$$

17-4-5　应用 17-3-2 节偏微分性质 2 分析第 2 项

现在分析$\boldsymbol{\beta}^{\mathrm{T}}\boldsymbol{X}^{\mathrm{T}}\boldsymbol{X\beta}$，在分析它前先分析$\boldsymbol{X}^{\mathrm{T}}\boldsymbol{X}$，我们先对此做转置，看看是否可以等于$\boldsymbol{X}^{\mathrm{T}}\boldsymbol{X}$，依据矩阵相乘再转置等于各个矩阵转置次序交换再相乘，所以可以得到：

$$(\boldsymbol{X}^{\mathrm{T}}\boldsymbol{X})^{\mathrm{T}}=\boldsymbol{X}^{\mathrm{T}}(\boldsymbol{X}^{\mathrm{T}})^{\mathrm{T}}=\boldsymbol{X}^{\mathrm{T}}\boldsymbol{X}$$

从上述执行结果可以知道$\boldsymbol{X}^{\mathrm{T}}\boldsymbol{X}$是 14-3-2 节所介绍的对称矩阵$\boldsymbol{B}$，所以此项对$\boldsymbol{\beta}$做偏微分时，可以得到下列结果：

$$\frac{\partial}{\partial\boldsymbol{\beta}}(\boldsymbol{\beta}^{\mathrm{T}}\boldsymbol{X}^{\mathrm{T}}\boldsymbol{X\beta})=2\boldsymbol{X}^{\mathrm{T}}\boldsymbol{X\beta}$$

17-4-6　将结果代入 17-4-3 节

将 17-4-4 节和 17-4-5 节的结果代入 17-4-3 节可以得到下列结果：

$$\frac{\partial}{\partial\boldsymbol{\beta}}(\boldsymbol{\varepsilon}^{\mathrm{T}}\boldsymbol{\varepsilon})=\frac{\partial}{\partial\boldsymbol{\beta}}(-2\boldsymbol{\beta}^{\mathrm{T}}\boldsymbol{X}^{\mathrm{T}}\boldsymbol{y}+\boldsymbol{\beta}^{\mathrm{T}}\boldsymbol{X}^{\mathrm{T}}\boldsymbol{X\beta})$$

$$\frac{\partial}{\partial\boldsymbol{\beta}}(\boldsymbol{\varepsilon}^{\mathrm{T}}\boldsymbol{\varepsilon})=-2\boldsymbol{X}^{\mathrm{T}}\boldsymbol{y}+2\boldsymbol{X}^{\mathrm{T}}\boldsymbol{X\beta}$$

17-4-7　偏微分方程

对我们而言，现在就是要解上述偏微分方程，所以将上式设为 0。

$$-2\boldsymbol{X}^{\mathrm{T}}\boldsymbol{y}+2\boldsymbol{X}^{\mathrm{T}}\boldsymbol{X\beta}=0$$

$$2\boldsymbol{X}^{\mathrm{T}}\boldsymbol{X\beta}=2\boldsymbol{X}^{\mathrm{T}}\boldsymbol{y}$$

$$X^{\mathrm{T}}X\beta = X^{\mathrm{T}}y$$

有了上述公式，就可以将实际数据代入测试了。

17-4-8 销售国际证照考卷数据代入

	拜访次数（单位：100）	国际证照考卷销售张数
第 1 年	1	500
第 2 年	2	1000
第 3 年	3	2000

读者可以参考 16-2-1 节的上述表格，将 3 组数据代入，可以得到：

$$\underbrace{\begin{pmatrix}1 & 1\\1 & 2\\1 & 3\end{pmatrix}^{\mathrm{T}}}_{X^{\mathrm{T}}}\underbrace{\begin{pmatrix}1 & 1\\1 & 2\\1 & 3\end{pmatrix}}_{X}\underbrace{\begin{pmatrix}b\\a\end{pmatrix}}_{\beta}=\underbrace{\begin{pmatrix}1 & 1\\1 & 2\\1 & 3\end{pmatrix}^{\mathrm{T}}}_{X^{\mathrm{T}}}\underbrace{\begin{pmatrix}5\\10\\20\end{pmatrix}}_{y}$$

$$\begin{pmatrix}1 & 1 & 1\\1 & 2 & 3\end{pmatrix}\begin{pmatrix}1 & 1\\1 & 2\\1 & 3\end{pmatrix}\begin{pmatrix}b\\a\end{pmatrix}=\begin{pmatrix}1 & 1 & 1\\1 & 2 & 3\end{pmatrix}\begin{pmatrix}5\\10\\20\end{pmatrix}$$

依照矩阵规则运算，可以得到下列联立方程组：

$$\begin{cases}3b + 6a = 35\\6b + 14a = 85\end{cases}$$

整理一下上式可以得到：

$$\begin{cases}6a + 3b - 35 = 0 & \longleftarrow \text{与16-2-2节结果相同}\\14a + 6b - 85 = 0 & \longleftarrow \text{与16-2-1节结果相同}\end{cases}$$

笔者是使用手工运算来计算矩阵乘法的，但是当系数多时计算会变得复杂，这时可以考虑使用 Python 工具配合模块操作，整个运算会变得简单。

17-5 Python 用于矩阵运算

17-5-1 继续简化微分方程

14-4-7 节得到了下列推导结果：

$$X^{\mathrm{T}}X\beta = X^{\mathrm{T}}y$$

如果要使用 Python 解上述微分方程，建议可以继续简化上式，我们可以在上式左右两边乘以 $(X^{\mathrm{T}}X)^{-1}$，这称逆矩阵（也称反矩阵），如下所示：

$$(\boldsymbol{X}^{\mathrm{T}}\boldsymbol{X})^{-1}\boldsymbol{X}^{\mathrm{T}}\boldsymbol{X}\boldsymbol{\beta} = (\boldsymbol{X}^{\mathrm{T}}\boldsymbol{X})^{-1}\boldsymbol{X}^{\mathrm{T}}\boldsymbol{y}$$

$$\boldsymbol{\beta} = (\boldsymbol{X}^{\mathrm{T}}\boldsymbol{X})^{-1}\boldsymbol{X}^{\mathrm{T}}\boldsymbol{y}$$

17-5-2　Python 实际操作

若要使用 Python 计算上述最小误差平方和，可以使用 Numpy 模块，笔者将一步一步以实例引导读者。

实例 1：建立二维数组，同时列出数组的内容。

```
>>> import numpy as np
>>> x = np.array([[1, 2, 3],[4, 5, 6]])
>>> print(type(x))
<class 'numpy.ndarray'>
>>> print(x)
[[1 2 3]
 [4 5 6]]
```

所谓的矩阵转置是指将 $n \times m$ 矩阵转成 $m \times n$ 矩阵，函数 transpose( ) 可以执行矩阵的转置。transpose( ) 也可以使用字母 T 取代，执行矩阵转置。

实例 2：矩阵转置的应用。

```
>>> import numpy as np
>>> x = np.arange(8).reshape(4, 2)
>>> print(x)
[[0 1]
 [2 3]
 [4 5]
 [6 7]]
>>> y = x.transpose( )
>>> print(y)
[[0 2 4 6]
 [1 3 5 7]]
```

矩阵乘法可以使用运算符 @。

实例 3：使用运算符 @ 执行 2×3 和 3×2 矩阵乘法运算。

```
>>> import numpy as np
>>> x = np.array([[1,0,2],[-1,3,1]])
>>> y = np.array([[3,1],[2,1],[1,0]])
>>> z = x @ y
>>> print(z)
[[5 1]
 [4 2]]
```

逆矩阵是使用 numpy.linalg 模块的 inv() 方法。

实例 4：计算与打印逆矩阵，将矩阵乘以逆矩阵将得到单位矩阵。

```
>>> import numpy as np
>>> A = np.matrix([[2, 3], [5, 7]])
>>> A_inv = np.linalg.inv(A)
>>> print('A_inv = {}'.format(A_inv))
A_inv = [[-7.  3.]
 [ 5. -2.]]
>>> print('E     = {}'.format((A * A_inv).astype(np.int64)))
E     = [[1 0]
 [0 1]]
```

程序实例 ch17_1.py：使用 17-5-1 节的公式，同时使用先前的数据，计算回归系数，读者可以和 ch16_1.py 的结果做比较，获得的结果一样。

```
# ch17_1.py
import numpy as np

X = np.array([[1, 1], [1, 2], [1, 3]])
XT = X.transpose()
XTX = XT @ X
XTX_inv = np.linalg.inv(XTX)
y = np.array([[5], [10], [20]])
B = XTX_inv @ XT @ y

print(f'a = {B[1][0]}')
print(f'b = {B[0][0]}')
```

执行结果

```
======== RESTART: D:\Python Machine Learning Calculus\ch17\ch17_1.py ========
a = 7.5
b = -3.333333333333343
```

请注意因为我们在 17-1-1 节定义如下：

$$\boldsymbol{\beta} = \binom{b}{a}$$

所以a的索引是在 1，b的索引是在 0。

第 18 章

使用多元回归分析最大似然估计法

18-1 多元回归的误差计算

笔者所著《机器学习数学基础一本通（Python 版）》的第 22-2 节、22-3 节和 22-4 节，m个业务员有n个自变量，将向量与矩阵应用于多元线性回归，可以获得下列公式：

$$\boldsymbol{X} = \begin{pmatrix} 1 & x_{11} & x_{12} & \cdots & x_{1n} \\ 1 & x_{21} & x_{22} & \cdots & x_{2n} \\ & \vdots & \vdots & \ddots & \vdots \\ 1 & x_{m1} & x_{m2} & \cdots & x_{mn} \end{pmatrix}$$

$$\boldsymbol{\beta} = \begin{pmatrix} \beta_0 \\ \beta_1 \\ \vdots \\ \beta_m \end{pmatrix}$$

$$\boldsymbol{\varepsilon} = \begin{pmatrix} \varepsilon_1 \\ \varepsilon_2 \\ \vdots \\ \varepsilon_m \end{pmatrix}$$

$$\boldsymbol{y} = \boldsymbol{X\beta} + \boldsymbol{\varepsilon}$$

对第i位业务员的自变量可以使用下列矩阵表达：

$$\boldsymbol{x}_i = \begin{pmatrix} 1 \\ x_{i1} \\ \vdots \\ x_{in} \end{pmatrix}$$

为了方便矩阵运算，所以在应用上，常使用矩阵转置，如下所示：

$$\boldsymbol{x}_i^{\mathrm{T}} = (1 \quad x_{i1} \quad \cdots \quad x_{in})$$

假设误差依赖正态分布，将第i位业务员的y_i套用$\boldsymbol{y} = \boldsymbol{X\beta} + \boldsymbol{\varepsilon}$形式，可以使用下式表达：

$$y_i = \boldsymbol{x}_i^{\mathrm{T}}\boldsymbol{\beta} + \varepsilon_i$$

可以得到误差如下：

$$\varepsilon_i = y_i - \boldsymbol{x}_i^{\mathrm{T}}\boldsymbol{\beta} \qquad \longleftarrow \qquad \text{式 (18-1)}$$

18-2 推导误差的概率密度函数

在统计学概念中，我们常使用μ代表均值，用σ代表标准差，此时正态分布的概率密度函数一般式将如下所示：

$$f(x) = \frac{1}{\sigma\sqrt{2\pi}} * \exp\left(\frac{-(x-\mu)^2}{2\sigma^2}\right)$$

现在将均值μ设为 0，然后可以得到下列误差的概率密度函数：

$$f(\varepsilon_i) = \frac{1}{\sigma\sqrt{2\pi}} * \exp\left(\frac{-(\varepsilon_i - 0)^2}{2\sigma^2}\right)$$

可以得到：

$$f(\varepsilon_i) = \frac{1}{\sigma\sqrt{2\pi}} * \exp\left(\frac{-\varepsilon_i^2}{2\sigma^2}\right)$$

将式（18-1）的误差代入上式，可以得到误差的概率密度函数：

$$f(\varepsilon_i) = \frac{1}{\sigma\sqrt{2\pi}} * \exp\left(\frac{-\left(y_i - \boldsymbol{x}_i^{\mathrm{T}}\boldsymbol{\beta}\right)^2}{2\sigma^2}\right)$$

18-3 推导最小平方法与最大似然估计法的关系

18-3-1 误差的概率密度函数应用于似然函数

接下来我们要计算当回归系数$\boldsymbol{\beta}$值是多少时，可以让误差最小化。这时可以使用似然函数的概念，如下：

$$L(\boldsymbol{\beta}) = f(\varepsilon_1) * f(\varepsilon_2) * \cdots * f(\varepsilon_n)$$

可以使用下列通式表达：

$$L(\boldsymbol{\beta}) = \prod_{i=1}^{n} f(\varepsilon_i)$$

进而得到下列似然函数：

$$L(\boldsymbol{\beta}) = \prod_{i=1}^{n} \frac{1}{\sigma\sqrt{2\pi}} * \exp\left(\frac{-\left(y_i - \boldsymbol{x}_i^{\mathrm{T}}\boldsymbol{\beta}\right)^2}{2\sigma^2}\right)$$

上述连乘的计算有点复杂，我们可以参考 12-5 节的说明，两边取对数如下：

$$\ln\left(L(\boldsymbol{\beta})\right) = \ln \prod_{i=1}^{n} \left(\frac{1}{\sigma\sqrt{2\pi}} * \exp\left(\frac{-\left(y_i - \boldsymbol{x}_i^{\mathrm{T}}\boldsymbol{\beta}\right)^2}{2\sigma^2}\right)\right)$$

套用对数概念相乘变相加

$$= \sum_{i=1}^{n} \left(\ln\left(\frac{1}{\sigma\sqrt{2\pi}}\right) + \ln\left(\exp\left(\frac{-\left(y_i - \boldsymbol{x}_i^{\mathrm{T}}\boldsymbol{\beta}\right)^2}{2\sigma^2}\right)\right)\right)$$

可以抵消

$$= \sum_{i=1}^{n} \left(\ln\frac{1}{\sigma\sqrt{2\pi}} - \frac{\left(y_i - \boldsymbol{x}_i^{\mathrm{T}}\boldsymbol{\beta}\right)^2}{2\sigma^2}\right)$$

$$= \sum_{i=1}^{n} \ln\frac{1}{\sigma\sqrt{2\pi}} - \sum_{i=1}^{n} \frac{\left(y_i - \boldsymbol{x}_i^{\mathrm{T}}\boldsymbol{\beta}\right)^2}{2\sigma^2}$$

因为σ代表标准差，是常数，可以移到求和符号左边，所以可以得到：

$$\ln\left(L(\boldsymbol{\beta})\right) = \sum_{i=1}^{n} \ln\frac{1}{\sigma\sqrt{2\pi}} - \frac{1}{2\sigma^2}\sum_{i=1}^{n}\left(y_i - \boldsymbol{x}_i^{\mathrm{T}}\boldsymbol{\beta}\right)^2$$

18-3-2 推导结果解析

依据最大似然估计法的概念，我们现在要计算$\boldsymbol{\beta}$值是多少时，可以让对数似然估计函数$\ln(L(\boldsymbol{\beta}))$有最大值。从 18-3-1 节可以看到，其实等号右边的第 1 项$\frac{1}{\sigma\sqrt{2\pi}}$和$\boldsymbol{\beta}$无关，所以我们现在只需要分析第 2 项，请参考下列图例说明。

$$-\frac{1}{2\sigma^2}\sum_{i=1}^{n}\left(y_i-\boldsymbol{x}_i^{\mathrm{T}}\boldsymbol{\beta}\right)^2$$

← 最小平方法的误差和（$\sum_{i=1}^{n}\left(y_i-\boldsymbol{x}_i^{\mathrm{T}}\boldsymbol{\beta}\right)^2$）

↑ 负系数（$-$）

上述因为左边是负系数，所以上述整项必须最小，最后的对数似然函数$\ln(L(\boldsymbol{\beta}))$才会最大，也可以说最小平方法的误差和最小，就会有最大的对数似然函数$\ln(L(\boldsymbol{\beta}))$。

18-3-3 最大似然估计法与最小平方法

我们可以将最大似然估计法与最小平方法产生关联，也就是要计算相同的回归系数$\boldsymbol{\beta}$，这个$\boldsymbol{\beta}$将对最小平方法产生最小值，对最大似然估计产生最大值。

18-4 最大似然估计法实际操作

假设你要装潢新居，想要获取更精确的预估时间，因此找了 7 位设计师做工作时间的预测，所获得的结果如下表。

设计师编号	预估时间天数
1	85
2	91
3	76
4	102
5	68
6	72
7	66

现在假设上述数据的误差均值是 0，标准差是σ，误差是正态分布的。

18-4-1 直觉预估

读者可能会想是否可以使用 7 位设计师的预估天数，然后取平均值，当作工作天数的预估时间，如下所示：

$$\frac{85+91+76+102+68+72+66}{7}=80$$

所以预估可以完成的时间是 80 天，接下来笔者将用最大似然估计法概念实际操作，以了解上述预估是否正确。

18-4-2　最大似然估计法的推导

假设第i位设计师的预估工作天数是y_i，实际完成的工作时间是t，误差是ε_i，现在可以得到下列公式：

$$y_i=t+\varepsilon_i$$

进一步推导可以得到：

$$\varepsilon_i=y_i-t$$

使用误差的概率密度函数公式，可以得到下列似然函数$L(t)$：

$$L(t)=\prod_{i=1}^{n}\frac{1}{\sigma\sqrt{2\pi}}*\exp\left(\frac{-(y_i-t)^2}{2\sigma^2}\right)$$

等号两边取对数，可以得到对数似然函数：

$$\ln\big(L(t)\big)=\underbrace{\sum_{i=1}^{n}\ln\frac{1}{\sigma\sqrt{2\pi}}}_{n\text{个相加}}-\frac{1}{2\sigma^2}\sum_{i=1}^{n}(y_i-t)^2$$

$$=n*\ln\frac{1}{\sigma\sqrt{2\pi}}-\frac{1}{2\sigma^2}\sum_{i=1}^{n}(y_i-t)^2$$

接着为了计算使对数似然函数最大化的t值，下一步是对t做偏微分，然后设定偏微分结果（斜率）为 0，这样才可以求出极值。

$$\frac{\partial}{\partial t}\left(n*\ln\frac{1}{\sigma\sqrt{2\pi}}-\frac{1}{2\sigma^2}\sum_{i=1}^{n}(y_i-t)^2\right)=0$$

因为等号左边的第一项没有t变量，经过偏微分之后结果是 0，所以可得到下列结果：

$$-\frac{1}{2\sigma^2}\left(\frac{\partial}{\partial t}\sum_{i=1}^{n}(y_i-t)^2\right)=0$$

等号两边乘以$-2\sigma^2$，可以得到：

$$\frac{\partial}{\partial t}\sum_{i=1}^{n}(y_i-t)^2=0$$

$$\frac{\partial}{\partial t}\sum_{i=1}^{n}\left(y_i^2-2y_it+t^2\right)=0$$

$$\frac{\partial}{\partial t}\left(\sum_{i=1}^{n}y_i^2-2\sum_{i=1}^{n}y_it+\sum_{i=1}^{n}t^2\right)=0$$

$$\boxed{\frac{\partial}{\partial t}\sum_{i=1}^{n}y_i^2} - \frac{\partial}{\partial t}2t\sum_{i=1}^{n}y_i + n\left(\frac{\partial}{\partial t}t^2\right) = 0$$

等于 0 ↓

$$-2\sum_{i=1}^{n}y_i + 2nt = 0$$

$$2nt = 2\sum_{i=1}^{n}y_i$$

平均 ⟶ $t = \dfrac{1}{n}\boxed{\sum_{i=1}^{n}y_i}$ ⟵—— 天数总和

从上式可知，我们推导的结果是所有预估天数总和的平均，就是我们所计算的时间。

18-4-3 Python 程序实际操作

上述笔者使用手工计算与推导，重点是让读者可以了解原理，如果使用 Python 程序实际操作，可以将天数从最小工作天数 66 至最多工作天数 102，逐一代入下列误差平方和公式：

$$\sum_{i=1}^{n}(y_i - t)^2$$

然后找出最小的误差平方和。

程序实例 ch18_1.py：笔者将预估天数 t 从 1 至 200 代入上述误差平方和公式，同时绘制此误差平方和的图表，同时列出 t 是多少时可以得到误差平方和最小。

```
1  # ch18_1.py
2  import matplotlib.pyplot as plt
3  import numpy as np
4
5  t = [85, 91, 76, 102, 68, 72, 66]          # 定义预估装潢天数
6  ave = np.mean(t)                            # 平均天数
7  x = np.linspace(0, 200, 200)                # 数组 x
8  y = np.linspace(0, 200, 200)                # 数组 y
9  min_x = 100                                 # 预估最初预估极值的 x
10 min_y = 100                                 # 预估最初预估极值的 y
11 for i in range(len(x)):                     # 从 0 到 200 做测试
12     sum = 0
13     for j in range(len(t)):
14         sum += (ave - x[i]) ** 2            # 计算平方和
15     y[i] = sum
16     if y[i] < min_y:                        # 比较是否为误差平方和最小
17         min_x = i
18         min_y = y[i]
19
20 plt.plot(x, y)
21 plt.plot(min_x, min_y, '-o')
22 plt.text(min_x-20, min_y+2000, '('+str(round(min_x,1))+', '+str(round(min_y,5))+')')
23
24 plt.grid()
25 plt.show()
```

执行结果

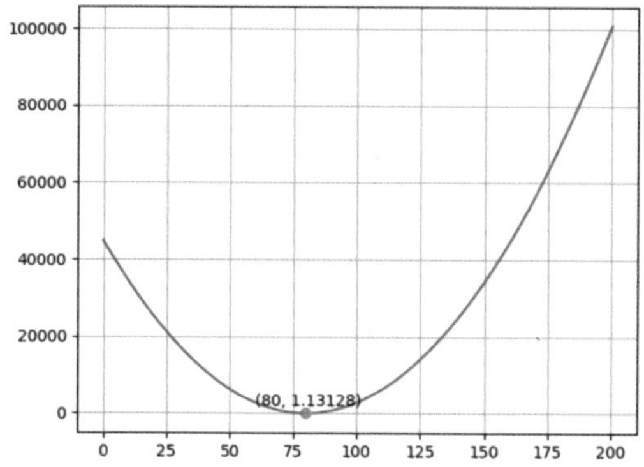

由上图可知，当工作天数是 80 时，可以得到最小误差平方和，这也和 18-4-1 节的预估吻合。不过上述只有一个变量，所以计算仍简单，若是 n 维变量，例如：n 大于 50 时，整个运算量会变得非常庞大，例如：如果有 50 个变量，分别将 1 ～ 200 的 t 值代入，计算量将是 200^{50}，所以我们必须有更好的算法处理这类的问题。

第 19 章

梯度下降法

第 18 章通过将数据 1 ～ 200 代入公式计算最小误差平方和，这样做效率比较低，这一章将讲解比较有效率的梯度下降法（Gradient Descent），这也是优化理论中找局部最佳解的一种方法。

19-1 微分与梯度

19-1-1 复习微分

当读者一步一步阅读本书，应该已经知道微分的目的就是要找出极值，本书先引入一个二次函数如下：

$y = f(x) = ax^2 + bx + c$　　# 二次函数

如果 $a > 0$ 会产生开口向上的曲线，这时会有极小值。如果 $a < 0$ 会产生开口向下的曲线，这时会有极大值。其实也可以使用下列方式解释：一次微分可以找到极值，二次微分如果结果大于 0 可以找到极小值，如果结果小于 0 可以找到极大值。

例如，有一个函数如下：

$$y = f(x) = 2x^2 - 8x + 3$$

上述公式微分结果如下：

$$\frac{\mathrm{d}f(x)}{\mathrm{d}x} = \frac{\mathrm{d}}{\mathrm{d}x}(2x^2 - 8x + 3) = 4x - 8$$

因为微分结果是 0，可以找到极值，所以可以得到：

$$4x - 8 = 0$$

$$x = 2$$

将$x = 2$代入原公式，可以得到：

$$f(2) = 2 * 2^2 - 8 * 2 + 3 = -5$$

上述我们找到了$x = 2$会有极值 -5，这究竟是极大值还是极小值，可以执行二次微分，如果结果大于 0 表示上述是极小值，如果结果小于 0 表示上述是极大值。

$$\frac{\mathrm{d}}{\mathrm{d}x}(4x - 8) = 4$$

因为上述二次微分的结果是 4，4 大于 0，所以可知一次微分$x = 2$时，所产生的$f(2) = -5$是极小值。在实际应用中，不太可能这么简单就找到解答，这个时候就必须使用找趋近极值的最近解方式，这也是本章的主题——梯度下降法。

19-1-2 梯度

19-1-1 小节介绍了微分，简单说一维标量x的梯度其实就是$f(x)$对x微分。多维（也可称多变量）向量x的梯度就是$f(x)$对x的所有元素做偏微分。

$f'(x)$：一维标量x的梯度表示法。

$\nabla f(x)$：多维向量x的梯度表示法。

第 17-2-3 节已经解释了多维向量的梯度，$f(\boldsymbol{x}) = f(x_1, x_2, \cdots, x_n)$是一个多变量可导函数，当

$f(\boldsymbol{x})$对$\boldsymbol{x}$偏微分时我们称此 n 维向量是f的梯度。

$$\nabla f = \frac{\partial f}{\partial \boldsymbol{x}} = \begin{pmatrix} \frac{\partial f}{\partial x_1} \\ \frac{\partial f}{\partial x_2} \\ \vdots \\ \frac{\partial f}{\partial x_n} \end{pmatrix}$$

19-2 损失函数

在前面章节中，笔者多次叙述了最小平方法误差和公式，这个公式也可以称为误差函数，而误差函数也称损失函数（Loss Function）或成本函数（Cost Function）。但是损失函数不一定是指最小平方误差函数，因为回归分析常用的损失函数还有平均绝对值误差（Mean Absolute Error）。

因为损失函数的第一个英文字母是L，所以许多机器学习的文章喜欢使用$L(x)$代表损失函数，不过使用L，会和先前所述的似然函数（Likelihood Function）的L相同，所以使用上要特别小心，这一章使用**紫色**的L代表损失函数。了解上述概念后，我们可以将误差最小平方和的损失函数用下式表示：

$$L(t) = \sum_{i=1}^{n} (y_i - t)^2$$

因为误差函数也称成本函数，所以许多机器学习的文章也会用C代表损失函数，例如，上式可以用下式表示：

$$C(t) = \sum_{i=1}^{n} (y_i - t)^2$$

19-3 梯度下降法

18-4-3 节使用程序计算装潢的预估天数时，采用了从 1 到 200 代入损失函数（误差最小平方和公式）的方法，梯度下降法则不须逐一代入，可以提高程序效率。梯度下降法的流程如下：

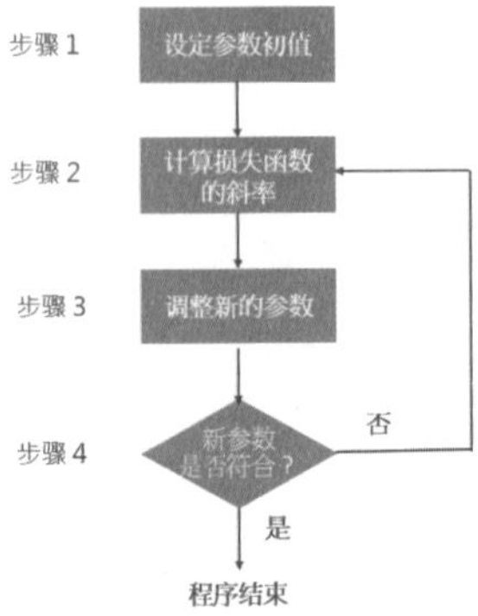

（1）步骤 1：设定参数初值。

主要是先设定一个可能值，之后再逐步调整，例如，如果应用于 18-4-3 节，我们可以先设定装潢天数t是 66 天。

同时设定学习率η，有的机器学习的文章也常用希腊字母γ当作学习率，将在步骤 2 中解说。

（2）步骤 2：计算损失函数的斜率。

这个步骤内含 2 项工作：

① 计算损失函数的斜率；

② 使用学习率乘以斜率计算需要修订的参数量ΔL。

梯度下降法的示意图如下所示。

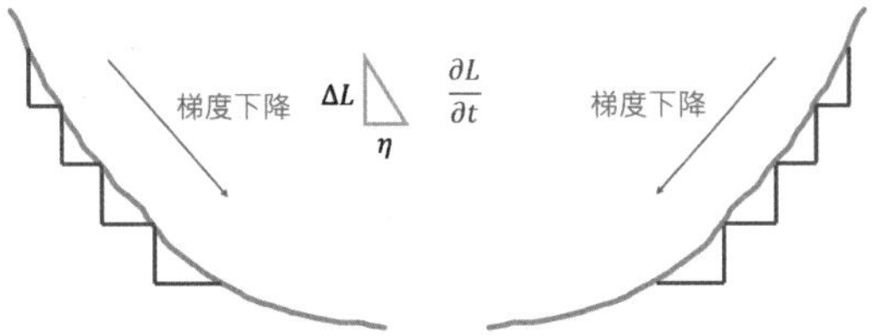

在线性函数中所谓的斜率也称误差的斜率，就是指下列公式：

$$\frac{\Delta L}{\eta} = \frac{\partial L}{\partial t}$$

其中η是学习率，学习率会影响一次更新多少参数量，学习率太低会造成需要更新很多次才可以得到局部极值，学习率太高可能会造成梯度无法进入局部极值。将上式改写如下：

$$\Delta L = \eta * \frac{\partial L}{\partial t}$$

其中ΔL代表新参数值要修订的量。

（3）步骤 3：调整新的参数。

可以用旧参数值减去ΔL，得到新的参数值。

（4）步骤 4：判断新参数是否符合。

如果符合则程序结束，否则回到步骤 2。至于如何判断是否符合，可以使用下列方法：

① 设定迭代次数，如果达到就算符合；

② 迭代后ΔL小于某一个数值。

19-4 简单数学实例

设有一个误差函数L，L及其微分分别如下：

$$L = x^2$$

$$L' = 2x$$

程序实例 ch19_1.py：请输入学习率和初值，这个程序将以梯度下降法绘制与找出函数L的最小值，这个循环基本上会执行 15 次。

```python
# ch19_1.py
import matplotlib.pyplot as plt
import numpy as np
import time

rate = eval(input("请输入学习率 : "))
init_x = eval(input("请输入参数值 : "))

x = np.arange(-10, 10, 0.1)
y = x**2
plt.plot(x, y)                                    # 绘制函数

plt.xlabel('x')
plt.ylabel('L')
plt.title(f'rate = {rate}    initial = {init_x}')

new_x = 0
old_x = 0
for i in range(1, 16):                            #  循环执行15次
    if i == 1:
        old_x = init_x
    else:
        old_x = new_x
    new_x = old_x - rate * 2 * old_x              # 计算新的参数

    plt.plot([old_x, new_x], [old_x**2, new_x**2], 'go-')
    print(f'loop = {i:2d},  old_x = {old_x:4.2f},  new_x = {new_x:4.2f}')
    time.sleep(1)

plt.grid()
plt.show()
```

执行结果 下列是输入学习率 0.1、初值 7 的趋近过程。

```
======== RESTART: D:\Python Machine Learning Calculus\ch19\ch19_1.py ========
请输入学习率 : 0.1
请输入参数值 : 7
loop =  1,  old_x = 7.00,  new_x = 5.60
loop =  2,  old_x = 5.60,  new_x = 4.48
loop =  3,  old_x = 4.48,  new_x = 3.58
loop =  4,  old_x = 3.58,  new_x = 2.87
loop =  5,  old_x = 2.87,  new_x = 2.29
loop =  6,  old_x = 2.29,  new_x = 1.84
loop =  7,  old_x = 1.84,  new_x = 1.47
loop =  8,  old_x = 1.47,  new_x = 1.17
loop =  9,  old_x = 1.17,  new_x = 0.94
loop = 10,  old_x = 0.94,  new_x = 0.75
loop = 11,  old_x = 0.75,  new_x = 0.60
loop = 12,  old_x = 0.60,  new_x = 0.48
loop = 13,  old_x = 0.48,  new_x = 0.38
loop = 14,  old_x = 0.38,  new_x = 0.31
loop = 15,  old_x = 0.31,  new_x = 0.25
```

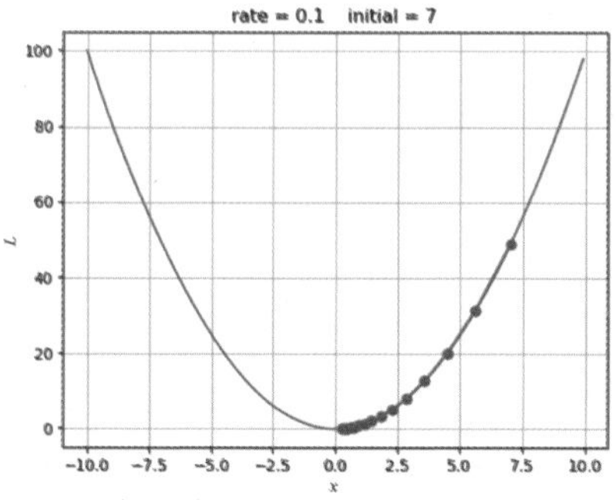

下列是输入学习率 0.1、初值 -7 的趋近过程。

```
======== RESTART: D:\Python Machine Learning Calculus\ch19\ch19_1.py ========
请输入学习率 : 0.1
请输入参数值 : -7
loop =  1,  old_x = -7.00,  new_x = -5.60
loop =  2,  old_x = -5.60,  new_x = -4.48
loop =  3,  old_x = -4.48,  new_x = -3.58
loop =  4,  old_x = -3.58,  new_x = -2.87
loop =  5,  old_x = -2.87,  new_x = -2.29
loop =  6,  old_x = -2.29,  new_x = -1.84
loop =  7,  old_x = -1.84,  new_x = -1.47
loop =  8,  old_x = -1.47,  new_x = -1.17
loop =  9,  old_x = -1.17,  new_x = -0.94
loop = 10,  old_x = -0.94,  new_x = -0.75
loop = 11,  old_x = -0.75,  new_x = -0.60
loop = 12,  old_x = -0.60,  new_x = -0.48
loop = 13,  old_x = -0.48,  new_x = -0.38
loop = 14,  old_x = -0.38,  new_x = -0.31
loop = 15,  old_x = -0.31,  new_x = -0.25
```

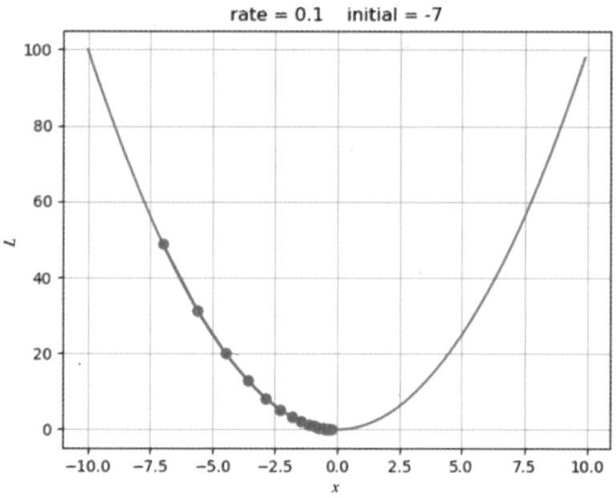

下列是输入学习率 0.9、初值 -7 的趋近过程。

```
======== RESTART: D:\Python Machine Learning Calculus\ch19\ch19_1.py ========
请输入学习率 : 0.9
请输入参数值 : -7
loop =  1,  old_x = -7.00,  new_x = 5.60
loop =  2,  old_x = 5.60,  new_x = -4.48
loop =  3,  old_x = -4.48,  new_x = 3.58
loop =  4,  old_x = 3.58,  new_x = -2.87
loop =  5,  old_x = -2.87,  new_x = 2.29
loop =  6,  old_x = 2.29,  new_x = -1.84
loop =  7,  old_x = -1.84,  new_x = 1.47
loop =  8,  old_x = 1.47,  new_x = -1.17
loop =  9,  old_x = -1.17,  new_x = 0.94
loop = 10,  old_x = 0.94,  new_x = -0.75
loop = 11,  old_x = -0.75,  new_x = 0.60
loop = 12,  old_x = 0.60,  new_x = -0.48
loop = 13,  old_x = -0.48,  new_x = 0.38
loop = 14,  old_x = 0.38,  new_x = -0.31
loop = 15,  old_x = -0.31,  new_x = 0.25
```

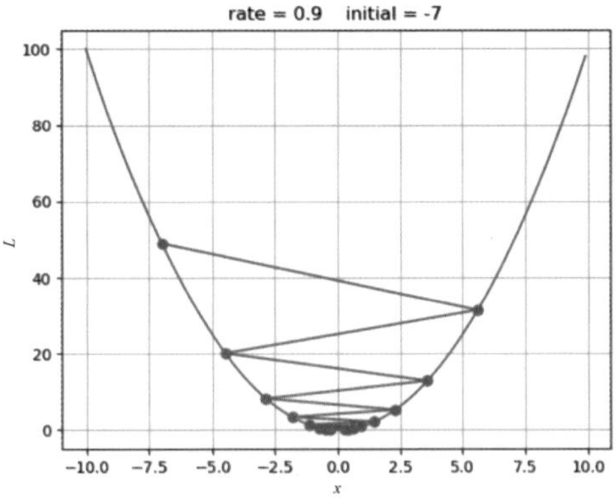

由于误差函数是简单的函数$L(x) = x^2$，所以学习率高时仍可以趋近最小值，不过如果误差函数较复杂，可能就会无法趋近极小值。

19-5 手工计算装潢新居的时间

19-5-1 推导损失函数

在 19-2 节，我们得到了下列损失函数：

$$L(t) = \sum_{i=1}^{n}(y_i - t)^2$$

将上述损失函数展开，可以得到：

$$L(t) = \sum_{i=1}^{n} y_i^2 - 2t\sum_{i=1}^{n} y_i + \sum_{i=1}^{n} t^2$$

将 18-4 节中 7 位设计师的预估时间天数代入上式，然后分别计算，因为有 7 位设计师，所以n等于 7。

$$\sum_{i=1}^{n} y_i^2 = 85^2 + 91^2 + 76^2 + 102^2 + 68^2 + 72^2 + 66^2 = 45850$$

$$2t\sum_{i=1}^{n} y_i = 2t * 560 = 1120t$$

$$\sum_{i=1}^{n} t^2 = 7t^2$$

经过上述运算，将各式组合可以得到下列损失函数：

$$L(t) = 7t^2 - 1120t + 45850$$

19-5-2　步骤 1：设定参数初值

设定参数初值是 20，相当于$t = 20$，同时设定学习率是 0.01，相当于$t = 20 , \eta = 0.01$。

19-5-3　步骤 2：计算损失函数的斜率

下列是损失函数的斜率：

$$\frac{\partial}{\partial t}L(20) = 14t - 1120 = 14 * 20 - 1120 = -840$$

接下来可以使用下式，计算新参数要修订的量：

$$\Delta L = \eta * \frac{\partial L}{\partial t}$$

上述ΔL代表新参数值要修订的量，可以得到下列结果：

$$\Delta L = \eta * \frac{\partial L}{\partial t} = 0.01 * (-840) = -8.4$$

19-5-4　步骤 3：调整新的参数

可以用旧参数值减去ΔL，得到新的参数值，如下：

$$20 - (-8.4) = 28.4$$

19-5-5　第一次重复步骤 2 和步骤 3

下列是损失函数的斜率：

$$\frac{\partial}{\partial t}L(28.4) = 14t - 1120 = 14 * 28.4 - 1120 = -722.4$$

$$\Delta L = \eta * \frac{\partial L}{\partial t} = 0.01 * (-722.4) = -7.224$$

得到新的参数值如下：

$$28.4 - (-7.224\ ) = 35.624$$

19-5-6　损失函数不容易微分

这一节所用的损失函数如下：

$$L(t) = 7t^2 - 1120t + 45850$$

上式非常容易微分，但是在真实的机器学习中我们所碰到的函数可能不容易微分，后面的第 21 章笔者会用实例做说明。碰到不容易微分的损失函数，我们必须回到最原始的微分定义做微分：

$$\lim_{\Delta x \to 0} \frac{f(x + \Delta x) - f(x)}{\Delta x}$$

更多实例会在 21-2 节解说。

19-6 Python 程序实际操作计算装潢新居的时间

请参考执行结果（取小数点后 2 位），读者可以看到第一次循环和第二次循环与 19-5-4 节和 19-5-5 节的手动计算结果相符。

程序实例 ch19_2.py：依照 19-5 节的数据，输出绘制梯度下降法的过程，这个程序也可以自行调整参数初值与学习率，方便体验不同学习率的梯度下降过程。

```
# ch19_2.py
import matplotlib.pyplot as plt
import numpy as np
import time

def myfun(t):
    return (7*t**2 - 1120*t + 45850)

rate = eval(input("请输入学习率 : "))
init_x = eval(input("请输入参数值 : "))

x = np.arange(0, 200, 0.1)
y = 7*x**2 - 1120*x + 45850
plt.plot(x, y)                                  # 绘制函数

plt.xlabel('x')
plt.ylabel('L')
plt.title(f'rate = {rate}    initial = {init_x}')

new_x = 0
old_x = 0
for i in range(1, 16):                          # 循环执行15次
    if i == 1:
        old_x = init_x
    else:
        old_x = new_x
    slope = 14 * old_x - 1120                   # 斜率
    new_x = old_x - rate * slope                # 计算新的参数

    plt.plot([old_x, new_x], [myfun(old_x), myfun(new_x)], 'go-')
    print(f'loop = {i:2d},  old_x = {old_x:5.2f},  new_x = {new_x:5.2f}')
    time.sleep(1)

plt.grid()
plt.show()
```

执行结果

```
======== RESTART: D:\Python Machine Learning Calculus\ch19\ch19_2.py ========
请输入学习率 : 0.01
请输入参数值 : 20
loop =  1,  old_x = 20.00,  new_x = 28.40
loop =  2,  old_x = 28.40,  new_x = 35.62
loop =  3,  old_x = 35.62,  new_x = 41.84
loop =  4,  old_x = 41.84,  new_x = 47.18
loop =  5,  old_x = 47.18,  new_x = 51.77
loop =  6,  old_x = 51.77,  new_x = 55.73
loop =  7,  old_x = 55.73,  new_x = 59.12
loop =  8,  old_x = 59.12,  new_x = 62.05
loop =  9,  old_x = 62.05,  new_x = 64.56
loop = 10,  old_x = 64.56,  new_x = 66.72
loop = 11,  old_x = 66.72,  new_x = 68.58
loop = 12,  old_x = 68.58,  new_x = 70.18
loop = 13,  old_x = 70.18,  new_x = 71.55
loop = 14,  old_x = 71.55,  new_x = 72.74
loop = 15,  old_x = 72.74,  new_x = 73.75
```

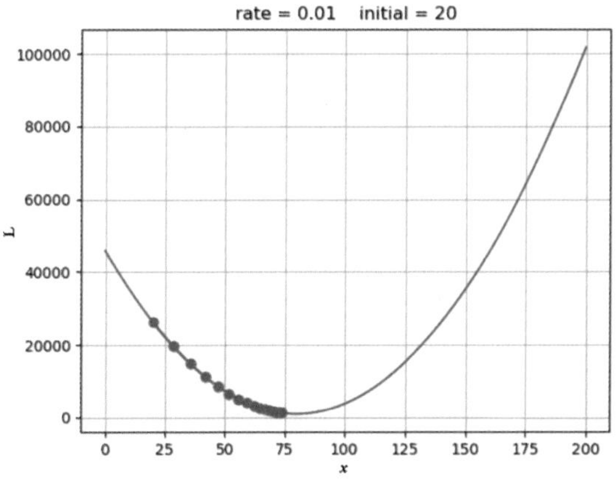

如果将学习率提高至 0.03，将可以看到经过 15 次循环后，就可以逼近正确值 80 了。

```
======== RESTART: D:\Python Machine Learning Calculus\ch19\ch19_2.py ========
请输入学习率 : 0.03
请输入参数值 : 20
loop =  1,  old_x = 20.00,  new_x = 45.20
loop =  2,  old_x = 45.20,  new_x = 59.82
loop =  3,  old_x = 59.82,  new_x = 68.29
loop =  4,  old_x = 68.29,  new_x = 73.21
loop =  5,  old_x = 73.21,  new_x = 76.06
loop =  6,  old_x = 76.06,  new_x = 77.72
loop =  7,  old_x = 77.72,  new_x = 78.68
loop =  8,  old_x = 78.68,  new_x = 79.23
loop =  9,  old_x = 79.23,  new_x = 79.55
loop = 10,  old_x = 79.55,  new_x = 79.74
loop = 11,  old_x = 79.74,  new_x = 79.85
loop = 12,  old_x = 79.85,  new_x = 79.91
loop = 13,  old_x = 79.91,  new_x = 79.95
loop = 14,  old_x = 79.95,  new_x = 79.97
loop = 15,  old_x = 79.97,  new_x = 79.98
```

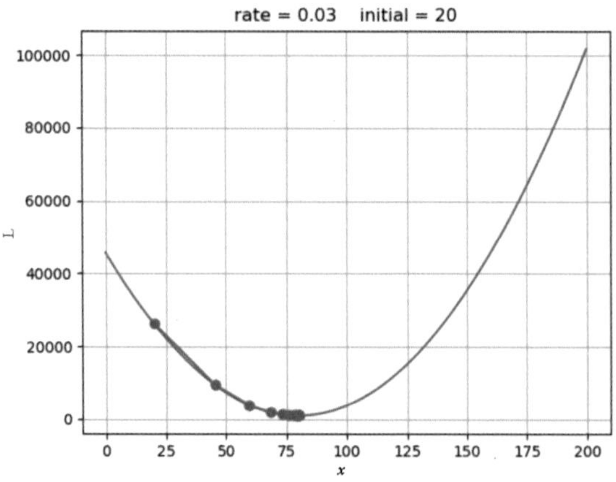

如果参数初值大于 80，可以看到从右边往下的逼近过程。

```
======== RESTART: D:\Python Machine Learning Calculus\ch19\ch19_2.py ========
请输入学习率 : 0.03
请输入参数值 : 150
loop =  1,  old_x = 150.00,  new_x = 120.60
loop =  2,  old_x = 120.60,  new_x = 103.55
loop =  3,  old_x = 103.55,  new_x = 93.66
loop =  4,  old_x = 93.66,  new_x = 87.92
loop =  5,  old_x = 87.92,  new_x = 84.59
loop =  6,  old_x = 84.59,  new_x = 82.66
loop =  7,  old_x = 82.66,  new_x = 81.55
loop =  8,  old_x = 81.55,  new_x = 80.90
loop =  9,  old_x = 80.90,  new_x = 80.52
loop = 10,  old_x = 80.52,  new_x = 80.30
loop = 11,  old_x = 80.30,  new_x = 80.17
loop = 12,  old_x = 80.17,  new_x = 80.10
loop = 13,  old_x = 80.10,  new_x = 80.06
loop = 14,  old_x = 80.06,  new_x = 80.03
loop = 15,  old_x = 80.03,  new_x = 80.02
```

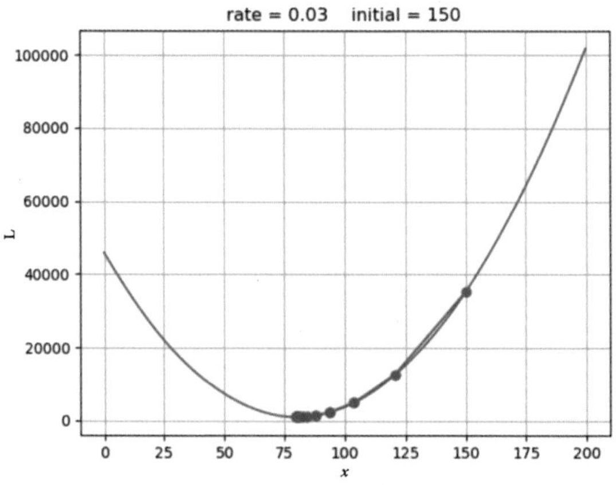

从下述图形我们可以得到，如果斜率负值越大则下降幅度越大，斜率负值越小则下降幅度越小。

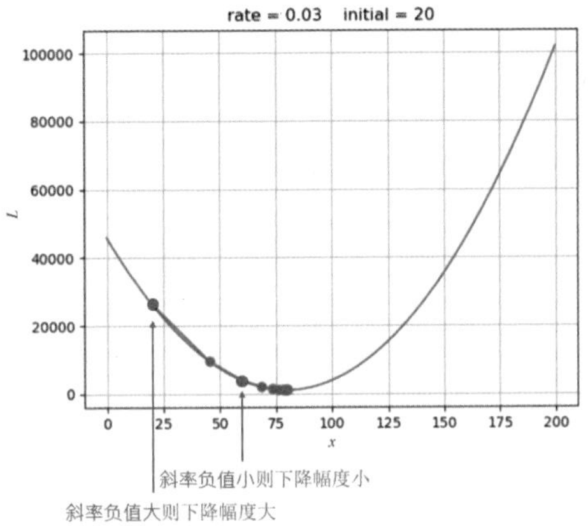

同理，从下述图形我们也可以得到，如果斜率值越大则下降幅度越大，斜率值越小则下降幅度越小。

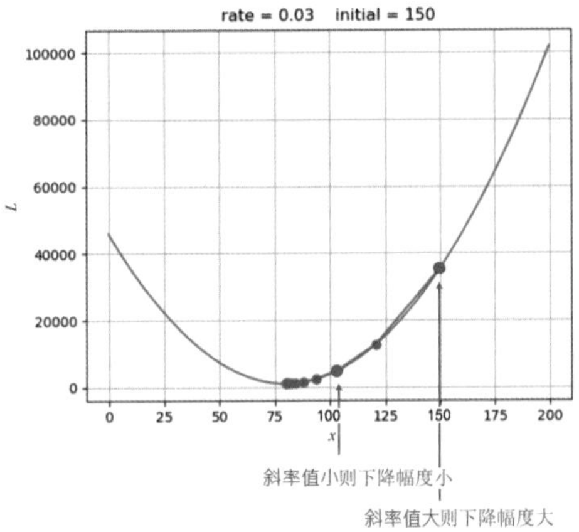

上述是只有一个变量的情况，如果变量有多个，则须使用偏微分，分别计算各个变量需要调整的幅度，就可以逐步逼近正确值。上述只是基本数学原理，其实目前适用机器学习的软件包，例如 TensorFlow 或 Scikit-Learn，皆有一些好的算法与函数可供使用，不过如果读者了解了基本数学原理，则除了会使用那些模块，更可以了解各模块方法的精髓。

第 20 章
深度学习的层次基础知识

先前章节讲解的基础数学、微积分或偏微分主要是线性关系的数学，我们也称简单的线性回归。在简单的线性回归中，我们常常看到下列线性公式：

$$y = ax + b$$

在上述线性公式中x是自变量，y是因变量，当自变量x变化时因变量y将随着做线性的变化。

后来我们进一步研究线性回归时就进入了多元线性回归，此时自变量的数量变多，我们称此为多元线性回归，虽然变量变多了因变量还是依照自变量的值呈现线性关系。

上述线性关系计算上并不难，即使到了n个变量，看似复杂的公式，但是只要彻底了解向量与矩阵运算，整体来说仍然比较简单。

20-1 深度学习基础知识

线性回归容易被人理解，但是在真实的机器学习中常会遇见非线性的现象，特别是在深度学习（Deep Learning）领域。深度学习的基础是分散表示法，分散表示法假设观测值是由不同的因子互相作用产生的。在这个概念下，深度学习进一步假设互相作用可以分成多个层次，由这些层次互相堆栈最后产生了类似人类脑神经的深度。与线性回归的最大差异是，整个层次间的应用以非线性为核心。

人工神经网络最早是于 1959 年由加拿大裔的美籍科学家戴维・休伯尔（David H. Huble）和瑞典科学家托斯坦・威泽尔（Torsten Wiesel）提出的理论启发，他们发现大脑的初级视觉皮肤存在两种细胞，即简单细胞和复杂细胞，这两种细胞扮演不同层次的视觉感知功能。许多科学家受此启发，现代许多神经网络模型也使用此概念设计不同的分层模型，不过后来科学家也发现要模仿大脑神经也不会类似线性回归这么简单，这时必须牵涉到非线性部分。

自从深度学习出现以来，目前计算机视觉与语音识别已经成功地在现今科技发展中占有一席之地，同时高效能图形处理器（Graphics Processing Unit，GPU）和高速 CPU 的出现，提高了图形、数学和矩阵运算的速度，因此深度学习、机器学习与人工智能的发展也有了长足的进步。

虽然深度学习的数学核心是非线性数学，不过本章还是从简单的线性关系切入，第 21 章再讲解非线性的相关知识。

20-2 用回归仿真多层次的深度学习

20-2-1 简单的多元回归

我们可以使用一个简单的层次代表过去所学的多元回归，如下图所示。

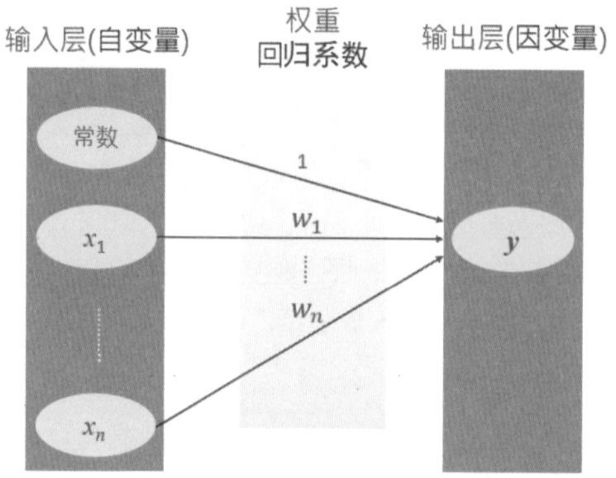

简单的多元回归

假设输入层（Input Layer）有n个变量，则输入有$n+1$项，其中第 1 项是常数，在线性方程中我们称此常数是截距，在深度学习的神经网络架构中我们称此为偏置值（Bias），至于与变量相乘的回归系数在深度学习中称权重（Weights），当输入层的自变量与权重相乘后，可以在输出层（Output Layer）得到输出结果y。

20-2-2 多元回归的层次分析

虽然在真实的人工神经网络中使用的主要是非线性函数，笔者想先用线性方式解释深度学习的层次关系，我们可以称此为仿真神经网络的多层次的回归分析。

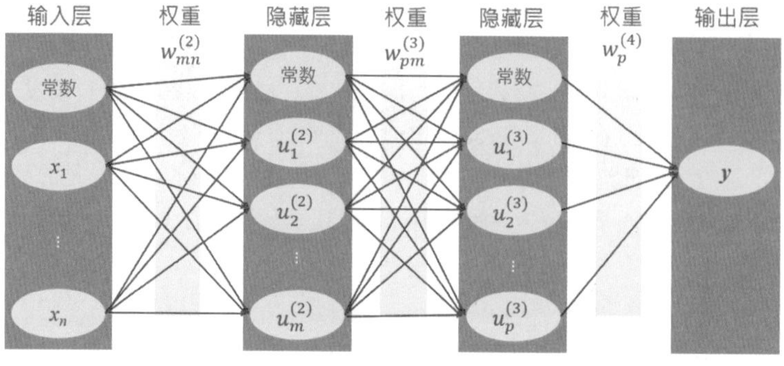

仿真神经网络的多元回归层次分析

上图与 20-2-1 节的简单多元回归图形的最大差异在于输入层与输出层中间多了中间层，这些中间层也称隐藏层（Hidden Layer），最后输出的数据y由输出状况而定，可以是标量或是向量。

上述总共有 4 个层次，在真实的神经网络中的层次将比上述多许多，甚至可以到几百层或更多。

20-3 认识深度学习的隐藏层符号

在深度学习中，习惯将输入层当作第 1 层，所以隐藏层从 2 开始编号，在同一个隐藏层中有许多项，我们将这些项称单元（Unit），在隐藏层中习惯上常数不做编号，其他则从 1 开始编号，我们在 20-2-2 节的图中可以看到隐藏层中有的单元符号如下：

$$u_2^{(3)}$$ ← 神经网络的层次编号

↑ 神经网络隐藏层的单元编号

层次编号 3 有小括号，主要是和指数做区别，所以上述代表第 3 层的单元 2。不过有的神经网络的文章有时候也会省略此小括号，虽然也是为了简便，不过容易和指数混淆，所以本书皆会加上小括号。

20-4 认识权重编号

在多层次的神经网络符号中，各层次间有权重（Weights），习惯上将第 1 层和第 2 层之间的权重编号称权重 2，第 2 层和第 3 层之间的权重编号称权重 3，其他权重可以以此类推。例如：第 1 层和第 2 层之间，可以看到下列权重。

$$w_{mn}^{(2)}$$ ← 神经网络的权重编号

上述编号有下标m和n，m代表行数，n代表列数，上述也表示 w 是一个矩阵。

20-5 输出层的推导

输出层y可以是标量、也可以是向量，为了简化我们使用标量解说，输出层的y可以参考 20-2-2 节的图，它是使用下式推导而来的：

$$y = \boldsymbol{w}^{(4)\mathrm{T}}\boldsymbol{u}^{(3)}$$ ← 式（20-1）

相当于是编号 3 的隐藏层和编号 4 的权重相乘，可以得到输出层y。

上述公式推导概念是，编号 3 单元$\boldsymbol{u}^{(3)}$原有p个元素另外加上常数 1，共有$p+1$个元素，所以可以得到：

$$\boldsymbol{u}^{(3)} = \begin{pmatrix} 1 \\ u_1^{(3)} \\ \vdots \\ u_p^{(3)} \end{pmatrix}$$

此外$y = \boldsymbol{w}^{(4)}$内有$p+1$个元素，所以可以得到：

$$\boldsymbol{w}^{(4)} = \begin{pmatrix} w_0^{(4)} \\ w_1^{(4)} \\ \vdots \\ w_p^{(4)} \end{pmatrix}$$

上述$w_0^{(4)}$就类似多元回归β_0，也就是截距，更多概念可以参考 18-1 节。为了要计算$\boldsymbol{w}^{(4)}$和$\boldsymbol{u}^{(3)}$的向量相乘，所以$\boldsymbol{w}^{(4)}$执行转置得到$\boldsymbol{w}^{(4)\mathrm{T}}$，这也是得到式（20-1）的原因。

如果将式（20-1）拆开，可以了解整个输出y的计算过程，如下：

$$y = \boldsymbol{w}^{(4)\mathrm{T}}\boldsymbol{u}^{(3)} = w_0^{(4)} + w_1^{(4)}u_1^{(3)} + w_2^{(4)}u_2^{(3)} + \cdots + w_p^{(4)}u_p^{(3)}$$

20-6 隐藏层$\boldsymbol{u}^{(3)}$的推导

20-6-1 基本概念

隐藏层$\boldsymbol{u}^{(3)}$是编号 2 的隐藏层和编号 3 的权重相乘，所以可以得到下式，须留意编号 3 的权重是矩阵。

$$\boldsymbol{u}^{(3)} = \boldsymbol{W}^{(3)}\boldsymbol{u}^{(2)} \longleftarrow \text{式(20-2)}$$

上述公式推导概念是，编号 2 单元$\boldsymbol{u}^{(2)}$原有m个元素另外加上常数 1，共有$m+1$个元素，所以可以得到：

$$\boldsymbol{u}^{(2)} = \begin{pmatrix} 1 \\ u_1^{(2)} \\ \vdots \\ u_m^{(2)} \end{pmatrix}$$

因为$\boldsymbol{u}^{(3)}$是含$p+1$个元素的向量，$\boldsymbol{u}^{(2)}$是含$m+1$个元素的向量，所以可以得到$\boldsymbol{W}^{(3)}$是含$(p+1)\times(m+1)$个元素的矩阵，如下：

$$\boldsymbol{W}^{(3)} = \begin{pmatrix} 1 & 0 & \cdots & 0 \\ w_{10}^{(3)} & w_{11}^{(3)} & \cdots & w_{1m}^{(3)} \\ \vdots & \vdots & \ddots & \vdots \\ w_{p0}^{(3)} & w_{p1}^{(3)} & \cdots & w_{pm}^{(3)} \end{pmatrix}$$

如果将$\boldsymbol{u}^{(2)}$和$\boldsymbol{W}^{(3)}$代入式（20-2），可以了解整个$\boldsymbol{u}^{(3)}$输出的计算过程，如下：

因为是 1,所以这些项是 0

$$\boldsymbol{u}^{(3)} = \begin{pmatrix} 1 \\ u_1^{(3)} \\ \vdots \\ u_p^{(3)} \end{pmatrix} = \boldsymbol{W}^{(3)}\boldsymbol{u}^{(2)} = \begin{pmatrix} 1 & 0 & \cdots & 0 \\ w_{10}^{(3)} & w_{11}^{(3)} & \cdots & w_{1m}^{(3)} \\ \vdots & \vdots & \ddots & \vdots \\ w_{p0}^{(3)} & w_{p1}^{(3)} & \cdots & w_{pm}^{(3)} \end{pmatrix} \begin{pmatrix} 1 \\ u_1^{(2)} \\ \vdots \\ u_m^{(2)} \end{pmatrix}$$

20-6-2 输出层的公式更新

将式（20-2）代入式（20-1）可以得到下列更新的输出层：

$$y = \boldsymbol{w}^{(4)\mathrm{T}}\boldsymbol{u}^{(3)}$$

$$y = \boldsymbol{w}^{(4)\mathrm{T}}\boldsymbol{W}^{(3)}\boldsymbol{u}^{(2)} \longleftarrow \text{式（20-3）}$$

20-7 隐藏层$\boldsymbol{u}^{(2)}$的推导

20-7-1 基本概念

隐藏层$\boldsymbol{u}^{(2)}$是编号 1 的输入层和编号 2 的权重相乘，所以可以得到下式，须留意编号 2 的权重是矩阵。

$$\boldsymbol{u}^{(2)} = \boldsymbol{W}^{(2)}\boldsymbol{x} \longleftarrow \text{式（20-4）}$$

上式推导概念是，输入层$\boldsymbol{x}$原有n个元素另外加上常数 1，所以有$n+1$个元素，所以可以得到：

$$\boldsymbol{x} = \begin{pmatrix} 1 \\ x_1 \\ \vdots \\ x_n \end{pmatrix}$$

因为$\boldsymbol{u}^{(2)}$是含$m+1$元素的向量，$\boldsymbol{x}$是含$n+1$个元素的向量，所以可以得到$\boldsymbol{W}^{(2)}$是含$(m+1)\times(n+1)$个元素的矩阵，如下：

$$\boldsymbol{W}^{(2)} = \begin{pmatrix} 1 & 0 & \cdots & 0 \\ w_{10}^{(2)} & w_{11}^{(2)} & \cdots & w_{1n}^{(2)} \\ \vdots & \vdots & \ddots & \vdots \\ w_{m0}^{(2)} & w_{m1}^{(2)} & \cdots & w_{mn}^{(2)} \end{pmatrix}$$

如果将$\boldsymbol{x}$和$\boldsymbol{W}^{(2)}$代入式（20-4），可以了解整个$\boldsymbol{u}^{(2)}$输出的计算过程：

$$\boldsymbol{u}^{(2)} = \boldsymbol{W}^{(2)}\boldsymbol{x} = \begin{pmatrix} 1 & 0 & \cdots & 0 \\ w_{10}^{(2)} & w_{11}^{(2)} & \cdots & w_{1n}^{(2)} \\ \vdots & \vdots & \ddots & \vdots \\ w_{m0}^{(2)} & w_{m1}^{(2)} & \cdots & w_{mn}^{(2)} \end{pmatrix}\begin{pmatrix} 1 \\ x_1 \\ \vdots \\ x_n \end{pmatrix}$$

20-7-2 输出层的公式更新

将式（20-4）代入式（20-3）可以得到下列更新的输出层：

$$y = \boldsymbol{w}^{(4)\mathrm{T}}\boldsymbol{W}^{(3)}\boldsymbol{u}^{(2)}$$
$$y = \boldsymbol{w}^{(4)\mathrm{T}}\boldsymbol{W}^{(3)}\boldsymbol{W}^{(2)}\boldsymbol{x} \longleftarrow \text{式（20-5）}$$

20-8 最后的输出层

从上述结果我们可以得到，等号右边$\boldsymbol{x}$的系数是$\boldsymbol{w}^{(4)\mathrm{T}}\boldsymbol{W}^{(3)}\boldsymbol{W}^{(2)}$，$\boldsymbol{w}^{(4)}$是$(p+1)\times 1$向量经过转置后的$1\times(p+1)$向量，$\boldsymbol{W}^{(3)}$是$(p+1)\times(m+1)$矩阵，$\boldsymbol{W}^{(2)}$是$(m+1)\times(n+1)$矩阵，所以最后$\boldsymbol{w}^{(4)\mathrm{T}}\boldsymbol{W}^{(3)}\boldsymbol{W}^{(2)}$是$1\times(n+1)$的向量，因为这些权重皆和变量$\boldsymbol{x}$无关，所以我们可以执行下列设定：

$$\boldsymbol{\beta}^{\mathrm{T}} = \boldsymbol{w}^{(4)\mathrm{T}}\boldsymbol{W}^{(3)}\boldsymbol{W}^{(2)}$$

将上述假设代入式（20-5），可以得到下列结果：

$$y = \boldsymbol{\beta}^{\mathrm{T}}\boldsymbol{x}$$

所以我们可以得到结论：即使是多层次的深度学习，若忽略非线性，仍可以得到多元回归的分析结果。

第 21 章

激活函数与梯度下降法

数据科学家早期在研究人工智能时，已经发现多元线性回归无法处理实际上非线性的问题，同时在架构神经网络期间就已经用数学方法证明了可以使用非线性函数解决复杂的数学计算然后获得极佳的近似值，这将是本章的重点。

21-1 激活函数

21-1-1 认识激活函数

在神经网络的应用中，线性回归已经无法处理实际的问题，通过激活函数可以将非线性特征导入我们设计的网络中，然后转换成另一个信号输出，所输出的信号将被应用于下一个隐藏层当作输入。

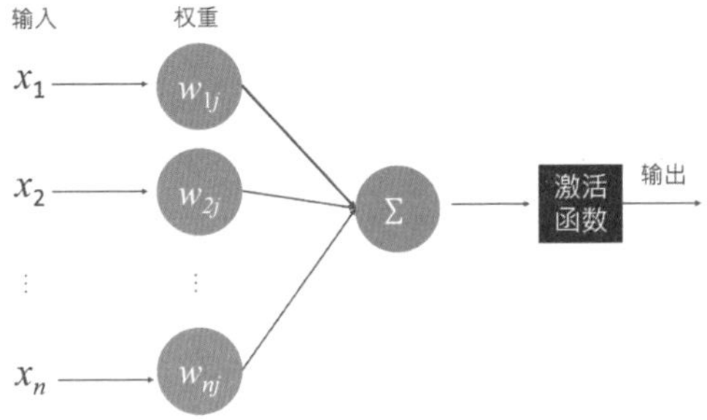

21-1-2 常见的激活函数

目前比较常见的激活函数有下列 3 种。

（1）Sigmoid 函数又称*S*函数，逻辑函数（Logistic Function）是最常见的 Sigmoid 函数。

（2）tanh - Hyperbolic tangent 函数，又称双曲正切函数。

（3）ReLU - Rectifined linear units 函数，又称线性整流函数。

1. Sigmoid 函数

有关此函数的相关特性可以参考笔者所著《机器学习数学基础一本通（Python 版）》的 17-2 节，此函数的曲线图如下所示。

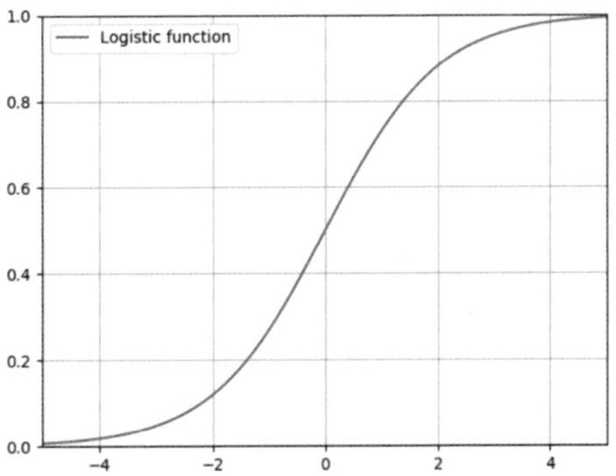

下式是此函数的简单定义：

$$y = f(x) = \frac{1}{1 + e^{-x}}$$

这个函数的区间值是 0 ~ 1。

因为引入了非线性激活函数让深度学习可以快速发展，而最先引入的非线性激活函数就是 Sigmoid 函数，也因此大多数的机器学习文献也是以此为切入点。

2. tanh 函数

双曲正切函数的数学公式如下：

$$y = \tanh(x) = \frac{e^x - e^{-x}}{e^x + e^{-x}}$$

这个函数关于（0，0）点中心对称，它的区间值是 -1 ~ 1。

程序实例 ch21_1.py：绘制双曲正切函数，x 值在 -5 和 5 之间。

```
1  # ch21_1.py
2  import matplotlib.pyplot as plt
3  import numpy as np
4
5  x = np.linspace(-5, 5, 10000)              # 建立含10000个元素的数组
6  y = [(np.e**x - np.e**-x)/(np.e**x+np.e**-x) for x in x]
7  plt.axis([-5, 5, -1, 1])
8  plt.plot(x, y, label="Tanh function")
9
10 plt.legend(loc="best")                     # 建立图例
11 plt.grid()
12 plt.show()
```

执行结果

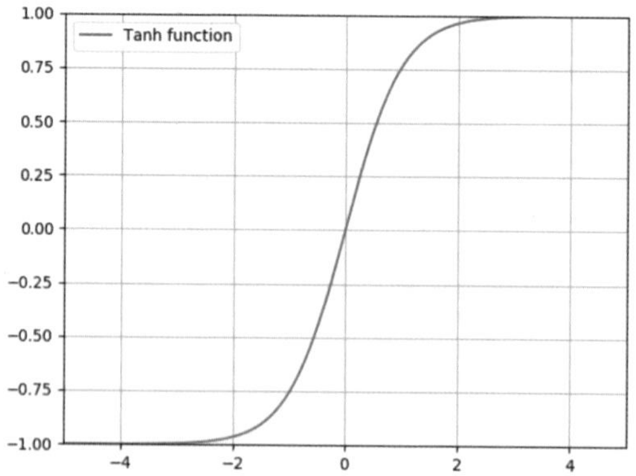

3. ReLU 函数

线性整流函数的数学公式如下：

$$f(x) = \begin{cases} 0, & x < 0 \\ x, & x \geqslant 0 \end{cases}$$

程序实例 ch21_2.py：绘制 ReLu 函数，x值在 −5 和 5 之间。

```
# ch21_2.py
import matplotlib.pyplot as plt
import numpy as np

x = np.linspace(-5, 5, 10000)                        # 建立含10000个元素的数组
y = [x if x >= 0 else 0 for x in x]
plt.axis([-5, 5, -5, 5])
plt.plot(x, y, label="ReLu function")

plt.legend(loc="best")                               # 建立图例
plt.grid()
plt.show()
```

执行结果

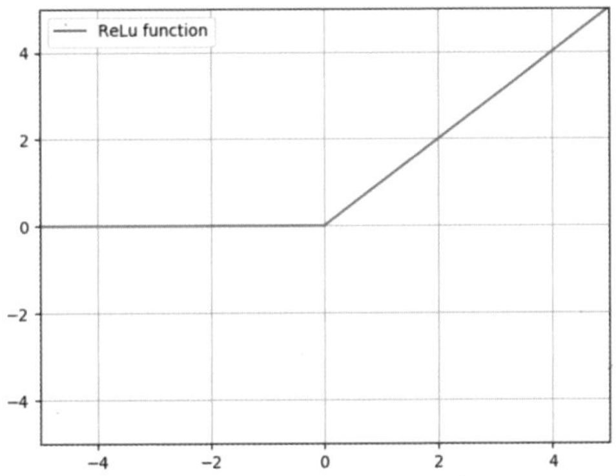

21-2 Sigmoid 函数的非线性数学模型

在 20-8 节的多元回归中，我们可以得到下列公式：

$$y = \boldsymbol{\beta}^{\mathrm{T}} \boldsymbol{x}$$

为了方便运算，我们可以将公式改写如下：

$$y = \boldsymbol{x}^{\mathrm{T}} \boldsymbol{\beta}$$

若是将上述y代入 21-1-2 节的 Sigmoid 函数，可以得到下列非线性数学模型结果：

$$y = f(\boldsymbol{x}^{\mathrm{T}} \boldsymbol{\beta}) = \frac{1}{1 + \mathrm{e}^{-\boldsymbol{x}^{\mathrm{T}} \boldsymbol{\beta}}}$$

先忽略$f(\boldsymbol{x}^{\mathrm{T}} \boldsymbol{\beta})$，可以得到下列结果：

$$y = \frac{1}{1 + \mathrm{e}^{-\boldsymbol{x}^{\mathrm{T}} \boldsymbol{\beta}}}$$

下列是推导简化上述公式的过程：

$$y + y\mathrm{e}^{-\boldsymbol{x}^{\mathrm{T}} \boldsymbol{\beta}} = 1$$

$$ye^{-x^{\mathrm{T}}\beta} = 1 - y$$

$$e^{-x^{\mathrm{T}}\beta} = \frac{1-y}{y}$$

$$\frac{1}{e^{x^{\mathrm{T}}\beta}} = \frac{1-y}{y}$$

$$\frac{y}{1-y} = e^{x^{\mathrm{T}}\beta}$$

$$\ln\frac{y}{1-y} = x^{\mathrm{T}}\beta \longleftarrow \text{式 (21-1)}$$

上述我们推导了非线性数学模型，至于如何使用，接下来笔者将一步一步引导读者。

21-3 网购实例

21-3-1 实例叙述

因特网的发展让网络购物网站快速崛起，许多购物网站会经常做市场调查，期待购物者有一个愉快的体验，下次可以继续购物。购物网站在做市场调查时，请了 300 位购物者填写问卷，在这份问卷中，主要针对台北市和其他县市物流质量，询问是否未来会再来购物的意愿，这份调查主要是希望可以找出影响消费者回购的因素，整个数据如下所示。

地　　区	是否投诉	是否愿意回购	人　　数
台北市	否	否	64
台北市	否	是	96
台北市	是	否	8
台北市	是	是	12
其他县市	否	否	54
其他县市	否	是	36
其他县市	是	否	18
其他县市	是	是	12

从上表可以看到，台北市的消费者对于网购比较习惯，其他县市消费者则比较不习惯或可能对物流速度不满意，所以回购率较低，我们可以使用下列叙述与图表显示上述表格。

（1）整体愿意再回来购物的比率：(36 + 12 + 96 + 12) / 300 = 52%。

（2）台北市愿意再回来购物的比率：(96 + 12) / 180 = 60%。

（3）其他县市愿意再回来购物的比率：(36 + 12) / 120 = 40%。

（4）无投诉愿意回来购物的比率：(36 + 96) / (54 + 36 + 64 + 96) = 52.8%。

（5）有投诉愿意回来购物的比率：(12 + 12) / (18 + 12 + 8 + 12) = 48%。

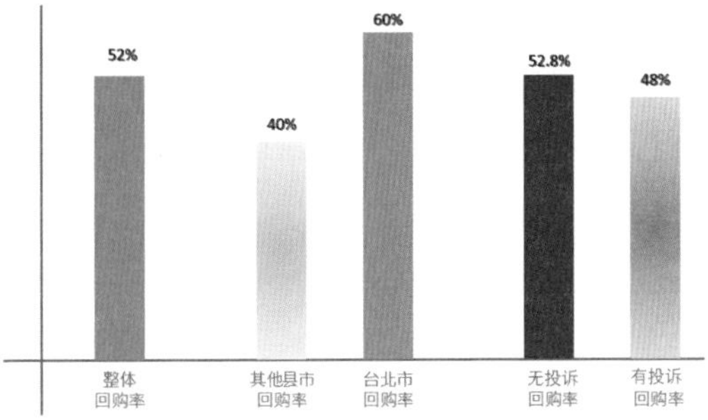

由上图可以看到，整体的回购率是 52%，其中台北市的回购率是 60%，其他县市的回购率是 40%，另外也发现，台北市与其他县市消费者关于投诉对回购率没有影响，所以从业者必须创造可以提高回购率的诱因。下列也是根据表格 21-1 建立的叙述与图表。

（1）其他县市无投诉愿意再回来购物的比率：36 / (36 + 54) = 40%。

（2）其他县市有投诉仍愿意再回来购物的比率：12/ (12 + 18) = 40%。

（3）台北市无投诉愿意再回来购物的比率：96 / (64 + 96) = 60%。

（4）台北市有投诉仍愿意再回来购物的比率：12 / (12+8) = 60%。

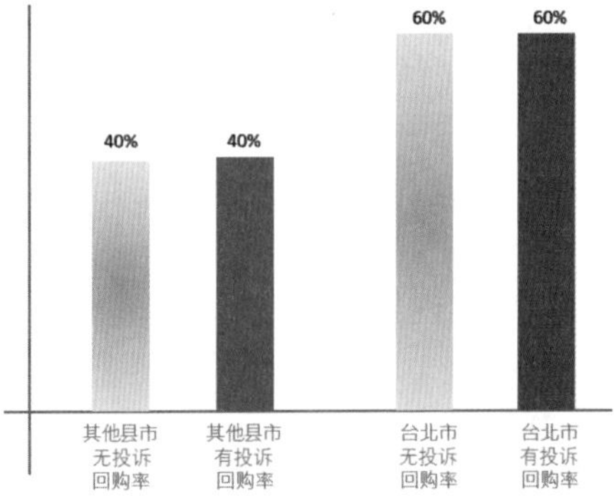

21-3-2　将表格问卷转为 Sigmoid 非线性数学模型

在机器学习中，可以将有投诉与无投诉分别用 1 与 0 表示，此外也可以将台北市设为 1 其他县市设为 0，这种设定方式称虚拟变量（Dummy Variables），现在我们可以根据上述表格问卷制作下表：

台北市虚拟变量	投诉虚拟变量	回购虚拟变量	人　数
0	0	0	54
0	0	1	36
0	1	0	18
0	1	1	12
1	0	0	64
1	0	1	96
1	1	0	8
1	1	1	12

有了上述数据，现在我们思考如何将上述数据转换成矩阵方式，在上述表格中回购虚拟变量是整个调查的目的，所以可以设为因变量y，所以y可以使用下列方式设定，1 代表会回购，0 代表不会回购。

$$\boldsymbol{y}=\begin{pmatrix} y_1 \\ \vdots \\ y_{55} \\ \vdots \\ y_{91} \\ \vdots \\ y_{109} \\ \vdots \\ y_{121} \\ \vdots \\ y_{185} \\ \vdots \\ y_{281} \\ \vdots \\ y_{289} \\ \vdots \\ y_{300} \end{pmatrix}=\begin{pmatrix} 0 \\ \vdots \\ 1 \\ \vdots \\ 0 \\ \vdots \\ 1 \\ \vdots \\ 0 \\ \vdots \\ 1 \\ \vdots \\ 0 \\ \vdots \\ 1 \\ \vdots \\ 1 \end{pmatrix}$$

自变量则是台北市和投诉，我们使用$\boldsymbol{X}^{\mathrm{T}}$当作变量，$x_0$是截距。$x_1$是台北市虚拟变量，1 代表台北市、0 代表其他县市。x_2是投诉虚拟变量，1 代表有投诉、0 代表没有投诉，请留意$\boldsymbol{X}$需转置。其中矩阵第 1 行（截距）全部设为 1，可以得到下列结果：

$$\boldsymbol{X}^{\mathrm{T}}=\begin{pmatrix} x_{1,0} & x_{1,1} & x_{1,2} \\ \vdots & \vdots & \vdots \\ x_{55,0} & x_{55,1} & x_{55,2} \\ \vdots & \vdots & \vdots \\ x_{91,0} & x_{91,1} & x_{91,2} \\ \vdots & \vdots & \vdots \\ x_{109,0} & x_{109,1} & x_{109,2} \\ \vdots & \vdots & \vdots \\ x_{121,0} & x_{121,1} & x_{121,2} \\ \vdots & \vdots & \vdots \\ x_{185,0} & x_{185,1} & x_{185,2} \\ \vdots & \vdots & \vdots \\ x_{281,0} & x_{281,1} & x_{281,2} \\ \vdots & \vdots & \vdots \\ x_{289,0} & x_{289,1} & x_{289,2} \\ \vdots & \vdots & \vdots \\ x_{300,0} & x_{300,1} & x_{300,2} \end{pmatrix}=\begin{pmatrix} 1 & 0 & 0 \\ \vdots & \vdots & \vdots \\ 1 & 0 & 0 \\ \vdots & \vdots & \vdots \\ 1 & 0 & 1 \\ \vdots & \vdots & \vdots \\ 1 & 0 & 1 \\ \vdots & \vdots & \vdots \\ 1 & 1 & 0 \\ \vdots & \vdots & \vdots \\ 1 & 1 & 0 \\ \vdots & \vdots & \vdots \\ 1 & 1 & 1 \\ \vdots & \vdots & \vdots \\ 1 & 1 & 1 \\ \vdots & \vdots & \vdots \\ 1 & 1 & 1 \end{pmatrix}$$

回归系数$\boldsymbol{\beta}$则用下式表示，其中β_0是截距，β_1是台北市虚拟变量的回归系数，β_2是投诉虚拟变量的回归系数。

$$\boldsymbol{\beta}=\begin{pmatrix} \beta_0 \\ \beta_1 \\ \beta_2 \end{pmatrix} \longleftarrow \text{截距}$$

接下来我们求回归系数$\boldsymbol{\beta}$，假设是第 1 列为y_1，可以参考式（21-1）使用下列公式推导：

$$\ln\frac{y_i}{1-y_i}=(x_{1,0} \quad x_{1,1} \quad x_{1,2})\begin{pmatrix} \beta_0 \\ \beta_1 \\ \beta_2 \end{pmatrix}$$

现在将矩阵$\boldsymbol{X}^{\mathrm{T}}$的第 1 列代入，可以得到：

$$\ln\frac{0}{1-0}=(1\quad 0\quad 0)\begin{pmatrix}\beta_0\\\beta_0\\\beta_0\end{pmatrix}$$

$$\ln 0=\beta_0$$

从对数概念可以知道，上述$\ln 0$是不存在的数字，所以出现了错误，其实只要$y_i=0$皆会出现相同的错误。如果$y_i=1$则会出现另一种错误，请参考矩阵$\boldsymbol{X}^{\mathrm{T}}$的第 55 行，如下所示：

$$\ln\frac{y_i}{1-y_i}=(x_{55,0}\quad x_{55,1}\quad x_{55,2})\begin{pmatrix}\beta_0\\\beta_1\\\beta_2\end{pmatrix}$$

$$\ln\frac{1}{1-1}=(1\quad 0\quad 0)\begin{pmatrix}\beta_0\\\beta_1\\\beta_2\end{pmatrix}$$

$$\ln\frac{1}{0}=\beta_0$$

使用一般数学公式无法解上式，但是可以使用似然函数求解回归系数。

21-4　推导对数似然函数

21-4-1　问题核心

参考 21-2 节的 Sigmoid 函数如下：

$$y=\frac{1}{1+\mathrm{e}^{-x^{\mathrm{T}}\beta}}$$

可以发现，即使自变量内容相同，但是会得到不同的因变量，例如：当参数是$(x_{1,0}\quad x_{1,1}\quad x_{1,2})=(1\quad 0\quad 0)$时，可以得到$y_1=0$。当参数是$(x_{55,0}\quad x_{55,1}\quad x_{55,2})=(1\quad 0\quad 0)$时，可以得到$y_{55}=1$。

对上述问题，我们了解$y_1=0$或$y_{55}=1$是回购率的问题，比较适合使用概率方式看待此 0 或 1 的结果。

21-4-2　使用概率当作似然函数的自变量

假设i是消费者编号，则可以假设第i位消费者的回购概率是P_i，可以使用下列 Sigmoid 公式代表此回购概率P_i：

$$P_i=\frac{1}{1+\mathrm{e}^{-\boldsymbol{x}_i^{\mathrm{T}}\boldsymbol{\beta}}}\quad\longleftarrow\text{式 (21-2)}$$

↑ 有下标

因为有 300 位消费者，所以我们知道$i=1,2,\cdots,300$，可以参考第 12 章中似然函数的概念，将每位消费者的回购概率相乘就可以得到似然函数，但是在使用此方法前我们必须先推导第i位消费者的回购概率，我们先有下列概念。

当$y_i = 1$，消费者回购概率是P_i。

当$y_i = 0$，消费者回购概率是$1 - P_i$。

事实上可以使用下列公式代表第i位消费者的回购概率：

$$P_i^{y_i}(1 - P_i)^{1-y_i}$$

如果将$y_i = 1$代入上述公式可以得到P_i，这符合我们先前的假设，如下：

$$P_i^{y_i}(1 - P_i)^{1-y_i} = P_i(1 - P_i)^{1-1} = P_i$$

如果将$y_i = 0$代入上述公式可以得到$1 - P_i$，这也符合我们先前的假设，如下：

$$P_i^{y_i}(1 - P_i)^{1-y_i} = P_i^{0}(1 - P_i)^{1-0} = 1 - P_i$$

有了上述概念后，可以得到下列似然函数，参考式（21-2）的回归系数$\boldsymbol{\beta}$，所以似然函数的参数是$\boldsymbol{\beta}$：

$$L(\boldsymbol{\beta}) = \prod_{i=1}^{n} P_i^{y_i}(1 - P_i)^{1-y_i} \quad \longleftarrow \text{式 (21-3)}$$

21-4-3 应用 Sigmoid 推导似然函数

这一节将应用 Sigmoid 函数将式（21-3）进一步推导，首先应用对数性质，两边取对数，这样连乘可以变成连加，如下所示：

$$\ln L(\boldsymbol{\beta}) = \sum_{i=1}^{n}\left(y_i \ln P_i + (1 - y_i)\boxed{\ln(1 - P_i)}\right) \quad \longleftarrow \text{式 (21-4)}$$

式（21-5）（指向 $\ln(1 - P_i)$）

下一步先推导式（21-5），内容是$\ln(1 - P_i)$，首先回到式（21-2）：

$$P_i = \frac{1}{1 + \mathrm{e}^{-\boldsymbol{x}_i^{\mathrm{T}}\boldsymbol{\beta}}}$$

用 1 减去等号两边，可以得到：

$$1 - P_i = 1 - \frac{1}{1 + \mathrm{e}^{-\boldsymbol{x}_i^{\mathrm{T}}\boldsymbol{\beta}}}$$

等号两边取对数，可以得到：

$$\boxed{\ln(1 - P_i)} = \ln\left(1 - \frac{1}{1 + \mathrm{e}^{-\boldsymbol{x}_i^{\mathrm{T}}\boldsymbol{\beta}}}\right)$$

式（21-5）（指向 $\ln(1 - P_i)$）

$$\ln(1 - P_i) = \ln\left(\frac{1 + \mathrm{e}^{-\boldsymbol{x}_i^{\mathrm{T}}\boldsymbol{\beta}}}{1 + \mathrm{e}^{-\boldsymbol{x}_i^{\mathrm{T}}\boldsymbol{\beta}}} - \frac{1}{1 + \mathrm{e}^{-\boldsymbol{x}_i^{\mathrm{T}}\boldsymbol{\beta}}}\right)$$

$$\ln(1 - P_i) = \ln\left(\frac{\mathrm{e}^{-\boldsymbol{x}_i^{\mathrm{T}}\boldsymbol{\beta}}}{1 + \mathrm{e}^{-\boldsymbol{x}_i^{\mathrm{T}}\boldsymbol{\beta}}}\right)$$

$$\ln(1 - P_i) = \ln\left(\mathrm{e}^{-\boldsymbol{x}_i^{\mathrm{T}}\boldsymbol{\beta}} * \frac{1}{1 + \mathrm{e}^{-\boldsymbol{x}_i^{\mathrm{T}}\boldsymbol{\beta}}}\right)$$

$$\ln(1 - P_i) = \ln\left(\mathrm{e}^{-\boldsymbol{x}_i^{\mathrm{T}}\boldsymbol{\beta}}\right) + \ln\left(\boxed{\frac{1}{1 + \mathrm{e}^{-\boldsymbol{x}_i^{\mathrm{T}}\boldsymbol{\beta}}}}\right)$$

等于式（21-2）中的p_i（指向方框部分）

$$\ln(1-P_i) = -\boldsymbol{x}_i{}^{\mathrm{T}}\boldsymbol{\beta} + \ln P_i \longleftarrow \text{式 (21-6)}$$

将式（21-6）代入式（21-4），可以得到：

$$\ln L(\boldsymbol{\beta}) = \sum_{i=1}^{n}\left(y_i \ln P_i + (1-y_i)\ln(1-P_i)\right)$$

$$\ln L(\boldsymbol{\beta}) = \sum_{i=1}^{n}\left(y_i \ln P_i + \boxed{(1-y_i)(-\boldsymbol{x}_i{}^{\mathrm{T}}\boldsymbol{\beta} + \ln P_i)}\right)$$

请相乘

$$\ln L(\boldsymbol{\beta}) = \sum_{i=1}^{n}(y_i \ln P_i - \boldsymbol{x}_i{}^{\mathrm{T}}\boldsymbol{\beta} + \ln P_i + y_i\boldsymbol{x}_i{}^{\mathrm{T}}\boldsymbol{\beta} - y_i \ln P_i)$$

$$\ln L(\boldsymbol{\beta}) = \sum_{i=1}^{n}(y_i \ln P_i - \boldsymbol{x}_i{}^{\mathrm{T}}\boldsymbol{\beta} + \ln P_i + y_i\boldsymbol{x}_i{}^{\mathrm{T}}\boldsymbol{\beta} - y_i \ln P_i)$$

$$\ln L(\boldsymbol{\beta}) = \sum_{i=1}^{n}(y_i\boldsymbol{x}_i{}^{\mathrm{T}}\boldsymbol{\beta} — \boldsymbol{x}_i{}^{\mathrm{T}}\boldsymbol{\beta} + \ln P_i)$$

$$\ln L(\boldsymbol{\beta}) = \sum_{i=1}^{n}\left((y_i - 1)\boldsymbol{x}_i{}^{\mathrm{T}}\boldsymbol{\beta} + \boxed{\ln P_i}\right) \longleftarrow \text{式 (21-7)}$$

将式（21-2）代入式（21-7），可以得到：

$$\ln L(\boldsymbol{\beta}) = \sum_{i=1}^{n}\left((y_i - 1)\boldsymbol{x}_i{}^{\mathrm{T}}\boldsymbol{\beta} + \boxed{\ln\frac{1}{1+\mathrm{e}^{-\boldsymbol{x}_i{}^{\mathrm{T}}\boldsymbol{\beta}}}}\right)$$

请参考笔者所著《机器学习数学基础一本通（Python 版）》的 16-5-6 节对数特性如下：

$$\log\frac{\boldsymbol{M}}{\boldsymbol{N}} = \log\boldsymbol{M} - \log\boldsymbol{N}$$

所以先前公式可以推导如下：

$$\ln L(\boldsymbol{\beta}) = \sum_{i=1}^{n}\left((y_i - 1)\boldsymbol{x}_i{}^{\mathrm{T}}\boldsymbol{\beta} + \boxed{\ln 1} - \ln\left(1+\mathrm{e}^{-\boldsymbol{x}_i{}^{\mathrm{T}}\boldsymbol{\beta}}\right)\right)$$

等于 0

$$\ln L(\boldsymbol{\beta}) = \sum_{i=1}^{n}\left((y_i - 1)\boldsymbol{x}_i{}^{\mathrm{T}}\boldsymbol{\beta} - \ln\left(1+\mathrm{e}^{-\boldsymbol{x}_i{}^{\mathrm{T}}\boldsymbol{\beta}}\right)\right)$$

上述就是 Sigmoid 函数的对数似然函数，由于上述公式比较复杂，若想要计算函数的最大值，需要对上述对数似然函数做偏微分，不过公式较复杂，21-5 节将用梯度下降法计算。

21-5 使用梯度下降法推导回归系数

21-5-1 推导损失函数

21-4-3 节最后获得了对数似然函数，对数似然函数目的是计算最大值，梯度下降法目的是计算最小损失函数也就是计算最小值，所以我们可以将对数似然函数乘以 -1，这样就可以得到损失函数最小值的概念。

在第 19 章，笔者使用**紫色**的L代表损失函数，为了与对数似然函数有所区分，一般机器学习文章也使用C当作损失函数，C是 Cost 的首字母，所以我们得到下列公式：

$$\boxed{C(\boldsymbol{\beta})} = -\ln L(\boldsymbol{\beta})$$

损失函数

相当于可以得到下列**损失函数**：

$$C(\boldsymbol{\beta}) = -\sum_{i=1}^{n}\left((y_i - 1)\boldsymbol{x}_i{}^{\mathrm{T}}\boldsymbol{\beta} - \ln\left(1 + \mathrm{e}^{-\boldsymbol{x}_i{}^{\mathrm{T}}\boldsymbol{\beta}}\right)\right) \quad \text{式(21-8)}$$

负号

21-5-2 计算回归系数

我们可以先假设回归系数$\boldsymbol{\beta}$的初值是 1，相当于：

$$\beta = \begin{pmatrix}\beta_0\\ \beta_1\\ \beta_2\end{pmatrix} = \begin{pmatrix}1\\ 1\\ 1\end{pmatrix}$$

步骤 1：计算编号 1 ~ 54

目前损失函数的索引i是编号 1 ~ 300 的消费者之一，现在先处理其他县市无投诉、回购变量是 0 的情况，相当于不愿意再来购物的编号 1 ~ 54 共 54 位消费者，先将$\boldsymbol{x}_i = (1 \quad 0 \quad 0)$和$y_i = 0$代入式（21–8），可以得到下列公式：

$$C(\boldsymbol{\beta}) = -\sum_{i=1}^{54}\left((0-1)(1 \quad 0 \quad 0)\begin{pmatrix}\beta_0\\ \beta_1\\ \beta_2\end{pmatrix} - \ln\left(1 + \mathrm{e}^{-(1 \quad 0 \quad 0)\begin{pmatrix}\beta_0\\ \beta_1\\ \beta_2\end{pmatrix}}\right)\right)$$

$$C(\boldsymbol{\beta}) = -\sum_{i=1}^{54}\left(-\beta_0 - \ln\left(1 + \mathrm{e}^{-\beta_0}\right)\right)$$

$$C(\boldsymbol{\beta}) = \sum_{i=1}^{54}\left(\beta_0 + \ln\left(1 + \mathrm{e}^{-\beta_0}\right)\right)$$

接下来我们对上述损失函数做偏微分，因为上述公式对β_1和β_2的偏微分是 0，所以我们可以针对β_0做处理。对上述公式做偏微分有一点复杂，前面我们已经假设回归系数$\boldsymbol{\beta}$的初值是 1，相当于

$\beta_0 = 1$，这时可以使用 3-5-3 节的概念做微分，如下：

$\lim\limits_{\Delta x \to 0} \dfrac{f(x+\Delta x) - f(x)}{\Delta x}$，在这里$f(x) = x + \ln(1 + \mathrm{e}^{-x})$。

假设$\Delta x = 0.00001$，可以得到下列微分公式。

$$\frac{\left(1.00001 + \ln(1 + \mathrm{e}^{-1.00001})\right) - \left(1 + \ln(1 + \mathrm{e}^{-1})\right)}{0.00001}$$

程序实例 ch21_3.py：计算上述微分，同时计算编号 1 ～ 54 的消费者的回归系数向量β_0。

```
# ch21_3.py
import numpy as np

x1 = 1.00001 + np.log(1 + np.exp(-1.00001))
x2 = 1 + np.log(1 + np.exp(-1))
diff = (x1 - x2) / 0.00001
print(f'微分值 = {diff:5.4f}')
beta0 = diff * 54
print(f'beta0  = {beta0:5.4f}')
```

执行结果

```
======== RESTART: D:/Python Machine Learning Calculus/ch21/ch21_3.py ========
微分值 = 0.7311
beta0  = 39.4772
```

从上述可以得到编号 1 ～ 54 的回归系数向量是（39.4772, 0, 0）。

步骤 2：计算编号 55 ～ 90

现在处理其他县市无投诉未来愿意回购的编号 55 ～ 90 共 36 位消费者，先将$\boldsymbol{x}_i = (1 \quad 0 \quad 0)$和$y_i = 1$代入式（21-8），可以得到下列公式：

$$C(\boldsymbol{\beta}) = -\sum_{i=55}^{90}\left((1-1)(1 \quad 0 \quad 0)\begin{pmatrix}\beta_0\\ \beta_1\\ \beta_2\end{pmatrix} - \ln\left(1 + \mathrm{e}^{-(1 \quad 0 \quad 0)\begin{pmatrix}\beta_0\\ \beta_1\\ \beta_2\end{pmatrix}}\right)\right)$$

$$C(\boldsymbol{\beta}) = -\sum_{i=55}^{90}\left(0 - \ln\left(1 + \mathrm{e}^{-\beta_0}\right)\right)$$

$$C(\boldsymbol{\beta}) = \sum_{i=55}^{90}\left(\ln\left(1 + \mathrm{e}^{-\beta_0}\right)\right)$$

接下来我们对上述损失函数做偏微分，因为上述公式对β_1和β_2的偏微分是 0，所以我们可以针对β_0做处理，得到下列微分公式：

$$\frac{\left(\ln(1 + \mathrm{e}^{-1.00001})\right) - \left(1 + \ln(1 + \mathrm{e}^{-1})\right)}{0.00001}$$

程序实例 ch21_4.py：计算上述微分，同时计算编号 55 ～ 90 的消费者的回归系数向量β_0。

```
# ch21_4.py
import numpy as np

x1 = np.log(1 + np.exp(-1.00001))
x2 = np.log(1 + np.exp(-1))
diff = (x1 - x2) / 0.00001
print(f'微分值 = {diff:5.4f}')
beta0 = diff * 36
print(f'beta0  = {beta0:5.4f}')
```

执行结果

```
======== RESTART: D:/Python Machine Learning Calculus/ch21/ch21_4.py ========
微分值 = -0.2689
beta0  = -9.6819
```

从上述可以得到编号 55 ～ 90 的回归系数向量是(−9.6819, 0, 0)。

步骤 3：计算编号 91 ～ 108

现在处理其他县市有投诉未来不愿意回购的编号 91 ～ 108 共 18 位消费者，先将$\boldsymbol{x}_i = (1 \quad 0 \quad 1)$和$y_i = 0$代入式（21–8），可以得到下列公式：

$$C(\boldsymbol{\beta}) = -\sum_{i=91}^{108}\left((0-1)(1 \quad 0 \quad 1)\begin{pmatrix}\beta_0\\\beta_1\\\beta_2\end{pmatrix} - \ln\left(1 + \mathrm{e}^{-(1 \quad 0 \quad 1)\begin{pmatrix}\beta_0\\\beta_1\\\beta_2\end{pmatrix}}\right)\right)$$

$$C(\boldsymbol{\beta}) = -\sum_{i=91}^{108}\left(-(\beta_0+\beta_2) - \ln\left(1+\mathrm{e}^{-(\beta_0+\beta_2)}\right)\right)$$

$$C(\boldsymbol{\beta}) = \sum_{i=91}^{108}\left((\beta_0+\beta_2) + \ln\left(1+\mathrm{e}^{-(\beta_0+\beta_2)}\right)\right)$$

接下来对上述损失函数做偏微分，因为上述公式对β_1的偏微分是 0，所以可以针对β_0和β_2做处理，下列是对β_0偏微分公式：

$$\frac{\left(\overset{\beta_0+\Delta x}{\overset{\downarrow}{1.00001}} + \overset{\beta_2}{\overset{\downarrow}{1}} + \ln\left(1+\mathrm{e}^{-(\overset{\beta_0+\Delta x}{\overset{\downarrow}{1.00001}}+\overset{\beta_2}{\overset{\downarrow}{1}})}\right)\right) - \left(1+1+\ln\left(1+\mathrm{e}^{-(\overset{\beta_0}{\overset{\downarrow}{1}}+\overset{\beta_2}{\overset{\downarrow}{1}})}\right)\right)}{0.00001}$$

程序实例 ch21_5.py：计算上述微分，同时计算编号 91 ～ 108 消费者的β_0回归系数向量。

```
# ch21_5.py
import numpy as np

x1 = 1.00001 + 1 + np.log(1 + np.exp(-(1.00001+1)))
x2 = 1 + 1 + np.log(1 + np.exp(-(1+1)))
diff = (x1 - x2) / 0.00001
print(f'微分值 = {diff:5.4f}')
beta0 = diff * 18
print(f'beta0  = {beta0:5.4f}')
```

执行结果

```
======== RESTART: D:/Python Machine Learning Calculus/ch21/ch21_5.py ========
微分值 = 0.8808
beta0  = 15.8544
```

我们可以使用相同方式计算β_2的值也是 15.8544，从上述可以得到编号 91 ～ 108 的回归系数向量是（15.8544, 0, 15.8544）。

步骤 4：计算编号 109 ～ 120

现在处理其他县市有投诉未来愿意回购的编号 109 ～ 120 共 12 位消费者，先将$\boldsymbol{x}_i = (1 \quad 0 \quad 1)$和$y_i = 1$代入式（21－8），可以得到下列公式：

$$C(\boldsymbol{\beta}) = -\sum_{i=109}^{120}\left((1-1)(1 \quad 0 \quad 1)\begin{pmatrix}\beta_0\\ \beta_1\\ \beta_2\end{pmatrix} - \ln\left(1 + \mathrm{e}^{-(1 \quad 0 \quad 1)\begin{pmatrix}\beta_0\\ \beta_1\\ \beta_2\end{pmatrix}}\right)\right)$$

$$C(\boldsymbol{\beta}) = -\sum_{i=109}^{120}\left(-\ln\left(1 + \mathrm{e}^{-(\beta_0+\beta_2)}\right)\right)$$

$$C(\boldsymbol{\beta}) = \sum_{i=109}^{120}\left(\ln\left(1 + \mathrm{e}^{-(\beta_0+\beta_2)}\right)\right)$$

接下来我们对上述损失函数做偏微分，因为上述公式对β_1的偏微分是 0，所以我们可以针对β_0和β_2做处理，下列是对β_0偏微分公式：

$$\frac{\left(\ln\left(1 + \mathrm{e}^{-(1.00001+1)}\right)\right) - \left(1 + \ln\left(1 + \mathrm{e}^{-(1+1)}\right)\right)}{0.00001}$$

程序实例 ch21_6.py：计算上述微分，同时计算编号 109 ～ 120 消费者的β_0回归系数向量。

```
# ch21_6.py
import numpy as np

x1 = np.log(1 + np.exp(-(1.00001+1)))
x2 = np.log(1 + np.exp(-(1+1)))
diff = (x1 - x2) / 0.00001
print(f'微分值 = {diff:5.4f}')
beta0 = diff * 12
print(f'beta0  = {beta0:5.4f}')
```

执行结果

```
======== RESTART: D:/Python Machine Learning Calculus/ch21/ch21_6.py ========
微分值 = -0.1192
beta0  = -1.4304
```

我们可以使用相同方式计算β_2的值也是 -1.4304，从上述可以得到编号 109 ～ 120 的回归系数向量是（-1.4304, 0, -1.4304）。

步骤 5：计算编号 121 ～ 184

现在处理台北市无投诉未来不愿意回购的编号 121 ～ 184 共 64 位消费者，先将$\boldsymbol{x}_i = (1 \quad 1 \quad 0)$和$y_i = 0$代入式（21－8），可以得到下列公式：

$$C(\boldsymbol{\beta}) = -\sum_{i=121}^{184}\left((0-1)(1 \quad 1 \quad 0)\begin{pmatrix}\beta_0\\ \beta_1\\ \beta_2\end{pmatrix} - \ln\left(1 + \mathrm{e}^{-(1 \quad 1 \quad 0)\begin{pmatrix}\beta_0\\ \beta_1\\ \beta_2\end{pmatrix}}\right)\right)$$

$$C(\boldsymbol{\beta}) = -\sum_{i=121}^{184}\left(-(\beta_0+\beta_1) - \ln\left(1+\mathrm{e}^{-(\beta_0+\beta_1)}\right)\right)$$

$$C(\boldsymbol{\beta}) = \sum_{i=121}^{184}\left((\beta_0+\beta_1) + \ln\left(1+\mathrm{e}^{-(\beta_0+\beta_1)}\right)\right)$$

接下来我们对上述损失函数做偏微分，因为上述公式对β_2的偏微分是 0，所以我们可以针对β_0和β_1做处理，下列是对β_0偏微分公式：

$$\beta_0+\Delta x \quad \beta_1 \qquad \beta_0+\Delta x \quad \beta_1 \qquad \beta_0\beta_1$$

$$\frac{\left(1.00001 + 1 + \ln\left(1+\mathrm{e}^{-(1.00001+1)}\right)\right) - \left(1 + 1 + \ln\left(1+\mathrm{e}^{-(1+1)}\right)\right)}{0.00001}$$

程序实例 ch21_7.py：计算上述微分，同时计算编号 121 ～ 184 消费者的β_0回归系数向量。

```
# ch21_7.py
import numpy as np

x1 = 1.00001 + 1 + np.log(1 + np.exp(-(1.00001+1)))
x2 = 1 + 1 + np.log(1 + np.exp(-(1+1)))
diff = (x1 - x2) / 0.00001
print(f'微分值 = {diff:5.4f}')
beta0 = diff * 64
print(f'beta0  = {beta0:5.4f}')
```

执行结果

```
======== RESTART: D:/Python Machine Learning Calculus/ch21/ch21_7.py ========
微分值 = 0.8808
beta0  = 56.3710
```

我们可以使用相同方式计算β_1的值也是 56.3710，从上述可以得到编号 121 ～ 184 的回归系数向量是（56.3710, 56.3710, 0）。

步骤 6：计算编号 185 ～ 280

现在处理台北市无投诉愿意再来购物的编号 185 ～ 280 共 96 位消费者，先将$\boldsymbol{x}_i = (1 \quad 1 \quad 0)$和$y_i = 1$代入式（21－8），可以得到下列公式：

$$C(\boldsymbol{\beta}) = -\sum_{i=185}^{280}\left((1-1)(1 \quad 1 \quad 0)\begin{pmatrix}\beta_0\\ \beta_1\\ \beta_2\end{pmatrix} - \ln\left(1+\mathrm{e}^{-(1 \quad 1 \quad 0)\begin{pmatrix}\beta_0\\ \beta_1\\ \beta_2\end{pmatrix}}\right)\right)$$

$$C(\boldsymbol{\beta}) = -\sum_{i=185}^{280}\left(-\ln\left(1+\mathrm{e}^{-(\beta_0+\beta_1)}\right)\right)$$

$$C(\boldsymbol{\beta}) = \sum_{i=185}^{280}\left(\ln\left(1+\mathrm{e}^{-(\beta_0+\beta_1)}\right)\right)$$

接下来我们对上述损失函数做偏微分，因为上述公式对β_2的偏微分是 0，所以我们可以针对β_0和β_1做处理，下列是对β_0偏微分公式：

$$\frac{\left(\ln\left(1+\mathrm{e}^{-(1.00001+1)}\right)\right)-\left(1+\ln\left(1+\mathrm{e}^{-(1+1)}\right)\right)}{0.00001}$$

程序实例 ch21_8.py：计算上述微分，同时计算编号 185 ～ 280 消费者的β_0回归系数向量。

```
# ch21_8.py
import numpy as np

x1 = np.log(1 + np.exp(-(1.00001+1)))
x2 = np.log(1 + np.exp(-(1+1)))
diff = (x1 - x2) / 0.00001
print(f'微分值 = {diff:5.4f}')
beta0 = diff * 96
print(f'beta0  = {beta0:5.4f}')
```

执行结果

```
======== RESTART: D:/Python Machine Learning Calculus/ch21/ch21_8.py ========
微分值 = -0.1192
beta0  = -11.4434
```

我们可以使用相同方式计算β_1的值也是－ 11.4434，从上述可以得到编号 185 ～ 280 的回归系数向量是(-11.4434, -11.4434, 0)。

步骤 7：计算编号 281 ～ 288

现在处理台北市有投诉不愿意再来购物的编号 281 ～ 288 共 8 位消费者，先将$\boldsymbol{x}_i = (1 \quad 1 \quad 1)$和$y_i = 0$代入式（21－8），可以得到下列公式：

$$C(\boldsymbol{\beta}) = -\sum_{i=281}^{288}\left((0-1)(1 \quad 1 \quad 1)\begin{pmatrix}\beta_0\\ \beta_1\\ \beta_2\end{pmatrix} - \ln\left(1+\mathrm{e}^{-(1 \quad 1 \quad 1)\begin{pmatrix}\beta_0\\ \beta_1\\ \beta_2\end{pmatrix}}\right)\right)$$

$$C(\boldsymbol{\beta}) = -\sum_{i=281}^{288}\left(-(\beta_0+\beta_1+\beta_2) - \ln\left(1+e^{-(\beta_0+\beta_1+\beta_2)}\right)\right)$$

$$C(\boldsymbol{\beta}) = \sum_{i=281}^{288}\left((\beta_0+\beta_1+\beta_2) + \ln\left(1+e^{-(\beta_0+\beta_1+\beta_2)}\right)\right)$$

接下来我们对上述损失函数的β_0、β_1和β_2做偏微分，下列是对β_0偏微分公式：

$$\frac{\left(1.00001+1+1+\ln\left(1+e^{-(1.00001+1+1)}\right)\right)-\left(1+1+\ln\left(1+e^{-(1+1+1)}\right)\right)}{0.00001}$$

程序实例 ch21_9.py：计算上述微分，同时计算编号 281 ～ 288 消费者的β_0回归系数向量。

```
# ch21_9.py
import numpy as np

x1 = 1.00001 + 1 + 1+ np.log(1 + np.exp(-(1.00001+1+1)))
x2 = 1 + 1 + 1 + np.log(1 + np.exp(-(1+1+1)))
diff = (x1 - x2) / 0.00001
print(f'微分值 = {diff:5.4f}')
beta0 = diff * 8
print(f'beta0  = {beta0:5.4f}')
```

执行结果

```
======== RESTART: D:/Python Machine Learning Calculus/ch21/ch21_9.py ========
微分值 = 0.9526
beta0  = 7.6206
```

我们可以使用相同方式计算β_1和β_2的值也是 7.6206，从上述可以得到编号 281 ～ 288 的回归系数向量是（7.6206, 7.6206, 7.6206）。

步骤 8：计算编号 289 ～ 300

现在处理台北市有投诉愿意再来购物的编号 289 ～ 300 共 12 位消费者，先将$\boldsymbol{x}_i = (1 \quad 1 \quad 1)$和$y_i = 1$代入式（21-8），可以得到下列公式：

$$C(\boldsymbol{\beta}) = -\sum_{i=289}^{300}\left((1-1)(1 \quad 1 \quad 1)\begin{pmatrix}\beta_0\\ \beta_1\\ \beta_2\end{pmatrix} - \ln\left(1+e^{-(1 \quad 1 \quad 1)\begin{pmatrix}\beta_0\\ \beta_1\\ \beta_2\end{pmatrix}}\right)\right)$$

$$C(\boldsymbol{\beta}) = -\sum_{i=289}^{300}\left(-\ln\left(1+e^{-(\beta_0+\beta_1+\beta_2)}\right)\right)$$

$$C(\boldsymbol{\beta}) = \sum_{i=289}^{300}\left(\ln\left(1+e^{-(\beta_0+\beta_1+\beta_2)}\right)\right)$$

接下来我们对上述损失函数的β_0、β_1和β_2做偏微分，下列是对β_0偏微分公式：

$$\frac{\left(\ln\left(1+e^{-(1.00001+1+1)}\right)\right)-\left(1+\ln\left(1+e^{-(1+1+1)}\right)\right)}{0.00001}$$

程序实例 ch21_10.py：计算上述微分，同时计算编号 289 ～ 300 消费者的β_0回归系数向量。

```
# ch21_10.py
import numpy as np

x1 = np.log(1 + np.exp(-(1.00001+1+1)))
x2 = np.log(1 + np.exp(-(1+1+1)))
diff = (x1 - x2) / 0.00001
print(f'微分值 = {diff:5.4f}')
beta0 = diff * 12
print(f'beta0  = {beta0:5.4f}')
```

执行结果

```
======== RESTART: D:\Python Machine Learning Calculus\ch21\ch21_10.py ========
微分值 = -0.0474
beta0  = -0.5691
```

我们可以使用相同方式计算β_1和β_2的值也是 -0.5691，从上述可以得到编号 289 ～ 300 的回归系数向量是（-0.5691, -0.5691, -0.5691）。

步骤 9：加总所有回归系数

现在可以将上述步骤 1 ～ 步骤 8 的所有$\boldsymbol{\beta}$加总，可以得到下列结果。

Beta(1～54)	39.4772	0	0
Beta(55～90)	−9.6819	0	0
Beta(91～108)	15.8544	0	15.8544
Beta(109～120)	−1.4304	0	−1.4304
Beta(121～184)	56.371	56.371	0
Beta(185～280)	−11.4434	−11.4434	0
Beta(281～288)	7.6206	7.6206	7.6206
Beta(289～300)	− 0.5691	− 0.5691	− 0.5691
Beta(1～300)	96.1984	51.9791	21.4755

步骤 10：计算新的回归系数$\boldsymbol{\beta}$

其实 21-5-1 节中笔者说过上述是推导损失函数，21-5 节开始笔者假设回归系数$\boldsymbol{\beta}$的初值是 1，相当于：

$$\boldsymbol{\beta}=\begin{pmatrix}\beta_0\\ \beta_1\\ \beta_2\end{pmatrix}=\begin{pmatrix}1\\ 1\\ 1\end{pmatrix}$$

假设学习率是 0.01，依照梯度下降概念，新的回归系数$\boldsymbol{\beta}$值公式如下：

$$\beta_0 = 1 - 0.01 \times 96.1984 = 0.038016$$
$$\beta_1 = 1 - 0.01 \times 51.9791 = 0.480209$$
$$\beta_2 = 1 - 0.01 \times 21.4755 = 0.785245$$

步骤 11：迭代计算

将新的回归系数代入本节步骤 1 ～ 步骤 10 即可。

21-5-3 Python 实际操作

程序实例 ch21_11.py：设定学习率是 0.003，迭代计算 500 次，计算回归系数。

```
# ch21_11.py
import numpy as np

def f1():
    ''' 1 - 54 '''
    x1 = beta[0] + delta_x + np.log(1 + np.exp(-(beta[0] + delta_x)))
    x2 = beta[0] + np.log(1 + np.exp(-beta[0]))
    beta0 = people[0] * (x1 - x2) / delta_x
    cur_beta[0] += beta0

def f2():
    ''' 55 - 90 '''
    x1 = np.log(1 + np.exp(-(beta[0] + delta_x)))
    x2 = np.log(1 + np.exp(-beta[0]))
    beta0 = people[1] * (x1 - x2) / delta_x
    cur_beta[0] += beta0

def f3():
    ''' 91 - 108 '''
    x1 = beta[0] + delta_x + beta[2] \
         + np.log(1+np.exp(-(beta[0] + delta_x + beta[2])))
    x2 = beta[0] + beta[2] + np.log(1 + np.exp(-(beta[0] + beta[2])))
    beta0 = people[2] * (x1 - x2) / delta_x
    cur_beta[0] += beta0
    beta2 = beta0
    cur_beta[2] += beta2

def f4():
    ''' 109 - 120 '''
    x1 = np.log(1+np.exp(-(beta[0] + delta_x + beta[2])))
    x2 = np.log(1 + np.exp(-(beta[0]+beta[2])))
    beta0 = people[3] * (x1 - x2) / delta_x
    cur_beta[0] += beta0
    beta2 = beta0
    cur_beta[2] += beta2

def f5():
    ''' 121 - 184 '''
    x1 = beta[0] + delta_x + beta[1] \
         + np.log(1 + np.exp(-(beta[0] + delta_x + beta[1])))
    x2 = beta[0] + beta[1] + np.log(1 + np.exp(-(beta[0] + beta[1])))
    beta0 = people[4] * (x1 - x2) / delta_x
    cur_beta[0] += beta0
    beta1 = beta0
    cur_beta[1] += beta1

```

```
def f6():
    ''' 185 - 280 '''
    x1 = np.log(1+np.exp(-(beta[0] + delta_x + beta[1])))
    x2 = np.log(1 + np.exp(-(beta[0] + beta[1])))
    beta0 = people[5] * (x1 - x2) / delta_x
    cur_beta[0] += beta0
    beta1 = beta0
    cur_beta[1] += beta1

def f7():
    ''' 280 - 288 '''
    x1 = beta[0] + delta_x + beta[1] + beta[2] \
        + np.log(1 + np.exp(-(beta[0] + delta_x + beta[1] + beta[2])))
    x2 = beta[0] + beta[1] + beta[2] \
        + np.log(1 + np.exp(-(beta[0] + beta[1] + beta[2])))
    beta0 = people[6] * (x1 - x2) / delta_x
    cur_beta[0] += beta0
    beta1 = beta0
    cur_beta[1] += beta1
    beta2 = beta0
    cur_beta[2] += beta2

def f8():
    ''' 289 - 300 '''
    x1 = np.log(1 + np.exp(-(beta[0] + delta_x + beta[1] + beta[2])))
    x2 = np.log(1 + np.exp(-(beta[0] + beta[1] + beta[2])))
    beta0 = people[7] * (x1 - x2) / delta_x
    cur_beta[0] += beta0
    beta1 = beta0
    cur_beta[1] += beta1
    beta2 = beta0
    cur_beta[2] += beta2

delta_x = 0.00001
rate = 0.003                                            # 学习率
people = [54, 36, 18, 12, 64, 96, 8, 12]                # 各阶段人数
beta = [1, 1, 1]                                        # 初值
for i in range(500):
    cur_beta = [0, 0, 0]
    f1()
    f2()
    f3()
    f4()
    f5()
    f6()
    f7()
    f8()
    cur_beta[0] = beta[0] - cur_beta[0] * rate
    cur_beta[1] = beta[1] - cur_beta[1] * rate
    cur_beta[2] = beta[2] - cur_beta[2] * rate
    beta = cur_beta
    #print(beta)                            # 可以打印回归系数的收敛过程

print(f'回归系数 {beta[0]:6.5f}, {beta[1]:6.5f}, {beta[2]:6.5f}')
```

执行结果

```
======== RESTART: D:\Python Machine Learning Calculus\ch21\ch21_11.py ========
回归系数 -0.40547, 0.81093, 0.00000
```

如果将上述程序第 98 行的行首符号 # 删除，读者可以看到整个计算回归系数的过程，得到的$\boldsymbol{\beta}$回归系数如下：

$$\beta_0 = -0.40547 \longleftarrow \text{截距}$$
$$\beta_1 = \ \ 0.81093 \longleftarrow \text{台北市虚拟变量}$$
$$\beta_2 = \ \ 0.00000 \longleftarrow \text{投诉虚拟变量}$$

投诉虚拟变量系数β_2是 0，表示是否有投诉与消费者回购没有关系。

21-6 计算网络回购率

网络回购率公式如下：

$$\ln\frac{P}{1-P} = ax + b$$

上述P是指发生概率，$1-P$是指没有发生的概率，所以等号左边称发生概率与不发生概率的比值，也可以称消费者愿意回购的优势（Odds）。请参考 21-2 节关于多元回归的概念，可以将上述优势公式使用下式表示：

$$\ln\frac{P}{1-P} = \boldsymbol{x}^{\mathrm{T}}\boldsymbol{\beta}$$

上述两边取指数，可以得到：

$$\frac{P}{1-P} = \mathrm{e}^{\boldsymbol{x}^{\mathrm{T}}\boldsymbol{\beta}} \longleftarrow \text{优势公式}$$

21-6-1 计算台北市与其他县市回购率的优势比

在 21-5-3 节我们得到了多元回归系数，更进一步可以将所计算的多元回归系数代入优势公式如下所示：

$$\frac{P}{1-P} = \mathrm{e}^{\boldsymbol{x}^{\mathrm{T}}\boldsymbol{\beta}} = \mathrm{e}^{\left((x_0 \quad x_1 \quad x_2)\begin{pmatrix}\beta_0\\ \beta_1\\ \beta_2\end{pmatrix}\right)} = \mathrm{e}^{\left((x_0 \quad x_1 \quad x_2)\cdot\begin{pmatrix}-0.40547\\ 0.81093\\ 0\end{pmatrix}\right)}$$

$$\frac{P}{1-P} = \mathrm{e}^{-0.40547x_0+0.81093x_1+0x_2}$$

上述虚拟变量x_1的值只有 1 与 0，如果 1 代表台北市、0 代表其他县市，此时只观察网购地区则可以忽略变量x_0和x_2。这时如果计算台北市的回购率与其他县市的回购率比值，可以使用下列公式：

$$\frac{\mathrm{e}^{0.81093*1}}{\mathrm{e}^{0.81093*0}} = 2.25$$

上式又称优势比（Odds Ratio）。

程序实例 ch21_12.py：计算台北市的回购率与其他县市的优势比。

```
# ch21_12.py
import numpy as np

x1 = np.exp(0.81093*1)
x2 = np.exp(0.81093*0)
odds_ratio = x1 / x2
print(f'台北市与其他县市优势比 = {odds_ratio:6.4f}')
```

执行结果

```
======== RESTART: D:\Python Machine Learning Calculus\ch21\ch21_12.py ========
台北市与其他县市优势比= 2.2500
```

21-6-2 计算没投诉与有投诉回购率的优势比

投诉的变量是x_2，如果计算没有投诉与有投诉的优势比，可以使用下列公式：

$$\frac{e^{0*0}}{e^{0*1}} = \frac{1}{1} = 1$$

上述结果表明，没有投诉与有投诉的优势比是 1，这代表消费者不会因为投诉更改消费行为。

第 22 章 使用 Sigmoid 函数建立近似函数

数学家们已经证明，在神经网络的应用中，可以使用非线性函数找出物理现象的近似值，这一章将继续使用 Sigmoid 函数，讲解如何找出近似函数，而这也是架设神经网络的基础。

22-1　销售苹果实例与非线性分析

22-1-1　销售苹果实例

一家苹果经销商在销售苹果时，将苹果分成 5 个质量等级，分别是 1，2，⋯，5，若质量等级为 2 ～ 3，店家也大致会分成含小数点的质量等级，例如 2.5，质量等级越高则销售价格越高。

程序实例 ch22_1.py：绘制苹果等级（*x*轴）与销售率（*y*轴）图表。

```
# ch22_1.py
import numpy as np
import matplotlib.pyplot as plt

x = np.linspace(1.0, 5.0, 21)
y = [4, 4, 5, 6, 8, 12, 18, 22, 35, 40, 45, \
     33, 28, 30, 32, 36, 38, 41, 35, 31, 20]

plt.scatter(x, y)
plt.xlabel('Quality')
plt.ylabel('rate')
plt.grid()
plt.show()
```

执行结果

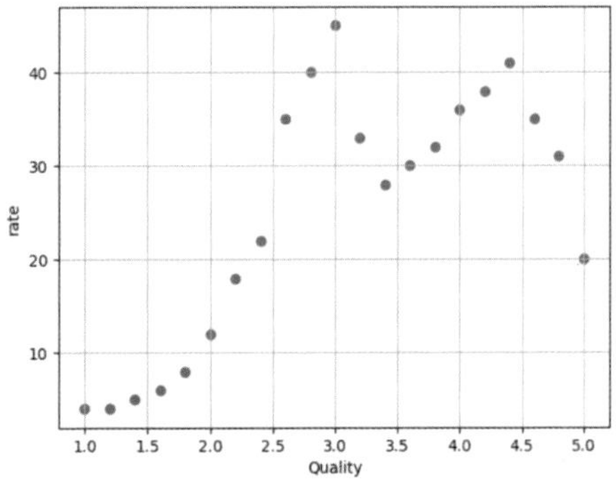

在上述销售数据中，我们发现若是忽略等级 2.6 ～ 3.2 的苹果，苹果的整体销售率随着等级提高销售率也提高。但是等级到了 4.4 后，苹果的销售率就降低了，到了等级 5 的苹果销售率只剩 20%，这表明这个商圈的消费者可以接受比较高的价格购买等级更好的苹果，但是对于等级 4.6 或更高等级的苹果，可能是因为售价太高造成销售率下降。

另外，等级 3.0 的苹果销售率最高，这代表质量中等售价合理更受这个商圈的消费者喜爱。

22-1-2 非线性深度分析

上述问题无法使用线性规划求解，但是我们可以使用非线性的 Sigmoid 函数找出近似解，这也是本章的主题。

若参考第 20 章的多元回归的深度层次分析，可以使用下图表示。

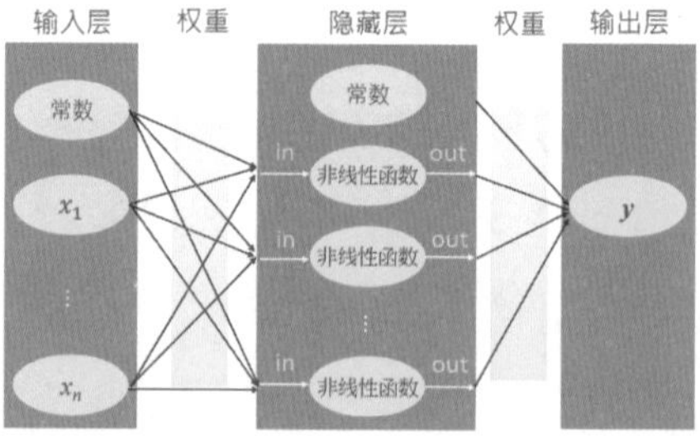

上述概念是输入苹果质量变量x和常数，再乘以权重，然后在隐藏层使用 Sigmoid 函数做非线性转换，可以得到m个值的第 2 层，最后将第 2 层的常数加上m个值乘以权重，就可以得到苹果的销售率。

22-2 苹果数据分析

程序 ch22_1.py 基本上将苹果销售数据分成如下 3 个区段处理。

（1）大部分区段是苹果质量等级 1.0 ~ 4.4，销售数据呈现上升趋势。

（2）苹果质量等级超过 4.4 后，销售数据呈现快速下降走势。

（3）苹果质量等级在 2.5 ~ 3.0，销售数据呈现快速上升趋势。

22-3 使用 Sigmoid 函数建立上升趋势线

首先我们要建立符合 22-2 节的第 1 个区段，苹果质量等级为 1.0 ~ 3.4，销售数据呈现上升趋势的上升趋势线$f_1(x)$，如下所示：

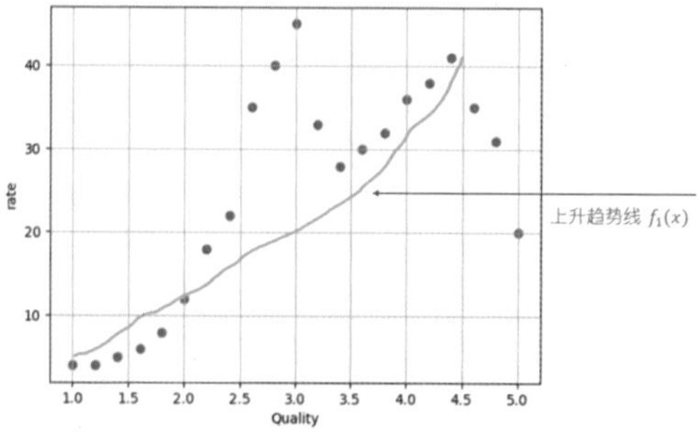

参考 Sigmoid 函数，我们可以得到下列公式：

$$y = f_1(x) = \frac{1}{1 + \mathrm{e}^{-(a_1 x + b_1)}}$$

为了方便计算，可以两边取对数，然后参考 21-6 节可以得到：

$$\ln \frac{y}{1-y} = a_1 x + b_1 \longleftarrow \text{式(22-1)}$$

为了计算近似函数，先要算出a_1和b_1，从程序 ch22_1.py 可以得到下列数据。

苹果质量等级	销售率 /%
1.0	4
4.4	41

将上述数据代入式（22-1）可以得到下列联立方程组：

$$\begin{cases} \ln \dfrac{0.04}{1-0.04} = a_1 * 1 + b_1 \\ \ln \dfrac{0.41}{1-0.41} = a_1 * 4.4 + b_1 \end{cases}$$

程序实例 ch22_2.py：使用 Sympy 模块解上述联立方程组。

```
# ch22_2.py
from sympy import solve, Symbol
import numpy as np
rate1 = 0.04
rate2 = 0.41
coef1 = 1
coef2 = 4.4

a1 = Symbol('a1')
b1 = Symbol('b1')
eq1 = np.log(rate1/(1-rate1)) - coef1 * a1 - b1
eq2 = np.log(rate2/(1-rate2)) - coef2 * a1 - b1
data = solve((eq1, eq2))
print(f'a1 = {data[a1]:5.3f}')
print(f'b1 = {data[b1]:5.3f}')
```

执行结果

```
======== RESTART: D:\Python Machine Learning Calculus\ch22\ch22_2.py ========
a1 = 0.828
b1 = -4.006
```

经过上述运算，我们可以得到上升趋势线$f_1(x)$的近似函数如下：

$$y = f_1(x) = \frac{1}{1 + \mathrm{e}^{-(0.828x - 4.006)}} \longleftarrow \text{式(22-2)}$$

22-4 使用 Sigmoid 函数建立质量等级大于 4.4 的下降趋势线

22-4-1 先找出质量等级是 5.0 的函数值

在使用 Sigmoid 函数找到质量等级大于 4.4 时的下降趋势线之前，我们先使用式（22-2）找出当质量等级是 5.0 时的函数值y，相当于是 53.34% 的销售率。

$$y = f_1(5) = \frac{1}{1 + e^{-(0.828*5-4.006)}} \approx 0.5334$$

程序实例 ch22_3.py：计算上述公式。

```
# ch22_3.py
import numpy as np

data = 1 / (1 + np.exp(-0.828 * 5 + 4.006))
print(data)
```

执行结果

```
======== RESTART: D:/Python Machine Learning Calculus/ch22/ch22_3.py ========
0.5334499626784276
```

22-4-2 正式找出质量等级在 4.4 和 5.0 之间的近似函数

现在要找出质量等级在 4.4 和 5.0 之间的近似函数$f_2(x)$，可以用下图表示：

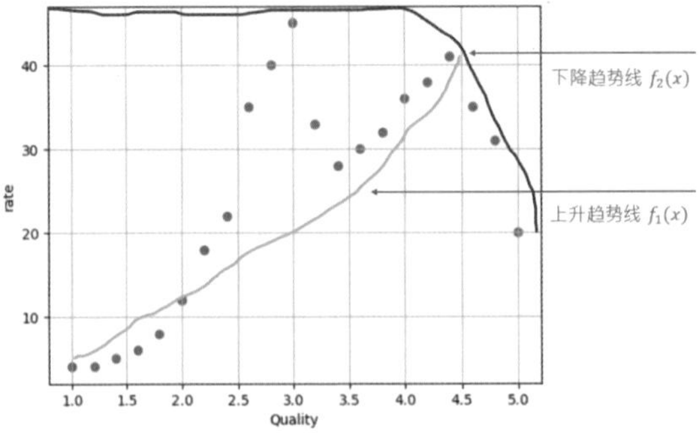

从上图可以得到下降趋势线在质量等级 4.4 之前会趋近一个固定值，假设$x = 4.4$时销售率$y = 100\%$，因为如果$y = 100\%$也就是$y = 1$，将产生ln (1/0)，所以可以先假设$x = 4.4$时$y = 99\%$。

由程序实例 ch22_1.py 可以看到，当$x = 4.4$时，销售率是 41%，当$x = 5.0$时，销售率是 20%，结果是这区间快速下降了 21%。在 22-4-1 节可以看到，$f_1(x)$在同一区间是从 41% 提升至 53.34%，增加了约 12.34%，所以在执行$f_1(x)$+$f_2(x)$后必须抵消此差额（21% + 12.34%），因此

$f_2(x)$的下降幅度必须是 33.34%。将$x = 4.4$和$y = 99\%$代入式（22-1），可以得到下列方程：

$$\ln\frac{0.99}{1-0.99} = a_2 * 4.4 + b_2$$

将$x = 5.0$和$y = 66.66\%$（相当于 100% – 33.34%）代入式（22-1），可以得到以下方程：

$$\ln\frac{0.6666}{1-0.6666} = a_2 * 5 + b_2$$

将上述两个方程列在一起构成方程组，解读方程组即可得到问题的解。

程序实例 ch22_4.py：使用 Sympy 模块解上述联立方程组。

```
# ch22_4.py
from sympy import solve, Symbol
import numpy as np
rate1 = 0.99
rate2 = 0.6666
coef1 = 4.4
coef2 = 5

a1 = Symbol('a1')
b1 = Symbol('b1')
eq1 = np.log(rate1/(1-rate1)) - coef1 * a1 - b1
eq2 = np.log(rate2/(1-rate2)) - coef2 * a1 - b1
data = solve((eq1, eq2))
print(f'a1 = {data[a1]:5.3f}')
print(f'b1 = {data[b1]:5.3f}')
```

执行结果

```
======== RESTART: D:\Python Machine Learning Calculus\ch22\ch22_4.py ========
a1 = -6.504
b1 = 33.212
```

经过上述运算，我们可以得到下降趋势线$f_2(x)$的近似函数如下：

$$y = f_2(x) = \frac{1}{1+\mathrm{e}^{-(-6.504x+33.212)}}$$

22-5 将上升趋势线与下降趋势线相加

现在将上升趋势线$f_1(x)$与下降趋势线$f_2(x)$的 Sidmoid 函数相加，就可以得到符合两项特征的函数，但是这两个函数相加后可能会得到 100% ～ 200% 区间的值，所以相加后必须减 1，让销售率落在 0 ～ 100% 区间。所以我们得到下列函数：

$$y = f_1(x) + f_2(x) - 1 = \frac{1}{1+\mathrm{e}^{-(0.828x-4.006)}} + \frac{1}{1+\mathrm{e}^{-(-6.504x+33.212)}} - 1$$

程序实例 ch22_5.py：使用上述函数绘制x值在 1.0 至 5.0 之间的图形。

```
# ch22_5.py
import numpy as np
```

```
import matplotlib.pyplot as plt

x = np.linspace(1.0, 5.0, 1000)
y = [x for i in x]

for i in range(len(x)):
    f1 = 1 / (1 + np.exp(-0.828*x[i] + 4.006))
    f2 = 1 / (1 + np.exp(6.504*x[i] - 33.212))
    y[i] = f1 + f2 - 1

plt.plot(x, y)
plt.xlabel('Quality')
plt.ylabel('rate')
plt.grid()
plt.show()
```

执行结果

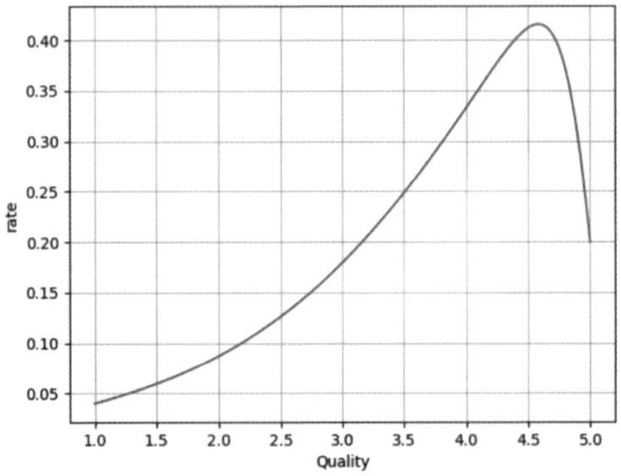

22-6 建立山峰函数和山谷函数

上文已经得到拥有 22-2 节特征 1 和 2 的函数，现在则要求解具有特征 3，即苹果质量等级在 2.5 ~ 3.0 呈现快速上升趋势的函数，相当于要找出苹果质量等级在 3.0 时有山峰的感觉，即一条是快速上升的曲线 $f_3(x)$，另一条是快速下降的曲线 $f_4(x)$。

22-6-1 建立山峰上升的函数 $f_3(x)$

假设 $f_3(x)$ 函数是质量等级 2.6 的苹果销售率是 1%，质量等级 3.0 的苹果销售率是 99%，利用这个数据可以建立下列联立方程组：

$$\begin{cases} \ln\dfrac{0.01}{1-0.01} = a_3 * 2.6 + b_3 \\ \ln\dfrac{0.99}{1-0.99} = a_3 * 3.0 + b_3 \end{cases}$$

程序实例 ch22_6.py：使用 Sympy 模块解上述联立方程组。

```
# ch22_6.py
from sympy import solve, Symbol
import numpy as np
rate1 = 0.01
rate2 = 0.99
coef1 = 2.6
coef2 = 3.0

a1 = Symbol('a1')
b1 = Symbol('b1')
eq1 = np.log(rate1/(1-rate1)) - coef1 * a1 - b1
eq2 = np.log(rate2/(1-rate2)) - coef2 * a1 - b1
data = solve((eq1, eq2))
print(f'a1 = {data[a1]:5.3f}')
print(f'b1 = {data[b1]:5.3f}')
```

执行结果

```
======== RESTART: D:\Python Machine Learning Calculus\ch22\ch22_6.py ========
a1 = 22.976
b1 = -64.332
```

经过上述运算，可以得到快速上升趋势线$f_3(x)$的近似函数如下：

$$y = f_3(x) = \frac{1}{1 + \mathrm{e}^{-(22.976x - 64.332)}}$$

22-6-2　建立山峰下降的函数$f_4(x)$

假设$f_4(x)$函数是质量等级 3.0 的苹果销售率是 99%，质量等级 3.4 的苹果销售率是 1%，利用这个数据可以建立下列联立方程组：

$$\begin{cases} \ln \dfrac{0.99}{1 - 0.99} = a_4 * 3.0 + b_4 \\ \ln \dfrac{0.01}{1 - 0.01} = a_4 * 3.4 + b_4 \end{cases}$$

程序实例 ch22_7.py：使用 Sympy 模块解上述联立方程组。

```
# ch22_7.py
from sympy import solve, Symbol
import numpy as np
rate1 = 0.99
rate2 = 0.01
coef1 = 3.0
coef2 = 3.4

a1 = Symbol('a1')
b1 = Symbol('b1')
eq1 = np.log(rate1/(1-rate1)) - coef1 * a1 - b1
eq2 = np.log(rate2/(1-rate2)) - coef2 * a1 - b1
data = solve((eq1, eq2))
print(f'a1 = {data[a1]:5.3f}')
print(f'b1 = {data[b1]:5.3f}')
```

执行结果

```
======== RESTART: D:/Python Machine Learning Calculus/ch22/ch22_7.py ========
a1 = -22.976
b1 = 73.522
```

经过上述运算，可以得到快速下降趋势线$f_4(x)$的近似函数如下：

$$y = f_4(x) = \frac{1}{1 + e^{-(-22.976x + 73.522)}}$$

22-6-3 组合山峰上升与山峰下降函数

组合山峰上升与山峰下降函数概念与 22-5 节相同，可以使用下列概念：

$$y = f_3(x) + f_4(x) - 1 = \frac{1}{1 + e^{-(22.976x - 64.332)}} + \frac{1}{1 + e^{-(-22.976x + 73.522)}} - 1$$

程序实例 ch22_8.py：使用上述函数绘制x值在 1.0 至 5.0 之间的图形。

```
# ch22_8.py
import numpy as np
import matplotlib.pyplot as plt

x = np.linspace(1.0, 5.0, 1000)
y = [x for i in x]

for i in range(len(x)):
    f1 = 1 / (1 + np.exp(-22.976*x[i] + 64.332))
    f2 = 1 / (1 + np.exp(22.976*x[i] - 73.522))
    y[i] = f1 + f2 - 1

plt.plot(x, y)
plt.text(2.5, 0.5, 'f3(x)')
plt.text(3.2, 0.5, 'f4(x)')
plt.xlabel('Quality')
plt.ylabel('rate')
plt.grid()
plt.show()
```

执行结果

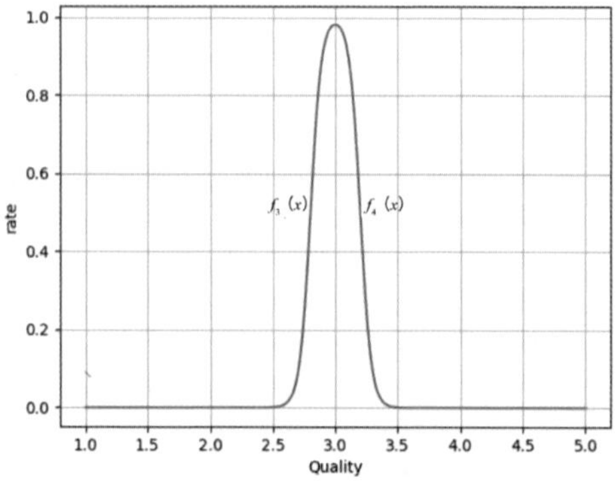

观察程序实例 ch22_1.py，可以看到上升率与下降率分别约是：

$$\frac{(45-35)}{45} \approx 0.22$$

$$\frac{(45-28)}{45} \approx 0.38$$

此时可以取二者的平均，约是 30%，上述实例中，山峰与山谷约有 100% 差异，相当于山峰函数须乘以 0.3，所以下列是整个函数结果：

$$y = 0.3 * (f_3(x) + f_4(x) - 1)$$

22-6-4　建立山谷函数

建立山谷函数的概念和建立山峰函数类似，只要将山峰函数最大值与最小值交换即可。

22-7　组合符合特征的近似函数

将 22-5 节和 22-6-3 节的函数相加，就可以得到符合 3 项特征的函数，如下所示：

$$y = f_1(x) + f_2(x) - 1 + \big(0.3 * (f_3(x) + f_4(x) - 1)\big)$$

程序实例 ch22_9.py：使用上述函数绘制x值在 1.0 至 5.0 之间的图形。

```
# ch22_9.py
import numpy as np
import matplotlib.pyplot as plt

x = np.linspace(1.0, 5.0, 1000)
y = [x for i in x]

for i in range(len(x)):
    f1 = 1 / (1 + np.exp(-0.828*x[i] + 4.006))
    f2 = 1 / (1 + np.exp(6.504*x[i] - 33.212))
    f3 = 1 / (1 + np.exp(-22.976*x[i] + 64.332))
    f4 = 1 / (1 + np.exp(22.976*x[i] - 73.522))
    y[i] = f1 + f2 - 1 + 0.3 * (f3 + f4 -1)

plt.plot(x, y)
plt.xlabel('Quality')
plt.ylabel('rate')
plt.grid()
plt.show()
```

执行结果

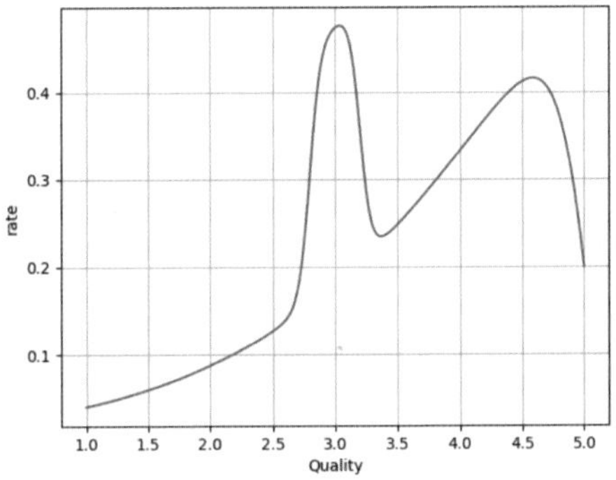

22-8 将曲线近似函数与销售数据结合

程序实例 ch22_10.py：将 ch22_9.py 与 ch22_1.py 相结合，将所绘制曲线近似函数和原始数据做比较。

```
# ch22_10.py
import numpy as np
import matplotlib.pyplot as plt

d_x = np.linspace(1.0, 5.0, 21)
d_y = [4, 4, 5, 6, 8, 12, 18, 22, 35, 40, 45, \
       33, 28, 30, 32, 36, 38, 41, 35, 31, 20]
d_y = [data / 100 for data in d_y]
plt.scatter(d_x, d_y, color='green')

x = np.linspace(1.0, 5.0, 1000)
y = [x for i in x]

for i in range(len(x)):
    f1 = 1 / (1 + np.exp(-0.828*x[i] + 4.006))
    f2 = 1 / (1 + np.exp(6.504*x[i] - 33.212))
    f3 = 1 / (1 + np.exp(-22.976*x[i] + 64.332))
    f4 = 1 / (1 + np.exp(22.976*x[i] - 73.522))
    y[i] = f1 + f2 - 1 + 0.3 * (f3 + f4 -1)

plt.plot(x, y)
plt.xlabel('Quality')
plt.ylabel('rate')
plt.grid()
plt.show()
```

执行结果

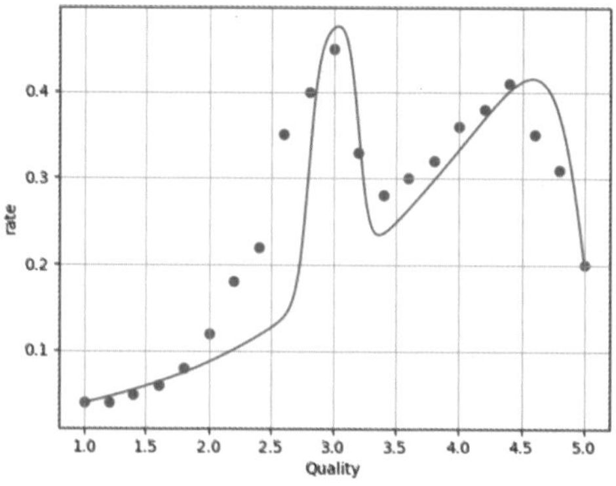

从上述执行结果可以看到，曲线近似函数并没有通过每一个数据点，不过这个近似函数已经描绘了整个销售数据的趋势了。同时这个曲线近似函数也可以预估不同质量等级苹果的销售率了，如果需要更接近每一个点，则须对 Sigmoid 函数做微调。

22-9 将近似函数代入神经网络架构

第 20 章介绍了人工神经网络，该章前文介绍了权重、神经网络层次，本节将所推导的曲线近似函数应用在神经网络上，下列是笔者所推导曲线近似函数的完整公式：

$$y = f_1(x) + f_2(x) - 1 + \left(0.3 * \left(f_3(x) + f_4(x) - 1\right)\right)$$

$$y = f_1(x) + f_2(x) - 1 + 0.3 * f_3(x) + 0.3 * f_4(x) - 0.3$$

$$y = f_1(x) + f_2(x) + 0.3 * f_3(x) + 0.3 * f_4(x) - 1.3$$

$$y = \frac{1}{1 + \mathrm{e}^{-\overbrace{(0.828x-4.006)}^{u_1}}} + \frac{1}{1 + \mathrm{e}^{-\overbrace{(-6.504x+33.212)}^{u_2}}} +$$

$$0.3 * \frac{1}{1 + ee^{\cdot\underbrace{(22.976x-64.332)}_{u_3}}} + 0.3 * \frac{1}{1 + ee^{\cdot\underbrace{(-22.976x+73.522)}_{u_4}}} - 1.3$$

上述公式所对应的神经网络如下：

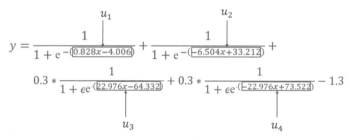

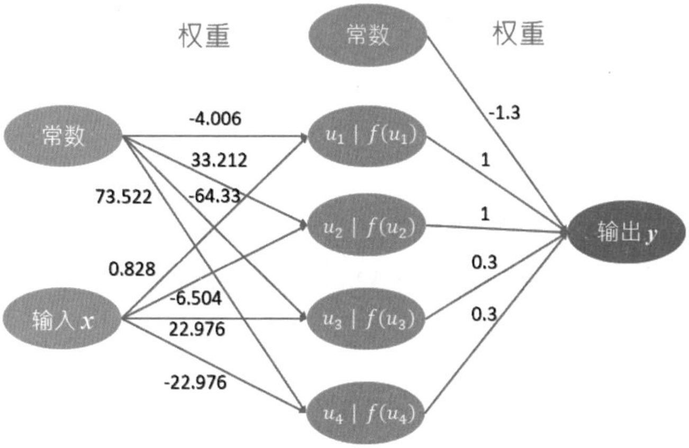

也可以将 $f(u_i)$ 想象成下列公式，其中 i =1, 2, 3, 4。

$$f(u_i) = \frac{1}{1 + \mathrm{e}^{-u_i}}$$

从上图可以了解近似函数的系数与权重之关系，其实不管是如何复杂的数据，都可以使用不同的 Sigmoid 函数将它组合，这也是神经网络成为机器学习主流的原因。本书使用的是 Sigmoid 函数，其实目前也有许多好的非线性函数可以使用，不过不论是何种函数，一定是和本章类似采用不同数据相加获得曲线的近似函数。

当然上文只用了质量等级与销售率，所以用图表显示比较容易理解，如果多一个输入则是立体空间，需要用想象的，但是真实的环境可能会有许多输入变量，这时就要用神经网络搭配隐藏层逐步计算，最后获得最好的结果。

第 23 章

人工神经网络的数学

不论是网络还是实体书籍，有关人工神经网络的文章有许多，有关人工神经网络的数学表示法大同小异，本章主要使用一般通式表达此概念。

23-1 回顾近似函数

第 22 章推导的近似函数如下：

$$y = \frac{1}{1 + e^{-(0.828x-4.006)}} + \frac{1}{1 + e^{-(-6.504x+33.212)}} +$$

$$0.3 * \frac{1}{1 + e^{-(22.976x-64.332)}} + 0.3 * \frac{1}{1 + e^{-(-22.976x+73.522)}} - 1.3$$

为了求得精确的结果，所以常常小数点后面取多位数，本书为了简洁只列出小数点后一位数。

$$y = \frac{1}{1 + ee^{(0.8x-4.0)}} + \frac{1}{1 + ee^{(-6.5x+33.2)}} +$$

$$0.3 * \frac{1}{1 + e^{-(22.9x-64.3)}} + 0.3 * \frac{1}{1 + e^{-(-22.9x+73.5)}} - 1.3$$

如果使用其他非线性函数，所得到的近似函数将与上述函数完全不一样，而且上述表达方式比较复杂，本章将一步一步推导人工神经网络的一般表达方式。

现在将上述近似函数的神经网络绘制如下：

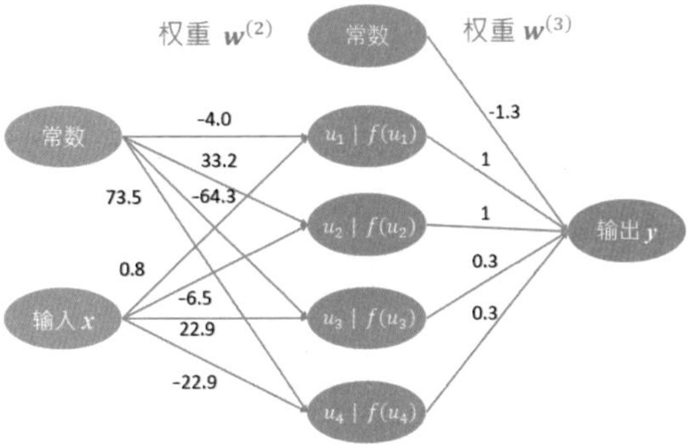

23-2 解释隐藏层基本数学表达式

20-3 节介绍了深度学习的隐藏层符号如下：

$$u_2^{(3)} \longleftarrow \text{神经网络的层次编号}$$

$$\uparrow$$

神经网络隐藏层的单元编号

假设是第 j 层第 i 个单元，可以使用下列方式表示：

$$u_i^{(j)}$$

对于 23-1 节的简单神经网络而言，只有 3 层：输入层、隐藏层、输出层，因为只有一个隐藏层，所以可以省略层次编号，用下列方式表达：

$$u_i$$

这也是我们现在看到的隐藏层样貌。

23-3 推导输入层到隐藏层公式

第 20-8 节介绍了权重，同时可以参考 23-1 节的图。在深度学习中，特别是反向传播法（Back Propagation）将权重与常数（此常数称截距或偏置）分开，运算比较方便。

分开时，偏置一般使用英文字母b代表，所以在隐藏层与输出层之间，使用下列方式表达偏置与权重：

$b^{(2)}$ 称偏置，$\boldsymbol{w}^{(2)}$ 称权重。

参考 23-1 节，可以得到下列偏置向量：

$$\boldsymbol{b}^{(2)} = \begin{pmatrix} -4.0 \\ 33.2 \\ -64.3 \\ 73.5 \end{pmatrix}$$

参考 23-1 节，可以得到下列权重向量：

$$\boldsymbol{w}^{(2)} = \begin{pmatrix} 0.8 \\ -6.5 \\ 22.9 \\ -22.9 \end{pmatrix}$$

从 23-1 节可以看到，隐藏层用u_i表示，因为只有一个隐藏层，所以可以用$\boldsymbol{u}$代表隐藏层所有的u_i：

$$\boldsymbol{u} = \begin{pmatrix} u_1 \\ u_2 \\ u_3 \\ u_4 \end{pmatrix}$$

由前面章节可知，每个u_i是由权重乘以变量x再加上偏置的结果，所以可以得到下列公式：

$$\boldsymbol{u} = \boldsymbol{w}^{(2)}x + \boldsymbol{b}^{(2)} \longleftarrow \text{式(23-1)}$$

23-4 进一步推导隐藏层公式

这里先假设$\boldsymbol{v} = f(\boldsymbol{u})$，可以得到：

$$\boldsymbol{v} = f(\boldsymbol{u}) = \begin{pmatrix} f(u_1) \\ f(u_2) \\ f(u_3) \\ f(u_4) \end{pmatrix} = \begin{pmatrix} \dfrac{1}{1+\mathrm{e}^{-u_1}} \\ \dfrac{1}{1+\mathrm{e}^{-u_2}} \\ \dfrac{1}{1+\mathrm{e}^{-u_3}} \\ \dfrac{1}{1+\mathrm{e}^{-u_4}} \end{pmatrix}$$

23-5 推导隐藏层到输出层公式

现在如果代入 23-1 节的近似函数，可以得到下列偏置$b^{(3)}$与权重$\boldsymbol{w}^{(3)}$：

$$b^{(3)} = -1.3$$

$$\boldsymbol{w}^{(3)} = \begin{pmatrix} 1 \\ 1 \\ 0.3 \\ 0.3 \end{pmatrix}$$

有了上述数据，可以得到输出层的数值公式如下：

$$y = (1 \quad 1 \quad 0.3 \quad 0.3)\begin{pmatrix} \dfrac{1}{1+\mathrm{e}^{-u_1}} \\ \dfrac{1}{1+\mathrm{e}^{-u_2}} \\ \dfrac{1}{1+\mathrm{e}^{-u_3}} \\ \dfrac{1}{1+\mathrm{e}^{-u_4}} \end{pmatrix} - 1.3$$

上述运算的一般表达式如下：

$$y = \boldsymbol{w}^{(3)\mathrm{T}}\boldsymbol{v} + b^{(3)}$$

23-4 节曾假设$\boldsymbol{v} = f(\boldsymbol{u})$，所以可以得到下列公式：

$$y = \boldsymbol{w}^{(3)\mathrm{T}}\boxed{f(\boldsymbol{u})} + b^{(3)}$$

可代入式（23-1）

最后可以得到下列深度学习的通用公式：

$$y = \boldsymbol{w}^{(3)\mathrm{T}}f(\underbrace{\boldsymbol{w}^{(2)}x + \boldsymbol{b}^{(2)}}_{\boldsymbol{u}}) + b^{(3)}$$

上式是只有一个隐藏层的人工神经网络公式，上式可以置换成任何一种非线性函数使用。

23-6 概念扩充 —— 推估苹果是否能售出

机器学习最终要有一个结果，第 22 章举了某一质量等级的苹果是否能售出的例子，该例同样可以使用上述公式表达，此时可以将售出设为虚拟变量 1，无法售出设为虚拟变量 0，假设售出的概率是p，则未售出的概率是$1-p$，假设第i个苹果的质量等级是x_i，则可以售出的概率如下：

$$p_i = \boldsymbol{w}^{(3)\mathrm{T}}f\left(\boldsymbol{w}^{(2)}x_i + \boldsymbol{b}^{(2)}\right) + b^{(3)}$$

上式也可以用最大似然估计法配合第 24 章的反向传播法解决。

第 24 章

反向传播法

误差反向传播简称反向传播（Back Propagation，BP），这是一种结合梯度下降法和训练人工神经网络常见的方法。简单地说，有了输入值，同时有想要的输出值，然后计算产生最小误差的权重值。

也就是先预估权重，然后使用已知的输入与权重计算结果，将此结果与期待结果比较，然后反向回推应有的新权重，持续进行迭代，直到产生结果与期待结果误差达到满意的结果。

24-1 合成函数微分链锁法则的复习

假设y是$f(u)$的函数值，u是$g(x)$的函数值，当y对x微分时，依据链锁法则，可以得到下列公式：

$$\frac{\mathrm{d}y}{\mathrm{d}x}=\frac{\mathrm{d}y}{\mathrm{d}u}*\frac{\mathrm{d}u}{\mathrm{d}x}$$

因为y是标量，所以有交换律，上述公式可以改成下列公式：

$$\frac{\mathrm{d}y}{\mathrm{d}x}=\frac{\mathrm{d}u}{\mathrm{d}x}*\frac{\mathrm{d}y}{\mathrm{d}u} \quad \longleftarrow \text{式 (24-1)}$$

24-2 将合成函数微分扩展到偏微分

假设y是 1×1 的标量，y是$f(\boldsymbol{u})$的函数值，如下所示：

$$y=f(\boldsymbol{u})$$

假设$\boldsymbol{u}$是 $n\times 1$ 的向量，$\boldsymbol{u}$是$g(\boldsymbol{x})$的函数值，如下所示：

$$\boldsymbol{u}=\begin{pmatrix}u_1\\u_2\\\vdots\\u_n\end{pmatrix}$$

假设x是 $m\times 1$ 的向量，如下所示：

$$\boldsymbol{x}=\begin{pmatrix}x_1\\x_2\\\vdots\\x_m\end{pmatrix}$$

如果将上述概念扩展到向量偏微分，参考式（24-1），可以得到下列结果：

$$\frac{\partial y}{\partial \boldsymbol{x}}=\frac{\partial \boldsymbol{u}}{\partial \boldsymbol{x}}*\frac{\partial y}{\partial \boldsymbol{u}} \quad \longleftarrow \text{式 (24-2)}$$

式（24-2）的等号左边是y对$\boldsymbol{x}$做偏微分，当标量y对$\boldsymbol{x}$做偏微分时，表示对x的m个分量做偏微分，可以得到结果是 $m\times 1$ 的向量：

$$\frac{\partial y}{\partial \boldsymbol{x}}=\begin{pmatrix}\dfrac{\partial y}{\partial x_1}\\\dfrac{\partial y}{\partial x_2}\\\vdots\\\dfrac{\partial y}{\partial x_m}\end{pmatrix}$$

式（24-2）的等号右边第 2 项是y对$\boldsymbol{u}$做偏微分，因为$\boldsymbol{u}$有n个分量，所以做偏微分后可以得到 $n\times 1$ 的向量：

$$\frac{\partial y}{\partial \boldsymbol{u}}=\begin{pmatrix}\frac{\partial y}{\partial u_1}\\ \frac{\partial y}{\partial u_2}\\ \vdots \\ \frac{\partial y}{\partial u_n}\end{pmatrix}$$

式（24-2）的等号右边第 1 项是$\boldsymbol{u}$对$\boldsymbol{x}$做偏微分，相当于向量$\boldsymbol{u}$对向量$\boldsymbol{x}$做偏微分，因为$\boldsymbol{u}$是 $n\times 1$ 的向量，$\boldsymbol{x}$是 $m\times 1$ 的向量，故所得结果是一个矩阵，该矩阵的形式如下：第 1 行是 $u_1, u_2, \cdots, u_n$ 对 x_1做偏微分；第 2 行是 $u_1, u_2, \cdots, u_n$ 对 x_2 做偏微分；……；第m行是 $u_1, u_2, \cdots, u_n$ 对 x_m做偏微分。

最后得到的 $m\times n$ 矩阵如下：

$$\frac{\partial \boldsymbol{u}}{\partial \boldsymbol{x}}=\begin{pmatrix}\frac{\partial u_1}{\partial x_1} & \frac{\partial u_2}{\partial x_1} & \cdots & \frac{\partial u_n}{\partial x_1}\\ \frac{\partial u_1}{\partial x_2} & \frac{\partial u_2}{\partial x_2} & \cdots & \frac{\partial u_n}{\partial x_2}\\ \vdots & \vdots & \ddots & \vdots \\ \frac{\partial u_1}{\partial x_m} & \frac{\partial u_2}{\partial x_m} & \cdots & \frac{\partial u_n}{\partial x_m}\end{pmatrix}$$

现在执行式（24-2），等号右边相乘，如下：

$$\frac{\partial \boldsymbol{u}}{\partial \boldsymbol{x}}*\frac{\partial y}{\partial \boldsymbol{u}}=\begin{pmatrix}\frac{\partial u_1}{\partial x_1} & \frac{\partial u_2}{\partial x_1} & \cdots & \frac{\partial u_n}{\partial x_1}\\ \frac{\partial u_1}{\partial x_2} & \frac{\partial u_2}{\partial x_2} & \cdots & \frac{\partial u_n}{\partial x_2}\\ \vdots & \vdots & \ddots & \vdots \\ \frac{\partial u_1}{\partial x_m} & \frac{\partial u_2}{\partial x_m} & \cdots & \frac{\partial u_n}{\partial x_m}\end{pmatrix}*\begin{pmatrix}\frac{\partial y}{\partial u_1}\\ \frac{\partial y}{\partial u_2}\\ \vdots \\ \frac{\partial y}{\partial u_n}\end{pmatrix}$$

上述由于是 $m\times n$ 矩阵与 $n\times 1$ 向量相乘，所以可以得到 $m\times 1$ 向量。

$$\frac{\partial \boldsymbol{u}}{\partial \boldsymbol{x}}*\frac{\partial y}{\partial \boldsymbol{u}}=\begin{pmatrix}\frac{\partial u_1}{\partial x_1}*\frac{\partial y}{\partial u_1}+\frac{\partial u_2}{\partial x_1}*\frac{\partial y}{\partial u_2}+\cdots+\frac{\partial u_n}{\partial x_1}*\frac{\partial y}{\partial u_n}\\ \frac{\partial u_1}{\partial x_2}*\frac{\partial y}{\partial u_1}+\frac{\partial u_2}{\partial x_2}*\frac{\partial y}{\partial u_2}+\cdots+\frac{\partial u_n}{\partial x_2}*\frac{\partial y}{\partial u_n}\\ \vdots \\ \frac{\partial u_1}{\partial x_m}*\frac{\partial y}{\partial u_1}+\frac{\partial u_2}{\partial x_m}*\frac{\partial y}{\partial u_2}+\cdots+\frac{\partial u_n}{\partial x_m}*\frac{\partial y}{\partial u_n}\end{pmatrix}$$

可以用加总符号$\sum$简化上述公式如下：

$$\frac{\partial \boldsymbol{u}}{\partial \boldsymbol{x}}*\frac{\partial y}{\partial \boldsymbol{u}}=\begin{pmatrix}\sum_{k=1}^{n}\frac{\partial u_k}{\partial x_1}*\frac{\partial y}{\partial u_k}\\ \sum_{k=1}^{n}\frac{\partial u_k}{\partial x_2}*\frac{\partial y}{\partial u_k}\\ \vdots \\ \sum_{k=1}^{n}\frac{\partial u_k}{\partial x_m}*\frac{\partial y}{\partial u_k}\end{pmatrix} \longleftarrow \text{式(24-3)}$$

将式（24-3）代入式（24-2），可以得到下列结果：

$$\frac{\partial y}{\partial \boldsymbol{x}}=\frac{\partial \boldsymbol{u}}{\partial \boldsymbol{x}}*\frac{\partial y}{\partial \boldsymbol{u}}=\begin{pmatrix}\sum_{k=1}^{n}\frac{\partial u_k}{\partial x_1}*\frac{\partial y}{\partial u_k}\\ \sum_{k=1}^{n}\frac{\partial u_k}{\partial x_2}*\frac{\partial y}{\partial u_k}\\ \vdots\\ \sum_{k=1}^{n}\frac{\partial u_k}{\partial x_m}*\frac{\partial y}{\partial u_k}\end{pmatrix}$$

如果y对x的每个分量做偏微分，相当于对 x_1，x_2，…，x_m 做偏微分，可以得到：

$$\frac{\partial y}{\partial x_i}=\sum_{k=1}^{n}\frac{\partial u_k}{\partial x_i}*\frac{\partial y}{\partial u_k} \quad \longleftarrow 式（24\text{-}4）$$

我们可以用下列类似神经网络方式表示上述公式：

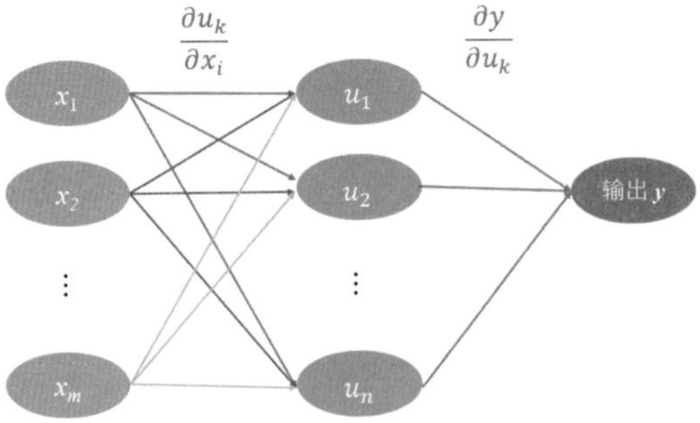

不过读者必须了解上述不是神经网络，只是表达x_i、u_k、y之间与下列斜率的关系：

$\frac{\partial u_k}{\partial x_i}$：相当于每个$u_k$对同一个$x_i$做微分，所以每当$x_i$有变化，会使$u_k$产生变化。

$\frac{\partial y}{\partial u_k}$：相当于$y$对所有$u_k$做微分，所以每当$u_k$有变化，会使$y$产生变化。

24-3 将链锁法则应用于更多层的合成函数

24-2 节的概念可以应用到更多层的合成函数，例如：如果在左边增加一层，如下图所示：

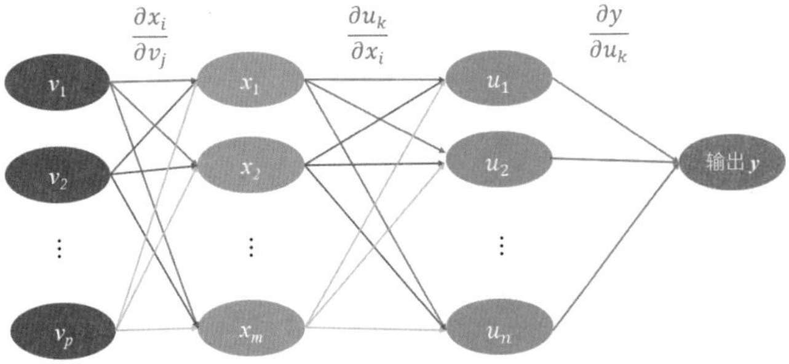

新增加的是向量$\boldsymbol{v}$，然后$\boldsymbol{x}$是$\boldsymbol{v}$的函数，如果y对$\boldsymbol{v}$做偏微分可以得到下列公式：

$$\frac{\partial y}{\partial \boldsymbol{v}} = \frac{\partial \boldsymbol{x}}{\partial \boldsymbol{v}} * \boxed{\frac{\partial y}{\partial \boldsymbol{x}}}$$

将式（24-4）代入上式，可以得到：

$$\frac{\partial y}{\partial \boldsymbol{v}} = \frac{\partial \boldsymbol{x}}{\partial \boldsymbol{v}} * \boxed{\frac{\partial \boldsymbol{u}}{\partial \boldsymbol{x}} * \frac{\partial y}{\partial \boldsymbol{u}}}$$

合成函数的微分有一项特质，可以用上式从右往左计算斜率，例如：若是以上述 4 层为例，可以先由输出层y计算$\partial y / \partial \boldsymbol{u}$的斜率，再由此斜率计算$\partial \boldsymbol{u} / \partial \boldsymbol{x}$的斜率，最后计算输入层$\partial \boldsymbol{x} / \partial \boldsymbol{v}$的斜率。上述是由输出层反向往输入层一层一层计算斜率，最后再将所有斜率相乘，这就是所谓的反向传播法（Back Propagation）的概念。

24-4 反向传播的实例

24-4-1 数据描述

前面几节介绍了反向传播的数学原理，当引入 $m \times n$ 的矩阵后，读者可能就感到复杂了，这一节将举一个简单的实例带领读者可以很轻松地了解反向传播的应用。设一个神经网络图形结构如下：

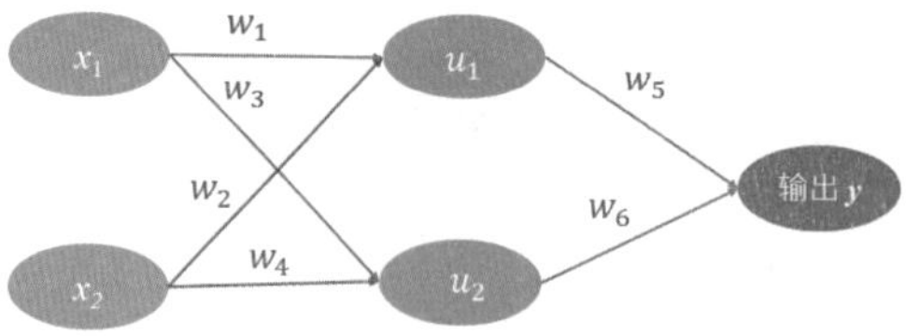

在上图中，已知x_1、x_2和y，$\boldsymbol{x}$和y的关系如下：

$$y = f_{\boldsymbol{w}}(\boldsymbol{x})$$

上述$\boldsymbol{w}$是权重，我们要使用已知的x_1、x_2和输出目标值v，$v = 4.5$，也就是让y接近v。反向计算最适当的权重$\boldsymbol{w}$。上述问题也可以理解成计算$\boldsymbol{w}$让函数的误差最小。

计算误差一般可以使用最小平方法，所以假设E的计算公式如下：

$$E = \sum \frac{1}{2} \|v - y\|^2$$

相当于要计算E让上述误差最小，假设已知数据如下：

$$x_1 = 1$$

$$x_2 = 0.5$$

$$v = 4.5$$

假设学习率是 0.1，如下所示：

$$\eta = 0.1$$

接着假设所有权重皆是 1，如下所示：

$$w_1 = 1, w_2 = 1, w_3 = 1, w_4 = 1, w_5 = 1, w_6 = 1$$

24-4-2　计算误差

可以使用下列公式计算u_1、u_2和y的值：

$$u_1 = w_1 * x_1 + w_2 * x_2 = 1.5$$
$$u_2 = w_3 * x_1 + w_4 * x_2 = 1.5$$
$$y = w_5 * u_1 + w_6 * u_2 = 3$$

误差E如下：

$$E = \sum \frac{1}{2} \|y - v\|^2 = \frac{1}{2} * (3 - 4.5) = 1.125$$

24-4-3　反向传播计算新的权重

下一步用反向传播计算新的权重。

1. 计算新的权重w_5

根据链锁法则，可以得到下列公式：

$$\frac{\partial E}{\partial w_5} = \frac{\partial E}{\partial y} * \frac{\partial y}{\partial w_5}$$

先计算$\frac{\partial E}{\partial y}$，因为：

$$E = \frac{1}{2}(y - v)^2 = \frac{1}{2}(y^2 - 2vy + v^2)$$

所以可以得到：

$$\frac{\partial E}{\partial y} = y - v = 3 - 4.5 = -1.5$$

现在计算$\frac{\partial y}{\partial w_5}$，因为：

$$y = w_5 * u_1 + w_6 * u_2$$

所以可以得到：

$$\frac{\partial y}{\partial w_5} = u_1$$

所以可以得到：

$$\frac{\partial E}{\partial w_5} = \frac{\partial E}{\partial y} * \frac{\partial y}{\partial w_5} = -1.5 * u_1 = -1.5 * 1.5 = -2.25$$

可以使用下列方式计算新的权重w_5，笔者用new_w_5当作新的权重：

$$new\_w_5 = w_5 - \eta * \frac{\partial E}{\partial w_5} = 1 - 0.1 * (-2.25) = 1.225$$

注释：w_6和w_5在同一层，所以计算过程相同。

2. 计算新的权重w_6

$$\frac{\partial E}{\partial w_6} = \frac{\partial E}{\partial y} * \frac{\partial y}{\partial w_6}$$

现在计算$\frac{\partial y}{\partial w_6}$，因为：

$$y = w_5 * u_1 + w_6 * u_2$$

所以可以得到：

$$\frac{\partial y}{\partial w_6} = u_2$$

可以使用下列方式计算新的权重w_6，笔者用new_w_6当作新的权重：

$$new\_w_6 = w_6 - \eta * \frac{\partial E}{\partial w_6} = 1 - 0.1 * (-1.5) * 1.5 = 1.225$$

3. 计算新的权重w_1

$$\frac{\partial E}{\partial w_1} = \frac{\partial E}{\partial y} * \frac{\partial y}{\partial u_1} * \frac{\partial u_1}{\partial w_1}$$

上述$\frac{\partial E}{\partial y}$在计算权重$w_5$时已知是 -1.5。

因为$y = w_5 * u_1 + w_6 * u_2$，可以得到：

$$\frac{\partial y}{\partial u_1} = w_5 = 1$$

因为$u_1 = w_1 * x_1 + w_2 * x_2$，可以得到：

$$\frac{\partial u_1}{dw_1} = x_1 = 1$$

可以使用下列方式计算新的权重w_1，笔者用new_w_1当作新的权重：

$$new\_w_1 = w_1 - \eta * \frac{\partial E}{\partial w_1} = 1 - 0.1 * (-1.5) * 1 * 1 = 1.15$$

4. 计算新的权重w_2

$$\frac{\partial E}{\partial w_2} = \frac{\partial E}{\partial y} * \frac{\partial y}{\partial u_1} * \frac{\partial u_1}{\partial w_2}$$

上述$\frac{\partial E}{\partial y}$在计算权重$w_5$时已知是 -1.5。

因为$y = w_5 * u_1 + w_6 * u_2$，可以得到：

$$\frac{\partial y}{\partial u_1} = w_5 = 1$$

因为$u_1 = w_1 * x_1 + w_2 * x_2$，可以得到：

$$\frac{\partial u_1}{dw_2} = x_2 = 0.5$$

可以使用下列方式计算新的权重w_2，笔者用new_w_2当作新的权重：

$$new\_w_2 = w_2 - \eta * \frac{\partial E}{\partial w_2} = 1 - 0.1 * (-1.5) * 1 * 0.5 = 1.075$$

5. 计算新的权重w_3

$$\frac{\partial E}{\partial w_3} = \frac{\partial E}{\partial y} * \frac{\partial y}{\partial u_2} * \frac{\partial u_2}{\partial w_3}$$

上述$\frac{\partial E}{\partial y}$在计算权重$w_5$时已知是 −1.5。

因为$y = w_5 * u_1 + w_6 * u_2$，可以得到：

$$\frac{\partial y}{\partial u_2} = w_6 = 1$$

因为$u_2 = w_3 * x_1 + w_4 * x_2$，可以得到：

$$\frac{\partial u_2}{d w_3} = x_1 = 1$$

可以使用下列方式计算新的权重w_3，笔者用new_w_3当作新的权重：

$$new\_w_3 = w_3 - \eta * \frac{\partial E}{\partial w_3} = 1 - 0.1 * (-1.5) * 1 * 1 = 1.15$$

6. 计算新的权重w_4

$$\frac{\partial E}{\partial w_4} = \frac{\partial E}{\partial y} * \frac{\partial y}{\partial u_2} * \frac{\partial u_2}{\partial w_4}$$

上述$\frac{\partial E}{\partial y}$在计算权重$w_5$时已知是 −1.5。

因为$y = w_5 * u_1 + w_6 * u_2$，可以得到：

$$\frac{\partial y}{\partial u_2} = w_6 = 1$$

因为$u_2 = w_3 * x_1 + w_4 * x_2$，可以得到：

$$\frac{\partial u_2}{d w_4} = x_2 = 0.5$$

可以使用下列方式计算新的权重w_4，笔者用new_w_4当作新的权重：

$$new\_w_4 = w_4 - \eta * \frac{\partial E}{\partial w_4} = 1 - 0.1 * (-1.5) * 1 * 0.5 = 1.075$$

24-4-4　Python 实际操作

程序实例 ch24_1.py：参考前面叙述，列出计算反向传播所需要的参数以及新的权重值，这个程序主要是验证上述结果。

```
# ch24_1.py
rate = 0.1
w = [0, 1, 1, 1, 1, 1, 1]                    # weight，索引 0 没有作用
new_w = [0, 0, 0, 0, 0, 0, 0]                # new weight，索引 0 没有作用
x = [0, 1, 0.5]                              # x，索引 0 没有作用
v = 4.5                                      # 已知目标值
u1 = w[1] * x[1] + w[2] * x[2]
print(f"   u1   = : {u1:5.3f}")
u2 = w[3] * x[1] + w[4] * x[2]
print(f"   u2   = : {u2:5.3f}")
y = w[5] * u1 + w[6] * u2
print(f"   y    = : {y:5.3f}")
E = 0.5 * (y - v)**2
print(f'   E    = : {E:5.3f}')
dEdv = v - v
```

```
print(f'y - v  = : {dEdy:5.3f}')
dydw5 = u1
print(f'dydw5  = : {dydw5:5.3f}')
dEdw5 = dEdy * dydw5
print(f'dEdw5  = : {dEdw5:5.3f}')
new_w[5] = w[5] - rate * dEdw5
print(f'new_w5 = : {new_w[5]:5.3f}')
dydw6 = u2
dEdw6 = dEdy * dydw6
print(f'dEdw6  = : {dEdw6:5.3f}')
new_w[6] = w[6] - rate * dEdw6
print(f'new_w6 = : {new_w[6]:5.3f}')
dEdw1 = (y - v) * w[5] * x[1]
new_w[1] = w[1] - rate * dEdw1
print(f'new_w1 = : {new_w[1]:5.3f}')
dEdw2 = (y - v) * w[5] * x[2]
new_w[2] = w[2] - rate * dEdw2
print(f'new_w2 = : {new_w[2]:5.3f}')
dEdw3 = (y - v) * w[6] * x[1]
new_w[3] = w[3] - rate * dEdw3
print(f'new_w3 = : {new_w[3]:5.3f}')
dEdw4 = (y - v) * w[6] * x[2]
new_w[4] = w[4] - rate * dEdw4
print(f'new_w4 = : {new_w[4]:5.3f}')
```

执行结果

```
======== RESTART: D:\Python Machine Learning Calculus\ch24\ch24_1.py ========
   u1   = : 1.500
   u2   = : 1.500
    y   = : 3.000
    E   = : 1.125
y - v   = : -1.500
dydw5   = : 1.500
dEdw5   = : -2.250
new_w5 = : 1.225
dEdw6   = : -2.250
new_w6 = : 1.225
new_w1 = : 1.150
new_w2 = : 1.075
new_w3 = : 1.150
new_w4 = : 1.075
```

程序实例 ch24_2.py：扩充 ch24_1.py，增加可以由屏幕输入学习率功能，同时此程序会一直迭代，直至当值 y 与目标值 v 差距小于 0.001 后，才停止迭代，每次迭代过程会列出值 v 与值 y 的差异。

```
# ch24_2.py
rate = eval(input("请输入学习率 : "))
w = [0, 1, 1, 1, 1, 1, 1]                 # weight, 索引 0 没有作用
new_w = [0, 0, 0, 0, 0, 0, 0]             # new weight, 索引 0 没有作用
x = [0, 1, 0.5]                           # x, 索引 0 没有作用
v = 4.5                                   # 已知目标值
while True:
    u1 = w[1] * x[1] + w[2] * x[2]
    u2 = w[3] * x[1] + w[4] * x[2]
    y = w[5] * u1 + w[6] * u2
    print(f"    y    = : {y:5.3f}")

    E = 0.5 * (y - v)**2
```

```
    dEdy = y - v
    if abs(dEdy) < 0.001:
        break
    dydw5 = u1
    dEdw5 = dEdy * dydw5
    new_w[5] = w[5] - rate * dEdw5

    dydw6 = u2
    dEdw6 = dEdy * dydw6
    new_w[6] = w[6] - rate * dEdw6

    dEdw1 = (y - v) * w[5] * x[1]
    new_w[1] = w[1] - rate * dEdw1
    dEdw2 = (y - v) * w[5] * x[2]
    new_w[2] = w[2] - rate * dEdw2
    dEdw3 = (y - v) * w[6] * x[1]
    new_w[3] = w[3] - rate * dEdw3
    dEdw4 = (y - v) * w[6] * x[2]
    new_w[4] = w[4] - rate * dEdw4
    w = new_w

print(w)
```

执行结果

```
======== RESTART: D:\Python Machine Learning Calculus\ch24\ch24_2.py ========
请输入学习率 : 0.1
   y   = : 3.000
   y   = : 4.134
   y   = : 4.494
   y   = : 4.500
[0, 1.1978251172328234, 1.0989125586164117, 1.1978251172328234, 1.09891255861641
17, 1.287757203897596, 1.287757203897596]
```

24-5 套入非线性函数的反向传播的实例

24-5-1 实例说明

本节将讲解隐藏层与输出层内含 Sigmoid 函数转换的反向传播实例，同时这个实例输入层有 2 个输入节点，在神经网络中称此节点为神经元，即 $x1$ 和 $x2$。该实例还有 2 个隐藏层神经元，即 $u1$ 和 $u2$。有 2 个输出层神经元，即 $y1$ 和 $y2$。此外，有 2 个偏置，即 $b1$ 和 $b2$。

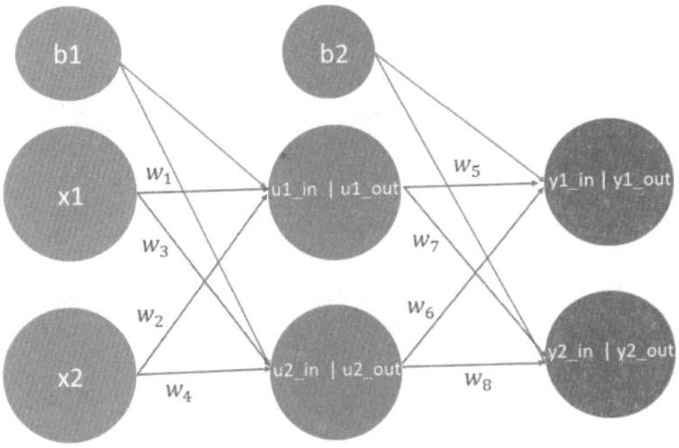

在上述隐藏层中，以$u1$神经元而言，从输入$u1_in$到输出$u1_out$（$u2$概念相同），使用的激活函数为 Sigmoid 函数，如下图：

$$u1\_out = \frac{1}{1 + \mathrm{e}^{-u1\_in}}$$

在输出层中，以$y1$神经元而言，从输入$y1_in$到输出$y1_out$（$y2$概念相同），使用的激活函数为 Sigmoid 函数，如下：

$$y1\_out = \frac{1}{1 + \mathrm{e}^{-y1\_in}}$$

在这个程序实例中，已知输入、偏置、期待输出，然后先预设权重，最后使用预设的权重计算期待输出，将预设输出与期待输出做比较，然后反向计算新的权重，如此持续进行直到获得的权重可以得到预设输出与期待输出极接近的结果。

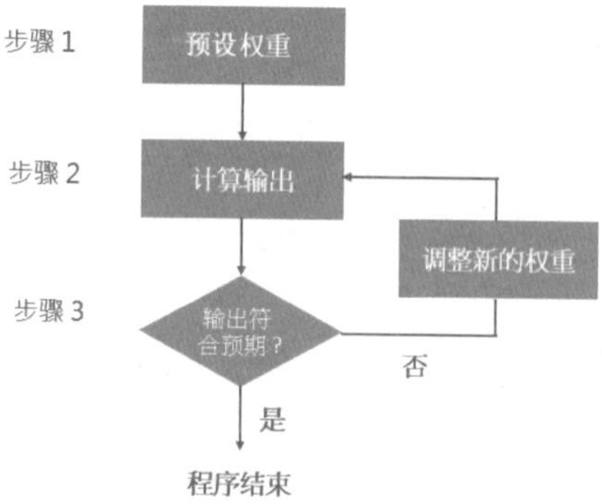

24-5-2 设定初值

在神经网络中，已知输入、输出与偏置，权重则是先做预设，如下：

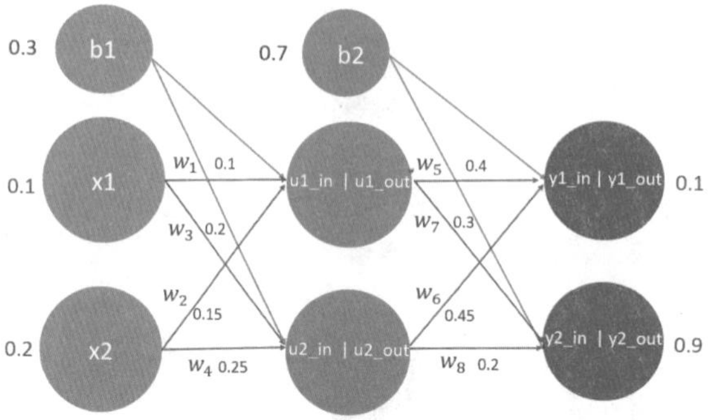

上述相当于要输入 0.1 和 0.2，期待输出结果是 0.1 和 0.9。偏置分别是 0.3 和 0.7，预设的权重分别是 0.1, 0.15, 0.2, 0.25, 0.4, 0.45, 0.3 和 0.2。

24-5-3 计算输出

1. 计算 $u1\_in$

计算 $u1\_in$ 的公式如下：

$$u1\_in = w1 * x1 + w2 * x2 + b1$$

$$u1\_in = 0.1 * 0.1 + 0.15 * 0.2 + 0.3 = 0.3400$$

2. 计算 $u1\_out$

在隐藏层的神经元会使用激活函数 Sigmoid 将 $u1\_in$ 转换成 $u1\_out$，计算公式如下：

$$u1\_out = \frac{1}{1 + \mathrm{e}^{-u1\_in}}$$

$$u1\_out = \frac{1}{1 + \mathrm{e}^{-0.34}} = 0.5842$$

3. 计算 $u2\_in$

计算 $u2\_in$ 的输入公式如下：

$$u2\_in = w3 * x1 + w4 * x2 + b1$$

$$u2\_in = 0.2 * 0.1 + 0.25 * 0.2 + 0.3 = 0.3700$$

4. 计算 $u2\_out$

在隐藏层的神经元会使用激活函数 Sigmoid 将 $u2\_in$ 转换成 $u2\_out$，计算公式如下：

$$u2\_out = \frac{1}{1 + \mathrm{e}^{-u2\_in}}$$

$$u2\_out = \frac{1}{1 + \mathrm{e}^{-0.37}} = 0.5915$$

5. 计算 $y1\_in$

计算 $y1\_in$ 的公式如下：

$$y1\_in = w5 * u1\_out + w6 * u2\_out + b2$$

$$y1\_in = 0.4 * 0.5842 + 0.45 * 0.5915 + 0.7 = 1.1998$$

6. 计算 $y1\_out$

在输出层的神经元会使用激活函数 Sigmoid 将 $y1\_in$ 转换成 $y1\_out$，计算公式如下：

$$y1\_out = \frac{1}{1 + \mathrm{e}^{-y1\_in}}$$

$$y1\_out = \frac{1}{1 + \mathrm{e}^{-1.1998}} = 0.7685$$

7. 计算 $y2\_in$

计算 $y2\_in$ 的公式如下：

$$y2\_in = w7 * u1\_out + w8 * u2\_out + b2$$

$$y2\_in = 0.3 * 0.5842 + 0.2 * 0.5915 + 0.7 = 0.9935$$

8. 计算 $y2\_out$

在输出层的神经元会使用激活函数 Sigmoid 将 $y2\_in$ 转换成 $y2\_out$，计算公式如下：

$$y2\_out = \frac{1}{1 + e^{-y2\_in}}$$

$$y2\_out = \frac{1}{1 + e^{-0.9935}} = 0.7298$$

9. 计算整体误差

整体误差的公式是最小平方法，如下所示：

$$Etotal = \sum_{i=0}^{n} \frac{1}{n}(goal_i - y_i\_out)^2$$

由于有 2 个输出，所以 $n = 2$，假设 $y1\_out$ 的输出误差是 $E1$，$y2\_out$ 的输出误差是 $E2$，则 $E1$、$E2$ 及 $Etotal$ 输出如下：

$$E1 = \frac{1}{2}(0.1 - 0.7685)^2 = 0.223446125$$

同理，$E2$ 输出如下：

$$E2 = \frac{1}{2}(0.9 - 0.7298)^2 = 0.014484020$$

$$Etotal = E1 + E2 = 0.223446125 + 0.014484020 = 0.2379288$$

注释：程序设计时，为了表达更清楚，使用 Error1 代表 $E1$，用 Error2 代表 $E2$，用 Error_total 代表 $Etotal$。

10. Python 实际操作

程序实例 ch23_3.py：使用 Python 计算前面各节实例，列出神经网络正向传播的整体误差。

```
# ch24_3.py
import numpy as np

rate = 0.1                                          # 学习率
w = [0,0.1,0.15,0.2,0.25,0.4,0.45,0.3,0.2]          # weight，索引 0 没有作用
new_w = [0, 0, 0, 0, 0, 0, 0, 0, 0]                 # new weight，索引 0 没有作用
x = [0, 0.1, 0.2]                                   # x，索引 0 没有作用
goal = [0, 0.1, 0.9]                                # 目标输出
b = [0, 0.3, 0.7]                                   # 偏置值

#计算 u1 神经元的输入
u1_in = w[1]*x[1] + w[2]*x[2] + b[1]
print(f"u1_in          = : {u1_in:5.4f}")
#计算 u1 神经元的输出
u1_out = 1 / (1 + np.exp(-u1_in))                   # Sigmoid函数的转换
print(f"u1_out         = : {u1_out:5.4f}")
#计算 u2 神经元的输入
u2_in = w[3]*x[1] + w[4]*x[2] + b[1]
print(f"u2_in          = : {u2_in:5.4f}")
#计算 u2 神经元的输出
u2_out = 1 / (1 + np.exp(-u2_in))                   # Sigmoid函数的转换
print(f"u2_out         = : {u2_out:5.4f}")
#计算 y1 输出层的输入
y1_in = w[5]*u1_out + w[6]*u2_out + b[2]
print(f"y1_in          = : {y1_in:5.4f}")
#计算 y1 输出层的输出
```

```
y1_out = 1 / (1 + np.exp(-y1_in))                    # Sigmoid函数的转换
print(f"y1_out        = : {y1_out:5.4f}")
#计算 y2 输出层的输入
y2_in = w[7]*u1_out + w[8]*u2_out + b[2]
print(f"y2_in         = : {y2_in:5.4f}")
#计算 y2 输出层的输出
y2_out = 1 / (1 + np.exp(-y2_in))                    # Sigmoid函数的转换
print(f"y2_out        = : {y2_out:5.4f}")
#计算神经网络整体误差
Error1 = 0.5 * (goal[1] - y1_out)**2                 #计算神经网络 y1 的误差
Error2 = 0.5 * (goal[2] - y2_out)**2                 #计算神经网络 y2 的误差
Error_total = Error1 + Error2
print(f"Error_total   = : {Error_total:8.7f}")
```

执行结果

```
========== RESTART: D:\Python Machine Learning Calculus\ch24\ch24_3.py ========
u1_in        = : 0.3400
u1_out       = : 0.5842
u2_in        = : 0.3700
u2_out       = : 0.5915
y1_in        = : 1.1998
y1_out       = : 0.7685
y2_in        = : 0.9935
y2_out       = : 0.7298
Error_total  = : 0.2379288
```

24-5-4 反向传播计算新的权重

反向传播主要是从输出层往前推，要更新神经网络的权重，以便可以得到更准确的权重，最后可以得到最小误差。

1. 计算权重 $w5$

计算 $w5$ 对整体误差的影响可以使用偏微分，就是计算$\frac{\partial Etotal}{\partial w5}$，使用链锁法则如下：

$$\frac{\partial Etotal}{\partial w5} = \frac{\partial Etotal}{\partial y1\_out} * \frac{\partial y1\_out}{\partial y1\_in} * \frac{\partial y1\_in}{\partial w5}$$

先考虑 $y1\_out$ 如何影响整体误差 $Etotal$，如下：

$$Etotal = \frac{1}{2}(goal_1 - y1\_out)^2 + \frac{1}{2}(goal_2 - y2\_out)^2$$

因为是对 $y1\_out$ 微分，所以等号右边第 2 项微分后是 0，可以不用考虑，等号右边第 1 项的微分结果如下：

$$\frac{\partial Etotal}{\partial y1\_out} = -(goal_1 - y1\_out) = -(0.1 - 0.7685) = 0.6685$$

接着我们计算 $y1\_in$ 如何影响 $y1\_out$，如下：

$$y1\_out = \frac{1}{1 + e^{-y1\_in}}$$

由上述公式可以得到（可以参考 9-7-3 节）：

$$\frac{\partial y1\_out}{\partial y1\_in} = y1\_out(1 - y1\_out) = 0.7685(1 - 0.7685) = 0.1779$$

最后计算 *w*5 如何影响 *y*1_*out* 的输入 *y*1_*in*，如下：

$$y1\_in = w5 * u1\_out + w6 * u2\_out + b2$$

将上述公式对 *w*5 微分可以得到：

$$\frac{\partial y1\_in}{\partial w5} = u1\_out = 0.5842$$

将上述计算结果合并，原公式如下：

$$\frac{\partial Etotal}{\partial w5} = \frac{\partial Etotal}{\partial y1\_out} * \frac{\partial y1\_out}{\partial y1\_in} * \frac{\partial y1\_in}{\partial w5}$$

$$\frac{\partial Etotal}{\partial w5} = 0.6685 * 0.1779 * 0.5842 = 0.06947665683$$

假设学习率 η 是 0.1，我们可以使用下列公式计算新的 *w*5：

$$new\_w5 = w5 - \eta * \frac{\partial Etotal}{\partial w5} = 0.4 - 0.1 * 0.06947 = 0.3930521$$

2. 计算权重 *w*6

计算 *w*6 对整体误差的影响可以使用偏微分，就是计算 $\frac{\partial Etotal}{\partial w6}$，使用链锁法则如下：

$$\frac{\partial Etotal}{\partial w6} = \frac{\partial Etotal}{\partial y1\_out} * \frac{\partial y1\_out}{\partial y1\_in} * \boxed{\frac{\partial y1\_in}{\partial w6}}$$

上述只有框起来的部分是新的，它的计算方式如下：

$$y1\_in = w5 * u1\_out + w6 * u2\_out + b2$$

将上述公式对 *w*6 微分可以得到：

$$\frac{\partial y1\_in}{\partial w6} = u2\_out = 0.5915$$

合并原公式可以得到：

$$\frac{\partial Etotal}{\partial w6} = 0.6685 * 0.1779 * 0.5915 \approx 0.0703448$$

假设学习率 η 是 0.1，我们可以使用下列公式计算新的 *w*6：

$$new\_w6 = w6 - \eta * \frac{\partial Etotal}{\partial w6} \approx 0.45 - 0.1 * 0.07034 = 0.442965$$

3. 计算权重 *w*7

计算 *w*7 对整体误差的影响可以使用偏微分，就是计算 $\frac{\partial Etotal}{\partial w7}$，使用链锁法则如下：

$$\frac{\partial Etotal}{\partial w7} = \frac{\partial Etotal}{\partial y2\_out} * \frac{\partial y2\_out}{\partial y2\_in} * \frac{\partial y2\_in}{\partial w7}$$

先考虑 *y*2_*out* 如何影响整体误差 *Etotal*，如下：

$$Etotal = \frac{1}{2}(goal_1 - y1\_out)^2 + \frac{1}{2}(goal_2 - y2\_out)^2$$

因为是对 *y*2_*out* 微分，所以等号右边第 1 项微分后是 0，可以不用考虑，等号右边第 2 项的微分结果如下：

$$\frac{\partial Etotal}{\partial y2\_out} = -(goal_2 - y2\_out) = -(0.9 - 0.7298) = -0.1702$$

接着我们计算 *y2_in* 如何影响 *y2_out*，如下：

$$y2\_out = \frac{1}{1 + \mathrm{e}^{-y2\_in}}$$

由上述公式可以得到：

$$\frac{\partial y2\_out}{\partial y2\_in} = y2\_out(1 - y2\_out) = 0.7298(1 - 0.7298) \approx 0.1972$$

最后计算 *w*7 如何影响 *y2_out* 的输入 *y2_in*，如下：

$$y2\_in = w7 * u1\_out + w8 * u2\_out + b2$$

将上述公式对 *w*7 微分可以得到。

$$\frac{\partial y2\_in}{\partial w7} = u1\_out = 0.5842$$

将上述计算结果合并，原公式如下：

$$\frac{\partial Etotal}{\partial w7} = \frac{\partial Etotal}{\partial y2\_out} * \frac{\partial y2\_out}{\partial y2\_in} * \frac{\partial y2\_in}{\partial w7}$$

$$\frac{\partial Etotal}{\partial w7} = -0.1702 * 0.1972 * 0.5842 \approx -0.0196$$

假设学习率 η 是 0.1，我们可以使用下列公式计算新的 *w*7：

$$new\_w7 = w7 - \eta * \frac{\partial Etotal}{\partial w7} = 0.3 - 0.1 * (-0.0196) = 0.30196$$

4. 计算权重 *w*8

计算 *w*8 对整体误差的影响可以使用偏微分，就是计算 $\frac{\partial Etotal}{\partial w8}$，使用链锁法则如下：

$$\frac{\partial Etotal}{\partial w8} = \frac{\partial Etotal}{\partial y2\_out} * \frac{\partial y2\_out}{\partial y2\_in} * \boxed{\frac{\partial y2\_in}{\partial w8}}$$

对 *w*8 而言，上述只有框起来的部分是新的，它的计算方式如下：

$$y2\_in = w7 * u1\_out + w8 * u2\_out + b2$$

将上述公式对 *w*8 微分可以得到：

$$\frac{\partial y2\_in}{\partial w8} = u2\_out = 0.5915$$

合并原公式可以得到：

$$\frac{\partial Etotal}{\partial w8} = -0.1702 * 0.1972 * 0.5915 \approx -0.01985$$

假设学习率 η 是 0.1，我们可以使用下列公式计算新的 *w*8：

$$new\_w8 = w8 - \eta * \frac{\partial Etotal}{\partial w8} = 0.2 - 0.1 * (-0.0199) = 0.20199$$

5. 计算权重 *w*1

计算 *w*1 对整体误差的影响可以使用偏微分，就是计算 $\frac{\partial Etotal}{\partial w1}$，使用链锁法则如下：

$$\frac{\partial Etotal}{\partial w1}=\underset{\text{式(24-5)}}{\underset{\uparrow}{\frac{\partial Etotal}{\partial u1\_out}}}*\underset{\text{式(24-6)}}{\underset{\uparrow}{\frac{\partial u1\_out}{\partial u1\_in}}}*\underset{\text{式(24-7)}}{\underset{\uparrow}{\frac{\partial u1\_in}{\partial w1}}}$$

现在将上述偏微分分成 3 个公式相乘，然后分别推导上述等号右边的 3 个公式。

1）推导式（24-5）

$$\frac{\partial Etotal}{\partial u1\_out}=\frac{\partial E1}{\partial u1\_out}+\frac{\partial E2}{\partial u1\_out}$$

先计算上式等号右边第 1 项的推导，相当于误差 $E1$ 对 $u1\_out$ 的偏微分。

$$\frac{\partial E1}{\partial u1\_out}=\boxed{\frac{\partial E1}{\partial y1\_in}}*\boxed{\frac{\partial y1\_in}{\partial u1\_out}}$$

现在计算上式等号右边第 1 个红色框的公式，数据可以由 24-5-4 节第 1 部分取得。

$$\frac{\partial E1}{\partial y1\_in}=\frac{\partial E1}{\partial y1\_out}*\frac{\partial y1\_out}{\partial y1\_in}=0.6685*0.1779\approx 0.1189$$

$\partial E1$对$\partial y1_out$偏微分，可以得到下式：

$$\frac{\partial E1}{\partial y1\_out}=\frac{\partial Etotal}{\partial y1\_out}=0.6685$$

下列是计算之前等式等号右边第 2 个蓝色框的公式，因为：

$$y1\_in=w5*u1\_out+w6*u2\_out+b2$$

所以可以得到：

$$\frac{\partial y1\_in}{\partial u1\_out}=w5$$

最后可以得到：

$$\frac{\partial E1}{\partial u1\_out}=0.1189*0.4=0.0476$$

现在计算先前等式等号右边第 2 项的推导，相当于误差 $E2$ 对 $u1\_out$ 的偏微分。我们可以用相同的概念处理，可以得到：

$$\frac{\partial E2}{\partial u1\_out}=-0.0336*0.3=-0.0100799$$

最后可以得到：

$$\frac{\partial Etotal}{\partial u1\_out}=\frac{\partial E1}{\partial u1\_out}+\frac{\partial E2}{\partial u1\_out}=0.0476+(-0.0100799)=0.0375201$$

2）推导式（24-6）

$$\frac{\partial u1\_out}{\partial u1\_in}=u1\_out(1-u1\_out)=0.5842*(1-0.5842)\approx 0.2429$$

3）推导式（24-7）

$$\frac{\partial u1\_in}{\partial w1}=x1=0.1$$

4）组合式（24-5）、式（24-6）和式（24-7）

$$\frac{\partial Etotal}{\partial w1} = \frac{\partial Etotal}{\partial u1\_out} * \frac{\partial u1\_out}{\partial u1\_in} * \frac{\partial u1\_in}{\partial w1} = 0.03752 * 0.2429 * 0.1 \approx 0.0009$$

计算新的 $w1$ 权重：

$$new\_w1 = w1 - \eta * \frac{\partial Etotal}{\partial w1} = 0.1 - 0.1 * 0.000911 = 0.0999089$$

6. 计算权重 $w2$

使用与前一部分相同的算法，可以得到下列新的权重：

$$\frac{\partial Etotal}{\partial w2} = \frac{\partial Etotal}{\partial u1\_out} * \frac{\partial u1\_out}{\partial u1\_in} * \frac{\partial u1\_in}{\partial w2}$$

$$new\_w2 = w2 - \eta * \frac{\partial Etotal}{\partial w2} = 0.1498178$$

7. 计算权重 $w3$

使用与先前相同的算法，可以得到下列新的权重：

$$\frac{\partial Etotal}{\partial w3} = \frac{\partial Etotal}{\partial u2\_out} * \frac{\partial u2\_out}{\partial u2\_in} * \frac{\partial u2\_in}{\partial w3}$$

$$new\_w3 = w3 - \eta * \frac{\partial Etotal}{\partial w3} = 0.1998869$$

8. 计算权重 $w4$

使用与先前相同的算法，可以得到下列新的权重：

$$\frac{\partial Etotal}{\partial w4} = \frac{\partial Etotal}{\partial u2\_out} * \frac{\partial u2\_out}{\partial u2\_in} * \frac{\partial u2\_in}{\partial w4}$$

$$new\_w4 = w4 - \eta * \frac{\partial Etotal}{\partial w4} = 0.2497738$$

9. Python 程序实际操作

程序实例 ch24_4.py：扩充 ch24_3.py，计算上述新的权重，同时记录整个计算过程。

```
# ch24_4.py
import numpy as np

rate = 0.1                                          # 学习率
w = [0,0.1,0.15,0.2,0.25,0.4,0.45,0.3,0.2]          # weight，索引 0 没有作用
new_w = [0, 0, 0, 0, 0, 0, 0, 0, 0]                 # new weight，索引 0 没有作用
x = [0, 0.1, 0.2]                                   # x，索引 0 没有作用
goal = [0, 0.1, 0.9]                                # 目标输出
b = [0, 0.3, 0.7]                                   # 偏置值

#计算 u1 神经元的输入
u1_in = w[1]*x[1] + w[2]*x[2] + b[1]
print(f"u1_in         = : {u1_in:5.4f}")
#计算 u1 神经元的输出
u1_out = 1 / (1 + np.exp(-u1_in))                   # Sigmoid函数的转换
print(f"u1_out        = : {u1_out:5.4f}")
#计算 u2 神经元的输入
u2_in = w[3]*x[1] + w[4]*x[2] + b[1]
print(f"u2_in         = : {u2_in:5.4f}")
#计算 u2 神经元的输出
```

```
u2_out = 1 / (1 + np.exp(-u2_in))                 # Sigmoid函数的转换
print(f"u2_out          = : {u2_out:5.4f}")
#计算 y1 输出层的输入
y1_in = w[5]*u1_out + w[6]*u2_out + b[2]
print(f"y1_in           = : {y1_in:5.4f}")
#计算 y1 输出层的输出
y1_out = 1 / (1 + np.exp(-y1_in))                 # Sigmoid函数的转换
print(f"y1_out          = : {y1_out:5.4f}")
#计算 y2 输出层的输入
y2_in = w[7]*u1_out + w[8]*u2_out + b[2]
print(f"y2_in           = : {y2_in:5.4f}")
#计算 y2 输出层的输出
y2_out = 1 / (1 + np.exp(-y2_in))                 # Sigmoid函数的转换
print(f"y2_out          = : {y2_out:5.4f}")
#计算神经网络整体误差
Error1 = 0.5 * (goal[1] - y1_out)**2              # 计算神经网络 y1 的误差
Error2 = 0.5 * (goal[2] - y2_out)**2              # 计算神经网络 y2 的误差
Error_total = Error1 + Error2
print(f"Error_total     = : {Error_total:5.4f}")
#计算新的 w5 权重
dError_total_dy1_out = - (goal[1] - y1_out)
print(f"dError_total_dy1_out  = : {dError_total_dy1_out:5.4f}")
dy1_out_dy1_in = y1_out*(1 - y1_out)
print(f"dy1_out_dy1_in        = : {dy1_out_dy1_in:5.4f}")
dy1_in_dw5 = u1_out
print(f"dy1_in_dw5            = : {dy1_in_dw5:5.4f}")
dError_total_dw5 = dError_total_dy1_out * dy1_out_dy1_in * dy1_in_dw5
print(f"dError_total_dw5      = : {dError_total_dw5:5.4f}")
new_w[5] = w[5] - rate * dError_total_dw5
print(f"  ------------------ new_w5  = : {new_w[5]:8.7f}")
#计算新的 w6 权重
dError_total_dy1_out = - (goal[1] - y1_out)
print(f"dError_total_dy1_out  = : {dError_total_dy1_out:5.4f}")
dy1_out_dy1_in = y1_out*(1 - y1_out)
print(f"dy1_out_dy1_in        = : {dy1_out_dy1_in:5.4f}")
dy1_in_dw6 = u2_out
print(f"dy1_in_dw5            = : {dy1_in_dw5:5.4f}")
dError_total_dw6 = dError_total_dy1_out * dy1_out_dy1_in * dy1_in_dw6
print(f"dError_total_dw6      = : {dError_total_dw6:5.4f}")
new_w[6] = w[6] - rate * dError_total_dw6
print(f"  ------------------ new_w6  = : {new_w[6]:8.7f}")
#计算新的 w7 权重
dError_total_dy2_out = - (goal[2] - y2_out)
print(f"dError_total_dy2_out  = : {dError_total_dy2_out:5.4f}")
dy2_out_dy2_in = y2_out*(1 - y2_out)
print(f"dy1_out_dy2_in        = : {dy2_out_dy2_in:5.4f}")
dy2_in_dw7 = u1_out
print(f"dy2_in_dw7            = : {dy2_in_dw7:5.4f}")
dError_total_dw7 = dError_total_dy2_out * dy2_out_dy2_in * dy2_in_dw7
print(f"dError_total_dw7      = : {dError_total_dw7:5.4f}")
new_w[7] = w[7] - rate * dError_total_dw7
print(f"  ------------------ new_w7  = : {new_w[7]:8.7f}")
#计算新的 w8 权重
dError_total_dy2_out = - (goal[2] - y2_out)
print(f"dError_total_dy2_out  = : {dError_total_dy2_out:5.4f}")
dy1_out_dy2_in = y2_out*(1 - y2_out)
print(f"dy1_out_dy2_in        = : {dy1_out_dy2_in:5.4f}")
dy1_in_dw8 = u2_out
print(f"dy1_in_dw8            = : {dy1_in_dw8:5.4f}")
dError_total_dw8 = dError_total_dy2_out * dy1_out_dy2_in * dy1_in_dw8
```

```
81   print(f"dError_total_dw8      = : {dError_total_dw8:5.4f}")
82   new_w[8] = w[8] - rate * dError_total_dw8
83   print(f"  --------------- new_w8  = : {new_w[8]:8.7f}")
84   #计算新的 w1 权重
85   dError1_dy1_out = dError_total_dy1_out
86   dError1_dout_y1_in = dError1_dy1_out * dy1_out_dy1_in
87   print(f"dError1_dout_y1_in    = : {dError1_dout_y1_in:5.4f}")
88   dy1_in_du1_out = w[5]
89   dError1_du1_out = dError1_dout_y1_in * dy1_in_du1_out
90   print(f"dError1_du1_out       = : {dError1_du1_out:5.4f}")
91   dError2_dy2_out = dError_total_dy2_out
92   dError2_dout_y2_in = dError2_dy2_out * dy2_out_dy2_in
93   print(f"dError2_dout_y2_in    = : {dError2_dout_y2_in:5.4f}")
94   dy2_in_du1_out = w[7]
95   dError2_du1_out = dError2_dout_y2_in * dy2_in_du1_out
96   print(f"dError2_du2_out       = : {dError2_du1_out:5.4f}")
97   dError_total_du1_out = dError1_du1_out + dError2_du1_out
98   print(f"dError_total_du1_out  = : {dError_total_du1_out:5.4f}")
99   du1_out_du1_in = u1_out * (1 - u1_out)
100  print(f"du1_out_du1_in        = : {du1_out_du1_in:5.4f}")
101  du1_in_dw1 = x[1]
102  print(f"du1_in_dw1            = : {du1_in_dw1:5.4f}")
103  dError_total_dw1 = dError_total_du1_out * du1_out_du1_in * du1_in_dw1
104  print(f"dError_total_dw1      = : {dError_total_dw1:5.4f}")
105  new_w[1] = w[1] - rate * dError_total_dw1
106  print(f"  --------------- new_w1  = : {new_w[1]:8.7f}")
107  #计算新的 w2 权重
108  dError1_dy1_out = dError_total_dy1_out
109  dError1_dout_y1_in = dError1_dy1_out * dy1_out_dy1_in
110  print(f"dError1_dout_y1_in    = : {dError1_dout_y1_in:5.4f}")
111  dy1_in_du1_out = w[5]
112  dError1_du1_out = dError1_dout_y1_in * dy1_in_du1_out
113  print(f"dError1_du1_out       = : {dError1_du1_out:5.4f}")
114  dError2_dy2_out = dError_total_dy2_out
115  dError2_dout_y2_in = dError2_dy2_out * dy2_out_dy2_in
116  print(f"dError2_dout_y2_in    = : {dError2_dout_y2_in:5.4f}")
117  dy2_in_du1_out = w[7]
118  dError2_du1_out = dError2_dout_y2_in * dy2_in_du1_out
119  print(f"dError2_du2_out       = : {dError2_du1_out:5.4f}")
120  dError_total_du1_out = dError1_du1_out + dError2_du1_out

121  print(f"dError_total_du1_out  = : {dError_total_du1_out:5.4f}")
122  du1_out_du1_in = u1_out * (1 - u1_out)
123  print(f"du1_out_du1_in        = : {du1_out_du1_in:5.4f}")
124  du1_in_dw2 = x[2]
125  print(f"du1_in_dw1            = : {du1_in_dw1:5.4f}")
126  dError_total_dw2 = dError_total_du1_out * du1_out_du1_in * du1_in_dw2
127  print(f"dError_total_dw1      = : {dError_total_dw2:5.4f}")
128  new_w[2] = w[2] - rate * dError_total_dw2
129  print(f"  --------------- new_w2  = : {new_w[2]:8.7f}")
130  #计算新的 w3 权重
131  dError1_dy1_out = dError_total_dy1_out
132  dError1_dout_y1_in = dError1_dy1_out * dy1_out_dy1_in
133  print(f"dError1_dout_y1_in    = : {dError1_dout_y1_in:5.4f}")
134  dy1_in_du2_out = w[6]
135  dError1_du2_out = dError1_dout_y1_in * dy1_in_du2_out
136  print(f"dError1_du2_out       = : {dError1_du2_out:5.4f}")
137  dError2_dy2_out = dError_total_dy2_out
138  dError2_dout_y2_in = dError2_dy2_out * dy2_out_dy2_in
139  print(f"dError2_dout_y2_in    = : {dError2_dout_y2_in:5.4f}")
```

```
dy2_in_du2_out = w[8]
dError2_du2_out = dError2_dout_y2_in * dy2_in_du2_out
print(f"dError2_du2_out          = : {dError2_du2_out:5.4f}")
dError_total_du2_out = dError1_du2_out + dError2_du2_out
print(f"dError_total_du2_out     = : {dError_total_du2_out:5.4f}")
du2_out_du2_in = u2_out * (1 - u2_out)
print(f"du2_out_du2_in           = : {du2_out_du2_in:5.4f}")
du2_in_dw3 = x[1]
print(f"du2_in_dw3               = : {du2_in_dw3:5.4f}")
dError_total_dw3 = dError_total_du2_out * du2_out_du2_in * du2_in_dw3
print(f"dError_total_dw3         = : {dError_total_dw3:5.4f}")
new_w[3] = w[3] - rate * dError_total_dw3
print(f"  ------------------ new_w3   = : {new_w[3]:8.7f}")
#计算新的 w4 权重
dError1_dy1_out = dError_total_dy1_out
dError1_dout_y1_in = dError1_dy1_out * dy1_out_dy1_in
print(f"dError1_dout_y1_in       = : {dError1_dout_y1_in:5.4f}")
dy1_in_du2_out = w[6]
dError1_du2_out = dError1_dout_y1_in * dy1_in_du2_out
print(f"dError1_du2_out          = : {dError1_du2_out:5.4f}")
dError2_dy2_out = dError_total_dy2_out
dError2_dout_y2_in = dError2_dy2_out * dy2_out_dy2_in
print(f"dError2_dout_y2_in       = : {dError2_dout_y2_in:5.4f}")
dy2_in_du2_out = w[8]
dError2_du2_out = dError2_dout_y2_in * dy2_in_du2_out
print(f"dError2_du2_out          = : {dError2_du2_out:5.4f}")
dError_total_du2_out = dError1_du2_out + dError2_du2_out
print(f"dError_total_du2_out     = : {dError_total_du2_out:5.4f}")
du2_out_du2_in = u2_out * (1 - u2_out)
print(f"du2_out_du2_in           = : {du2_out_du2_in:5.4f}")
du2_in_dw4 = x[2]
print(f"du2_in_dw4               = : {du2_in_dw4:5.4f}")
dError_total_dw4 = dError_total_du2_out * du2_out_du2_in * du2_in_dw4
print(f"dError_total_dw4         = : {dError_total_dw4:5.4f}")
new_w[4] = w[4] - rate * dError_total_dw4
print(f"  ------------------ new_w4   = : {new_w[4]:8.7f}")
```

执行结果

```
=========== RESTART: D:\Python Machine Learning Calculus\ch24\ch24_4.py ===========
u1_in          = : 0.3400
u1_out         = : 0.5842
u2_in          = : 0.3700
u2_out         = : 0.5915
y1_in          = : 1.1998
y1_out         = : 0.7685
y2_in          = : 0.9935
y2_out         = : 0.7298
Error_total    = : 0.2379
dError_total_dy1_out  = : 0.6685
dy1_out_dy1_in        = : 0.1779
dy1_in_dw5            = : 0.5842
dError_total_dw5      = : 0.0695
  ------------------ new_w5  = : 0.3930521
dError_total_dy1_out  = : 0.6685
dy1_out_dy1_in        = : 0.1779
dy1_in_dw5            = : 0.5842
dError_total_dw6      = : 0.0703
  ------------------ new_w6  = : 0.4429656
dError_total_dy2_out  = : -0.1702
dy1_out_dy2_in        = : 0.1972
dy2_in_dw7            = : 0.5842
dError_total_dw7      = : -0.0196
  ------------------ new_w7  = : 0.3019609
dError_total_dy2_out  = : -0.1702
dy1_out_dy2_in        = : 0.1972
dy1_in_dw8            = : 0.5915
dError_total_dw8      = : -0.0199
  ------------------ new_w8  = : 0.2019852
dError1_dout_y1_in    = : 0.1189
dError1_du1_out       = : 0.0476
dError2_dout_y2_in    = : -0.0336
dError2_du2_out       = : -0.0101
dError_total_du1_out  = : 0.0375
du1_out_du1_in        = : 0.2429
du1_in_dw1            = : 0.1000
dError_total_dw1      = : 0.0009
  ------------------ new_w1  = : 0.0999089
```

```
  ------------------ new_w1  = : 0.0999089
dError1_dout_y1_in    = : 0.1189
dError1_du1_out       = : 0.0476
dError2_dout_y2_in    = : -0.0336
dError2_du2_out       = : -0.0101
dError_total_du1_out  = : 0.0375
du1_out_du1_in        = : 0.2429
du1_in_dw1            = : 0.1000
dError_total_dw1      = : 0.0018
  ------------------ new_w2  = : 0.1498178
dError1_dout_y1_in    = : 0.1189
dError1_du2_out       = : 0.0535
dError2_dout_y2_in    = : -0.0336
dError2_du2_out       = : -0.0067
dError_total_du2_out  = : 0.0468
du2_out_du2_in        = : 0.2416
du2_in_dw3            = : 0.1000
dError_total_dw3      = : 0.0011
  ------------------ new_w3  = : 0.1998869
dError1_dout_y1_in    = : 0.1189
dError1_du2_out       = : 0.0535
dError2_dout_y2_in    = : -0.0336
dError2_du2_out       = : -0.0067
dError_total_du2_out  = : 0.0468
du2_out_du2_in        = : 0.2416
du2_in_dw4            = : 0.2000
dError_total_dw4      = : 0.0023
  ------------------ new_w4  = : 0.2497738
```

24-5-5　误差反向传播完整实际操作

前面几小节讲解了反向传播的基本概念，这一节将完整地实际操作前述例子。

程序实例 ch24_5.py：扩充程序实例 ch24_4.py，这个程序会用新的权重进行迭代，直到神经网络整体误差小于 0.01。

```
# ch24_5.py
import numpy as np

rate = 0.1                                          # 学习率
w = [0,0.1,0.15,0.2,0.25,0.4,0.45,0.3,0.2]          # weight，索引 0 没有作用
new_w = [0, 0, 0, 0, 0, 0, 0, 0, 0]                 # new weight，索引 0 没有作用
x = [0, 0.1, 0.2]                                   # x，索引 0 没有作用
goal  = [0, 0.1, 0.9]                               # 目标输出
b = [0, 0.3, 0.7]                                   # 偏置值
loop = 1                                            # 迭代次数
while 1:
#计算 u1 神经元的输入
    u1_in = w[1]*x[1] + w[2]*x[2] + b[1]
#计算 u1 神经元的输出
    u1_out = 1 / (1 + np.exp(-u1_in))               # Sigmoid函数的转换
#计算 u2 神经元的输入
    u2_in = w[3]*x[1] + w[4]*x[2] + b[1]
#计算 u2 神经元的输出
    u2_out = 1 / (1 + np.exp(-u2_in))               # Sigmoid函数的转换
#计算 y1 输出层的输入
    y1_in = w[5]*u1_out + w[6]*u2_out + b[2]
#计算 y1 输出层的输出
    y1_out = 1 / (1 + np.exp(-y1_in))               # Sigmoid函数的转换
#计算 y2 输出层的输入
    y2_in = w[7]*u1_out + w[8]*u2_out + b[2]
#计算 y2 输出层的输出
    y2_out = 1 / (1 + np.exp(-y2_in))               # Sigmoid函数的转换
#计算神经网络整体误差
    Error1 = 0.5 * (goal[1] - y1_out)**2            # 计算神经网络 y1 的误差
    Error2 = 0.5 * (goal[2] - y2_out)**2            # 计算神经网络 y2 的误差
    Error_total = Error1 + Error2
    print(f"loop = : {loop:3d}   Error_total  = : {Error_total:8.7f}")
    if Error_total <= 0.01:
        break
#计算新的 w5 权重
    dError_total_dy1_out = - (goal[1] - y1_out)
    dy1_out_dy1_in = y1_out*(1 - y1_out)
    dy1_in_dw5 = u1_out
    dError_total_dw5 = dError_total_dy1_out * dy1_out_dy1_in * dy1_in_dw5
    new_w[5] = w[5] - rate * dError_total_dw5
#计算新的 w6 权重
    dError_total_dy1_out = - (goal[1] - y1_out)
    dy1_out_dy1_in = y1_out*(1 - y1_out)
    dy1_in_dw6 = u2_out
    dError_total_dw6 = dError_total_dy1_out * dy1_out_dy1_in * dy1_in_dw6
    new_w[6] = w[6] - rate * dError_total_dw6
#计算新的 w7 权重
    dError_total_dy2_out = - (goal[2] - y2_out)
    dy2_out_dy2_in = y2_out*(1 - y2_out)
    dy2_in_dw7 = u1_out
    dError_total_dw7 = dError_total_dy2_out * dy2_out_dy2_in * dy2_in_dw7
    new_w[7] = w[7] - rate * dError_total_dw7
#计算新的 w8 权重
    dError_total_dy2_out = - (goal[2] - y2_out)
    dy1_out_dy2_in = y2_out*(1 - y2_out)
    dy1_in_dw8 = u2_out
    dError_total_dw8 = dError_total_dy2_out * dy1_out_dy2_in * dy1_in_dw8
```

```
    new_w[8] = w[8] - rate * dError_total_dw8
#计算新的 w1 权重
    dError1_dy1_out = dError_total_dy1_out
    dError1_dout_y1_in = dError1_dy1_out * dy1_out_dy1_in
    dy1_in_du1_out = w[5]
    dError1_du1_out = dError1_dout_y1_in * dy1_in_du1_out
    dError2_dy2_out = dError_total_dy2_out
    dError2_dout_y2_in = dError2_dy2_out * dy2_out_dy2_in
    dy2_in_du1_out = w[7]
    dError2_du1_out = dError2_dout_y2_in * dy2_in_du1_out
    dError_total_du1_out = dError1_du1_out + dError2_du1_out
    du1_out_du1_in = u1_out * (1 - u1_out)
    du1_in_dw1 = x[1]
    dError_total_dw1 = dError_total_du1_out * du1_out_du1_in * du1_in_dw1
    new_w[1] = w[1] - rate * dError_total_dw1
#计算新的 w2 权重
    dError1_dy1_out = dError_total_dy1_out
    dError1_dout_y1_in = dError1_dy1_out * dy1_out_dy1_in
    dy1_in_du1_out = w[5]
    dError1_du1_out = dError1_dout_y1_in * dy1_in_du1_out
    dError2_dy2_out = dError_total_dy2_out
    dError2_dout_y2_in = dError2_dy2_out * dy2_out_dy2_in
    dy2_in_du1_out = w[7]
    dError2_du1_out = dError2_dout_y2_in * dy2_in_du1_out
    dError_total_du1_out = dError1_du1_out + dError2_du1_out
    du1_out_du1_in = u1_out * (1 - u1_out)
    du1_in_dw2 = x[2]
    dError_total_dw2 = dError_total_du1_out * du1_out_du1_in * du1_in_dw2
    new_w[2] = w[2] - rate * dError_total_dw2
#计算新的 w3 权重
    dError1_dy1_out = dError_total_dy1_out
    dError1_dout_y1_in = dError1_dy1_out * dy1_out_dy1_in
    dy1_in_du2_out = w[6]
    dError1_du2_out = dError1_dout_y1_in * dy1_in_du2_out
    dError2_dy2_out = dError_total_dy2_out
    dError2_dout_y2_in = dError2_dy2_out * dy2_out_dy2_in
    dy2_in_du2_out = w[8]
    dError2_du2_out = dError2_dout_y2_in * dy2_in_du2_out
    dError_total_du2_out = dError1_du2_out + dError2_du2_out
    du2_out_du2_in = u2_out * (1 - u2_out)
    du2_in_dw3 = x[1]
    dError_total_dw3 = dError_total_du2_out * du2_out_du2_in * du2_in_dw3
    new_w[3] = w[3] - rate * dError_total_dw3
#计算新的 w4 权重
    dError1_dy1_out = dError_total_dy1_out
    dError1_dout_y1_in = dError1_dy1_out * dy1_out_dy1_in
    dy1_in_du2_out = w[6]
    dError1_du2_out = dError1_dout_y1_in * dy1_in_du2_out
    dError2_dy2_out = dError_total_dy2_out
    dError2_dout_y2_in = dError2_dy2_out * dy2_out_dy2_in
    dy2_in_du2_out = w[8]
    dError2_du2_out = dError2_dout_y2_in * dy2_in_du2_out
    dError_total_du2_out = dError1_du2_out + dError2_du2_out
    du2_out_du2_in = u2_out * (1 - u2_out)
    du2_in_dw4 = x[2]
```

```
113      dError_total_dw4 = dError_total_du2_out * du2_out_du2_in * du2_in_dw4
114      new_w[4] = w[4] - rate * dError_total_dw4
115      w = new_w
116      loop += 1
117  print('Touch down')
118  for i in range(8):
119      print(f'{i+1} = {w[i+1]:6.5f}')
```

执行结果　　执行结果如下，可以看到整个趋近于正确值的过程，需迭代 506 次，才可以获得想要的结果。

```
========== RESTART: D:\Python Machine Learning Calculus\ch24\ch24_5.py ==========
loop = :    1    Error_total   = : 0.2379288
loop = :    2    Error_total   = : 0.2368714
loop = :    3    Error_total   = : 0.2358104
loop = :    4    Error_total   = : 0.2347458
loop = :    5    Error_total   = : 0.2336775
```

```
loop = : 500    Error_total   = : 0.0102141
loop = : 501    Error_total   = : 0.0101722
loop = : 502    Error_total   = : 0.0101306
loop = : 503    Error_total   = : 0.0100892
loop = : 504    Error_total   = : 0.0100481
loop = : 505    Error_total   = : 0.0100071
loop = : 506    Error_total   = : 0.0099665
Touch down
1 = 0.16422
2 = 0.27844
3 = 0.25867
4 = 0.36733
5 = -1.64055
6 = -1.61465
7 = 0.81578
8 = 0.72184
```